产品 三维建模 与设计应用

张一　编著

新思维·高等院校
应用本科设计类
专业教材

主编：王红江
副主编：范希嘉　薛刚

上海人民美術出版社

图书在版编目（CIP）数据

产品三维建模与设计应用 / 张一编著. -- 上海 :
上海人民美术出版社, 2022.10
新思维·高等院校应用本科设计类专业教材
ISBN 978-7-5586-2417-9

Ⅰ. ①产… Ⅱ. ①张… Ⅲ. ①产品设计－计算机辅助设计－应用软件－高等学校－教材 Ⅳ. ①TB472-39

中国版本图书馆CIP数据核字(2022)第177724号

产品三维建模与设计应用

编　　著：张　一
责任编辑：潘　毅
技术编辑：王　泓
特约编辑：范希嘉　张少俊
封面设计：许一兵
装帧设计：袁　力
出版发行：上海人民美術出版社
（地址：上海市闵行区号景路159弄A座7F　邮编：201101）
网　　址：www.shrmms.com
印　　刷：上海印刷（集团）有限公司
开　　本：787×1092　1/16　11印张
版　　次：2023年1月第1版
印　　次：2023年1月第1次
书　　号：ISBN 978-7-5586-2417-9
定　　价：68.00元

序

中国高等教育已从规模扩张进入提质增效新阶段，大学根据生源特点和学校能力，基本按学术型高校和应用型高校两大类进行分类建设。上海视觉艺术学院作为上海目前唯一的综合类视觉艺术高校，专注于新时代艺术设计类本科人才培养，也是上海市高等教育综合改革试点单位，其建校初心便是不走寻常路，努力探索高水平应用本科人才培养新路。

"新思维·高等院校应用本科设计类专业教材"强调在应用中进行理论的研究总结，把知识和技能在项目实践过程中内化为学生解决问题的能力。其"新思维"体现在两方面：一是教材内容新，面向新时代设计人才培养的需要，如《动态视觉设计基础》《设计创新中的发现与解决》选题独辟蹊径；二是编写视角新，如《产品三维建模与设计应用》《产品草图与手绘实训》《博物馆展示设计》《设计基础》四本看似常规的选题，就尝试把"术"的传授融入"技"的练习中。

本系列教材编者皆为我校教学一线的双师型中青年骨干教师，均有较高的设计应用能力和理论总结能力，因此有别于单纯技能传授或单纯知识讲解的教材，本丛书侧重引导学生学中用、用中学，以项目制教学（PBL）课题练习为核心安排知识点和技能点的学习，强调贴近实战，学以致用。

使用本系列教材时，建议按不同课时量从"实训篇"中选择相对应的训练课题，然后结合课题需求学习"理论篇"中对应知识点，教材中大量内置的二维码视频也扩展了教材内涵。但正如《大学》所言：如切如磋者，道学也；如琢如磨者，自修也。所有教材都只是参考工具，在项目实践中自我潜心琢磨和与同伴相互切磋，才是设计类应用本科学业精进之根本！

王红江

上海视觉艺术学院设计学院教学副院长　教授

2022 年 7 月

前 言

在工业设计专业（专业代码 :080205）或者产品设计专业（专业代码：130504），通常设置“计算机辅助工业设计”（CAID）、“计算机辅助设计”（CAD）、“产品设计三维表现”抑或是“三维软件”等诸如此类的课程，其目的在于辅助设计、设计表达抑或是模型加工。各个高校的课程设置不尽相同，使用的软件也不相同，三维造型类的软件有 Rhino、Alias 等，工程设计类软件有 Solidworks、Creo、UG NX、Catia 等，设计表达（渲染）软件有 Keyshot、Cinema 4D 等，有些学校使用 Fusion 360、Maya、3D Studio Max、Cinema 4D 等软件进行设计建模。这些软件各有优缺点，建模方式涉及 Nurbs 曲面建模、Mesh 网格建模、细分建模、实体建模、参数化建模等。

在设计实战中，三维软件不仅仅是画效果图的工具，更是设计思维的工具，通过建模可以模拟产品的形态、结构、尺寸，通过渲染可以模拟产品的颜色、材料和表面处理工艺（CMF）。工业设计、产品设计不只是概念设计，更是落地的设计，是面向制造与装配的设计，数字模型必须符合工业标准，在建模时要充分考虑到材料与工艺、功能与人机等因素。从这一点上看，Nurbs 曲面建模、实体建模、参数化建模更加适合工业设计、产品设计专业的教学需求。

在设计行业当中，较普遍地使用 Rhino 作为造型设计的工具、使用 Solidworks、Creo、UG NX 作为工程设计的工具，分别对应设计的前期与后期。当然，不排除对一门软件熟练之后，可以较高自由度地应用在设计的各个阶段。

作为高等院校工业设计、产品设计专业的教学参考，本书选取 Rhino 和 Solidworks 作为建模的主要工具，将三维建模与设计应用相结合，希望给同学们在方案设计、设计表达、模型加工、生产制造等各个环节提供建议与指导，而不仅仅只停留在软件学习上。

全书共分四篇。第一篇是导读篇，涉及教材特色与适用课程、课时分配与教学安排、教材运用与使用技巧。第二篇是理论篇，包含：基于 SPOC 的项目制教学、以数模为核心的产品设计、Rhino 造型建模、Solidworks 工程建模、建模与 3D 打印、建模与 CNC 加工、建模与出图。阐述了课程的教与学、产品三维建模在设计流程中的地位与作用，三维建模软件的学习内容与方法、产品三维建模的具体设计应用方法，希望读者在方法论层面对产品三维建模与设计应用有进一步的理解。第三篇是实训篇，课题包括卡通造型设计、文创产品设计、日用产品设计、概念产品设计、产品拆解与重建、面向制造及装配的产品设计、基于真实课题的设计共 7 个课题。每个课题给出了训练的目的及要求、流程与方法、参考作业、典型案例的建模过程，供读者学习及训练。第四篇为鉴赏篇，包含精细手板制作（3D 打印）鉴赏、精细手板制作（CNC 加工）鉴赏、建模在企业设计项目中的应用案例、优秀学生作品鉴赏，希望为同学们的课程学习打开思路。

Contents 目录

01. 导读篇

02. 理论篇

目 录 Contents

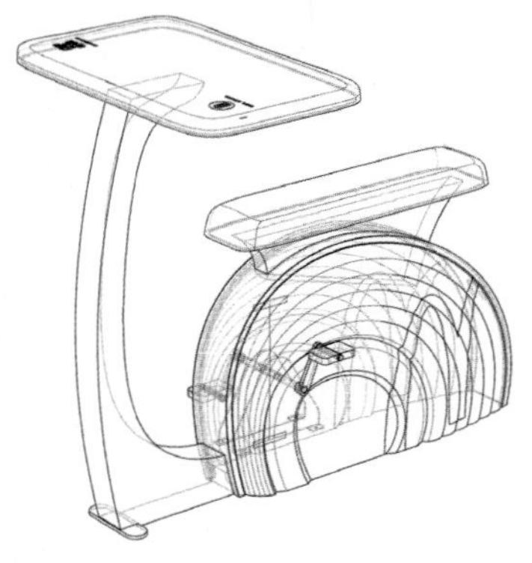

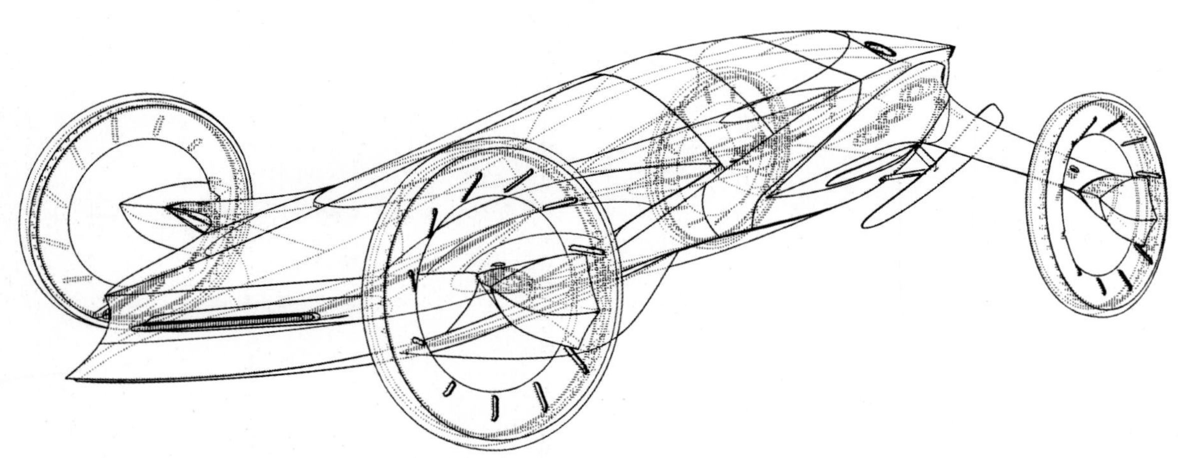

1

导读篇

PRODUCT
3D MODELING
& DESIGN
APPLICATIONS

教材特色与适用课程
课时分配与教学安排
教材运用与使用技巧

1.1 教材特色与适用课程

1.1.1 教材特色

本书并非完全的软件学习用书，也不是计算机辅助工业设计的理论用书，而是基于设计流程的软件应用指导用书。**将三维建模的学习与设计应用结合起来，使学习合乎目的性，不再为软件而学习，而是为设计而学习**。

本书具有以下几个显著特点：

（1）教学资源的富媒体化。除了书本知识与案例外，扫描书中的二维码，即可观看对应的教学视频，学习更加直观易懂；书中所涉及的素材与资源，均可扫码下载；推荐了更多软件学习资源链接，方便读者进行扩展学习。

Rhino（犀牛）中国技术与推广中心

官网：http://www.shaper3d.com.cn/

腾讯课堂链接：https://rhino.ke.qq.com/

微信订阅号：Shaper3d

微信服务号：Rhino3D

学犀牛中文网

官网：https://www.xuexiniu.com/

微信公众号：xuexiniucom

云尚教育

腾讯课堂链接：https://ysid.ke.qq.com/

哔哩哔哩链接：https://space.bilibili.com/18630493

微信公众号：yunshang-id

（2）适应学校线上线下的混合式教学。线上教学以在线视频学习为主（含知识点讲解、案例演示），线下教学以答疑解惑、植入设计课题来进行。本书设置了众多设计课题，指出课题拟达到的目标，以及课题推进的方法，以便师生有选择性地开展课题。

（3）以建模为核心，打通设计的各个环节。通常在教学时，各门课都是孤立的，理论课、技能课、设计课彼此之间的联系不是很紧密，往往要到高年级的设计课程时，才能将前期所学内容贯穿起来，并运用到课题的开展及毕业设计当中。在前期的课程学习中，学生对工业设计、产品设计没有系统的认知，其所形成的知识也偏向碎片化，造成对软件、手绘、模型制作课程的不重视，即使有设计思维的存在，也很难以视觉化的手段来展开设计，以致设计方案只停留在概念阶段而无法深化。

本书尝试在三维建模的教学

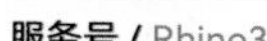
服务号 / Rhino3d

订阅号 / Shaper3d

中，以设计全流程的课题开展，让学生了解在不同的设计阶段，软件如何参与设计；掌握在设计实操中的关键技术要点、相关问题的解决思路与方法；知晓设计是如何开展的，形成系统性的认知。

本书在建模案例中植入了设计思维，讲解了建模与3D打印、建模与CNC加工、建模与出图相关的知识与方法。

1.1.2 适用课程

教材主要面向工业设计、产品设计专业，这些专业通常开设“计算机辅助工业设计”（CAID）、“计算机辅助设计”（CAD）、“计算机辅助工程设计”、“产品设计三维表现”抑或是“三维软件”等课程。

本教材适用教学软件以Rhino和Solidworks的上述课程。此类课程可能会分几个学期进行数轮教学，本教材适用2—4轮的课程，分别对应“Rhino Level 1”“Rhino Level 2”“Solidworks零件与装配体”和“Solidworks高级零件”。

对于软件层面，本教材提供了学习资源、学习方法以及精选案例；对于“辅助设计”“设计应用”，本教材重点讲述了“建模与3D打印”“建模与CNC加工”“建模与出图”；对于课题训练，本教材从易到难提供了Rhino、Solidworks的课程作业参考；同时，教材提供了鉴赏资料，为读者学习提供方向。

1.2 课时分配与教学安排

一般而言，工业设计、产品设计专业使用 Rhino 作为主力建模软件较多，有些学校也会讲授工程建模软件。本教材按照 Rhino 上 2 轮，Solidworks 上 1 轮，给出课时分配与教学安排，供读者参考。其中，Rhino Level 2 给出了详细线下课程安排，Rhino Level 1 和 Solidworks 课程的作业推进可见本书第 3 篇。

1.2.1 Rhino Level 1

主要讲授 Rhino Level 1 的知识、Keyshot 产品渲染入门知识以及后期综合表现。本课程的学习使学生对三维设计软件有基本的认识，能够快速地使用软件建立相对简单的三维模型，通过 Keyshot 渲染效果图。该阶段重在打基础，务必让学生掌握软件的基本操作，有初步的建模思路与方法。

课时分配与教学安排（共计 54 课时）

周次（课时）	授课内容	课程作业
1（4课时）	计算机辅助工业设计概述	完成卡通造型设计 具体参见本书3.1章节
2（4课时）	Rhino的安装 Rhino汉化 Rhino的操作界面	
3（4课时）	建立几何图形：精确建模、编辑物件、编辑控制点	
4（4课时）	3D建模与编辑：建立可塑形的物件、实体建模	
5（4课时）	3D建模与编辑&制定工作环境和工具列	完成文创产品设计 具体参见本书3.2章节
6（4课时）	Rhino曲面建模实例	
7（4课时）	Keyshot渲染入门	
8（4课时）	版面设计入门	
9（4课时）	Rhino建模案例（1）	
10（4课时）	Rhino建模案例（2）	
11（4课时）	Rhino建模案例（3）	
12（4课时）	Rhino建模案例（4）	
13（4课时）	Keyshot渲染案例	
14（2课时）	课程作业汇报及展览	

● 参考书：Rhino 6 训练手册 Level 1，Robert McNeel & Associates。

1.2.2 Solidworks

产品设计需要面向制造及装配，因此学习计算机辅助工程设计软件极其重要，可以使方案满足工业化生产的要求。按照实际尺寸进行产品的造型及结构设计，而不仅仅停留在概念及外观设计上。

通过本轮学习，学生能掌握 Solidworks 的基本操作，建立基础的三维模型，对工程软件参数化、全相关、尺寸驱动、实体建模有个基本认识，能够创建零件、装配体和工程图。

课时分配与教学安排（共计 54 课时）

周次（课时）	授课内容	课程作业
1（4课时）	Solidworks草图绘制：讲授草图绘制的各项工具、草图的编辑、草图尺寸的标注、约束的设定等	完成蓝牙音箱设计，并制作功能模型 具体参见本书3.6章节
2（4课时）	Solidworks基础特征：讲授实体建模的基础特征：拉伸、旋转、扫描、放样、混接、圆角、倒角、抽壳、拔模等，如何对特征进行编辑	
3（4课时）	Solidworks装配体与工程图：Solidworks中简单装配体的创建，由三维模型生成各种类型的视图	
4（4课时）	多实体建模	
5（4课时）	保存实体	
6（4课时）	样条曲线	
7（4课时）	扫描	
8（4课时）	3D草图和曲线	
9（4课时）	螺纹和库特征零件	
10（4课时）	高级扫描	
11（4课时）	放样和边界	
12（4课时）	高级放样和边界	
13（4课时）	渲染后期处理 排版案例	
14（2课时）	课程作业汇报及展览	

● 参考书：《SOLIDWORKS 零件与装配体教程（2020 版）》《SOLIDWORKS 高级零件教程（2018 版）》，[法] DS SOLIDWORKS 公司 著，胡其登，戴瑞华 编，杭州新迪数字工程系统有限公司 译，机械工业出版社。

1.2.3 Rhino Level 2

主要深入学习 Rhino Level 2、Keyshot 渲染及后期处理。Rhino 的进阶学习使得学生能够建立相对复杂的模型，可以在建模的时候开始考虑产品的细节与结构。该阶段的学习需要学生掌握较为深入的软件理论，从而对软件的建模不仅要知其然，还要知其所以然。对建模的思路和技巧有明显的提高，能够通过 Keyshot 和后期软件绘制逼真的效果图。建立的模型要能够满足产品打样的要求。在学习的同时，引入项目制课题，使学生在实战中能综合地运用软件。

课时分配与教学安排（共计 54 课时）

周次（课时）	线上教学	线下项目推进	项目使用软件	作业产出
1（4课时）	Nurbs的基本结构 取消修剪 曲线阶数、连续性 曲面连续性 与连续性有关的指令	调查及研究：广泛搜集产品图片资料，对资料进行归类整理，找出2—3个可以深入探讨的方向	Office、 Photoshop等	调研报告
2（4课时）	嵌面选项 放样、混接 圆角 不等半径混接 以嵌面填补圆角缺口 圆滑的转角 圆顶按钮	调查及研究：小组讨论，并选定方向（探讨：选题意义、可行性、模型制作成本及周期、小组团队成员自我评估、分工、进度安排等）		
3（4课时）	建立渐消面 整平曲线控制曲面 使用背景图 导入AI文件	需求分析：深入调研所选定的方向，广泛、深入地了解产品及技术（针对产品本身）	MindManager、 Xmind、 FreeMind、 Office等	分析报告
4（4课时）	建模的方法 塑形	需求分析：使用者分析、使用方式分析、头脑风暴		
5（4课时）	Rhino建模案例（1）	概念设计：功能定义、材料、形态、色彩、结构、草图、草模	SketchBook、 Photoshop、 Illusrator、 Office等	设计报告（含草图、草模）
6（4课时）	Rhino建模案例（2）	概念设计：确定方向，明确设计需求		
7（4课时）	Rhino建模案例（3）	详细设计：计算机建模（尺寸模拟、人机模拟、结构模拟，并对设计方案可行性进行评估）	Rhino	设计报告 Rhino模型
8（4课时）	Rhino建模案例（4）	详细设计：计算机建模（造型设计精细建模，方案调整与完善）		
9（4课时）	Keyshot渲染	三维模型定稿，发包3D打印 设计产品印刷文字及图案，发包打印	Rhino、 Illustrator等	设计报告 Rhino模型 文字及印刷矢量文稿
10（4课时）	Keyshot材质及灯光	CMF设计，渲染效果图	KeyShot等	设计报告、效果图
11（4课时）	Keyshot贴图制作	三维打印件打磨、喷漆、组装		产品外观模型
12（4课时）	Keyshot动画	三维动画制作、实物模型拍摄	KeyShot等	三维动画、模型照片
13（4课时）	渲染后期处理 排版案例	视频剪辑、版面设计	Premiere、 Illustrator、 Photoshop等	短视频、展板、画册内页、设计报告
14（2课时）		课程作业汇报及展览		课程作业展

● 参考书：Rhino 6 训练手册 Level 2，Robert McNeel & Associates。

1.3 教材运用与使用技巧

1.3.1 软件基础

本书并没有给出软件的具体讲解，读者可以按照1.2章节的课时安排和参考资料进行学习。

Rhino的学习，建议以Rhino原厂出品的《Rhino Level 1训练手册》和《Rhino Level 2训练手册》为主要学习内容，教程资料及视频详见网络课程。

Solidworks的学习，建议以DS SOLIDWORKS公司的《SOLIDWORKS零件与装配体教程（2020版）》和《SOLIDWORKS高级零件教程（2018版）》为主要学习内容，随书附带练习文件和讲解视频CD。

1.3.2 设计应用

在具备三维建模软件基础之后，重点考虑其设计应用。本书讲解了模型制作的工具、材料及方法（含3D打印模型和CNC手板）；各种类型的出图要点及技巧（含渲染图、尺寸图、爆炸图、专利图）。这些都是基于数模进行的设计流程，也是设计表达的手段。值得注意的是，建模过程也是设计的过程，需要有设计思维的参与（比如造型的问题、结构的问题、人机尺寸的问题、生产工艺的问题等）。设计应用是本书的主要内容及目的，希望读者能掌握其中的知识点、进行扩展学习，并通过设计实践进行运用。

1.3.3 课题实训

课题实训包括卡通造型设计、文创产品设计、日用产品设计、概念产品设计、产品拆解与重建、面向制造及装配的产品设计、基于真实课题的设计共7个课题。每个课题给出了训练的目的及要求、流程与方法、参考作业、典型案例的建模过程，供读者学习及训练。

这些课题存在递进关系：卡通造型设计、文创产品设计可安排在学习“Rhino Level 1”时进行；日用产品设计、概念产品设计可安排在学习“Rhino Level 2”时进行；产品拆解与重建可安排在学习“SOLIDWORKS零件与装配体教程”时进行；面向制造及装配的产品设计可安排在学习“SOLIDWORKS高级零件教程”时进行；基于真实课题的设计可以安排在软件学习的最后，或者其他设计课上进行。

在课题实训时需要用到软件基础知识，和设计应用的知识，可以根据需要回过头来查阅参考书和本书相关章节。

1.3.4 使用技巧

Rhino软件基础录制了视频教程，读者可加入在线课程观看（见P17页）；Solidworks软件基础，因推荐的参考书籍含教学光盘，读者可自行学习。书中讲解的案例，Rhino建模案例，可微信扫码观看视频与书中图文讲解配合；Solidworks建模案例，可微信扫码下载数模，通过对特征进行回放查阅建模步骤（单击特征树中的第一个特征—退回—依次往下查看，如需查看特征下的草图，可以单击该特征—编辑草图），与书中图文讲解配合。

2

理论篇

PRODUCT 3D MODELING & DESIGN APPLICATIONS

基于SPOC的项目制教学

以数模为核心的产品设计

Rhino造型建模

Solidworks工程建模

建模与3D打印

建模与CNC加工

建模与出图

计算机辅助工业设计，核心在“建模”，借助建模工具，将产品“设计”出来，其过程包含对产品功能、造型、结构、尺寸等元素的思考，而不是单纯的软件操作。

数模的作用不言而喻，它不仅是产品的解决方案，也是后续打样、生产、商业化的基石。在学校学习阶段，数模可用于方案讨论、3D打印、CNC加工、效果图渲染、动画设计、工程图绘制、专利图绘制等。

本书选取了工业设计、产品设计行业通用的造型设计软件Rhino和较易于上手的工程软件Solidworks，讲述其基础知识、典型案例以及在设计过程中的应用。

2.1 基于SPOC的项目制教学

2.1.1 SPOC 线上线下混合式教学

SPOC（Small Private Online Course，小众私密在线课程）是将MOOC（Massive Open Online Course，大型开放式网络课程）与课堂教学相结合的一种混合式教学模式，是MOOC的继承、完善与超越。混合式教学的理念是“以学生为主体、以教师为主导”。在混合式教学中，“线上”教学不是整个教学活动的辅助或者锦上添花，而是教学的必备活动；“线下”教学也不是传统课堂教学活动的照搬，而是基于“线上”的前期学习成果，展开的更加深入的教学活动。深度学习是一种主动探究性的学习方式，要求学生进行深度的信息加工、主动的知识建构、批判性的高阶思维、有效的知识转化与迁移应用及实际问题的解决。

2.1.2 项目制教学

项目制教学是以课题项目和实题项目为主要教学内容，以研究型和实践型人才培养为目标。项目制教学以教师为指导，以学生为中心，以真实工作任务场域为情境，以具体的项目为依托，以完成现实工作任务为内容的一种人才培养方法。通过项目制教学，可以使教师发挥自己的专长，提高教学效率，有助于学生专业技术实践的加强；学生可与教师进行充分沟通，将所学专业知识与实践相结合，提高实践能力。

2.1.3 基于 SPOC 的项目制课程的设计与实施

上海视觉艺术学院“计算机辅助工业设计”课程自2006年开始授课，发展至今，教学内容、课时安排、师资力量已趋于稳定，教学方法逐步完善，教学质量逐年提高。课程分为二维软件（Photoshop、Illustrator & Indesign，2轮各54课时，各3学分）和三维软件（Rhino、Solidworks，3轮各54课时，各3学分），于2015年开始基于超星学习通平台，开展CAID课程的SPOC教学方式的探索，于2019年结合项目课题，开展基于SPOC的CAID项目制课程教学探索。

（一）课程学情分析

“三维软件与设计应用（1）”（此课程名称为本校教务系统里的名称，实际上即常规意义上的“计算机辅助工业设计”）首次采用了基于SPOC的CAID项目制课程教学，3个学分，54课时，每周4课时。“三维软件与设计应用（1）”的教学目标是：使学生能够利用CAID软件进行复杂造型产品的建模并利用三维打印技术制作展示外观模型，绘制高质量的效果图，具备一定的三维动画及视频剪辑能力，并能使用软件辅助调研、分析、汇报、展示；能将三维软件与设计应用相结合，起到辅助设计的作用。

“三维软件与设计应用（1）”的前置课程有：“电脑辅助设计导论”“二维软件1”“二维软件2”“测量与工程制图”“模型制作1”“材料与工艺”“人机工学与交互1”“设计创新思维”“产品设计基础1”“产品设计基础2”等。学生已具备Photoshop、Illustrator、Indesign等二维软件的技能，Rhino、Keyshot简单产品建模与表现的技能，产品手绘表现的技能，基础产品实物模型制作的技能；也具备了一定设计创新思维，了解产品设计一般的流程与方法；对产品交互、设计制图规范、产品材料与工艺有一定了解；也经历过相应的设计课题训练，有基础设计的能力。

（二）课程设计及开展

核心教学内容：Rhino建模进阶，能够建立包含复杂曲面的模型，曲面的质量高，可以满足三维打印的要求；Keyshot渲染进阶，能够渲染高质量的效果图，并能够制作简单产品动画；适应课题的产品设计流程与方法，以及全流程的CAID工具的使用。

拓展教学内容：思维导图工

具、视频剪辑、数位板（数位屏）手绘、材料与工艺、设计案例分析等。

归纳起来，教学采用“两条腿走路”，一条是软件技能的教学，尤其是 Rhino 和 Keyshot 的进阶教学；另一条是全流程的项目制教学，基于设计流程和项目所需补充知识，将软件与设计应用相结合。从教学组织形式看，前者更适合线上教学，后者更适合线下教学。

（1）线上教学

设计软件的教学，线上教学有着明显优势：1. 教学内容相对固定，大部分是工具、技巧和案例，录制线上教学视频，可以省去教师大量的重复劳动，节约课堂教学时间，课外学时被真正有序利用起来，后续只需知识点和案例的更新和补充即可；2. 软件的学习，除了讲解之外，更重要的是通过学生的形成性练习来获得知识，即建构主义的教学——在教师指导下的、以学习者为中心的学习，强调学习者的认知主体作用，又不忽视教师的指导作用，教师是意义建构的帮助者、促进者，而不是知识的传授者与灌输者；3. 使得个性化教学成为可能，实现因材施教的分层次教学：不同学生具有不同的知识经验和学习能力，对设计软件学习的进度往往相差很大，通过在线视频，学生可以按不同的进度反复观看直至掌握。

SPOC 教学的核心资源是建设高质量的在线视频课程，对于线上教学，教师需要录制完备的教学视频，制订切实可行的学习计划及进度，掌握学生在线学习的情况，对作业练习进行评价与指导等。“三维软件与设计应用（1）”在“超星学习通”平台按章节上传了 Rhino、Keyshot 及版面设计的教学视频 170 个共计 34 小时 11 分钟，每周布置学生学习的内容，通过平台的数据掌握学生观看各视频的时间及频次；学生每周将作业上传至该平台，教师进行打分及点评。

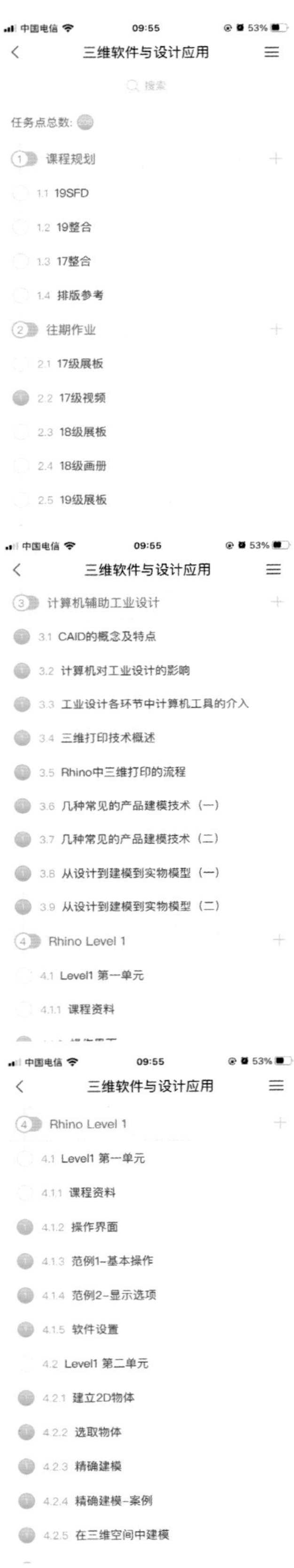

此外，可以通过提供给学生更多的线上资源，引导学生进行扩展学习及训练，“三维软件与设计应用（1）”提供了“Premiere 视频剪辑”、“After Effects 后期效果”教学视频资源供学生自学。随着互联网的发展，在线教学资源极其丰富，比如哔哩哔哩、网易云课堂、网易公开课、腾讯课堂、中国大学 MOOC、微信公众号等等。作为学习的组织者与引导者，教师要做的是教学资源的整合，将适当的线上学习资源推送给学生，供学生自主学习，通过与学生的交流来更新教学内容。学生亦会主动获取线上资源，可以同学间交流甚至反哺教师教学。“三维软件与设计应用（1）”给学生推送了“哔哩哔哩”平台下的“Rhino3D 原厂中国”、“云尚教育”及其他 UP 主（Uploader，在视频网站、论坛、ftp 站点上传视频音频文件的人）的高质量的 Rhino 及 Keyshot 教程，也通过微信向学生推送了“Rhino 原厂”公众号的软件教程。

（2）线下项目制教学

对于设计软件课程，传统的线下教学主要是理论讲解、操作演示、答疑互动，这种模式存在明显的弊端，长久以来制约着教学效果的提升；引入 SPOC 模式的 CAID 课程教学，结合了线上与线下两者的优势，从时间与空间上突破了传统教学模式的局限。通过课题的开展，使学生从产品设计全流程出发，利用探究性学习调动学生自主学习的积极性，使得教学质量有显著提高。

基于 SPOC 的 CAID 项目制教学需要选择合适的课题，能够反映课程教学目标；在项目进度的安排上，需要考虑学生的知识结构、课时安排、在线课程的进度以及产品设计流程等因素。在项目的推进上，有严格的节点要求，流程及目标切实可行。教师作为教练与推手，推动项目的开展，能够把控项目的进度与质量，在疑难问题上能够给予学生切实的指导。对目标进行分解，使学生逐步达到整体目标，在每一步目标达成后，学生将树立信心，并能激发后续学习的兴趣。

基于学情分析，2017 级“三维软件与设计应用（1）”课程大作业的主题设定为：医疗健康类产品设计，难度符合产品建模及渲染进阶学习的要求。项目周期为 14 周，为保证项目进度，制定了可操作性强的设计流程（图见下页），具体教学进度安排（见 P6 表格）。在每一个流程节点，会有相应的知识点讲解、案例赏析，以便学生开展项目，并对项目阶段性成果有个预期。在下一次上课时，要求做项目汇报，以确保学生按流程要求开展项目，沟通想法、答疑解惑，并指出项目下一阶段工作安排及要求。

在课程项目推进时，教师展示相关 CAID 工具的使用，给学生起到示范作用，促使学生主动去获取相关 CAID 的知识；通过教师的辅导，在实战上对学生运用 CAID 软件进行指导。达到“即学即用、立竿见影”的效果。

在项目开始前，应明确让学生了解项目总目标，以及各阶段目标。“三维软件与设计应用（1）”明确指出了各阶段的作业及产出，教师要做的是提要求、推动、辅导、交流；学生要做的是知识建构、技能训练、互相学习、探索及试验。

“三维软件与设计应用（1）”项目总目标是：设计一款具备创新性特点的医疗健康类产品，具有相对复杂的形态、结构，通过 Rhino 软件建立其 3D 模型，通过 KeyShot 渲染产品效果图及动画，配合其他软件综合地展示设计方案。最终的项目成果包含：Rhino 模型、渲染效果图、展板、画册内页、产品展示视频、实物模型等。在课程结束后，将举行课程作业实物展及网络展。

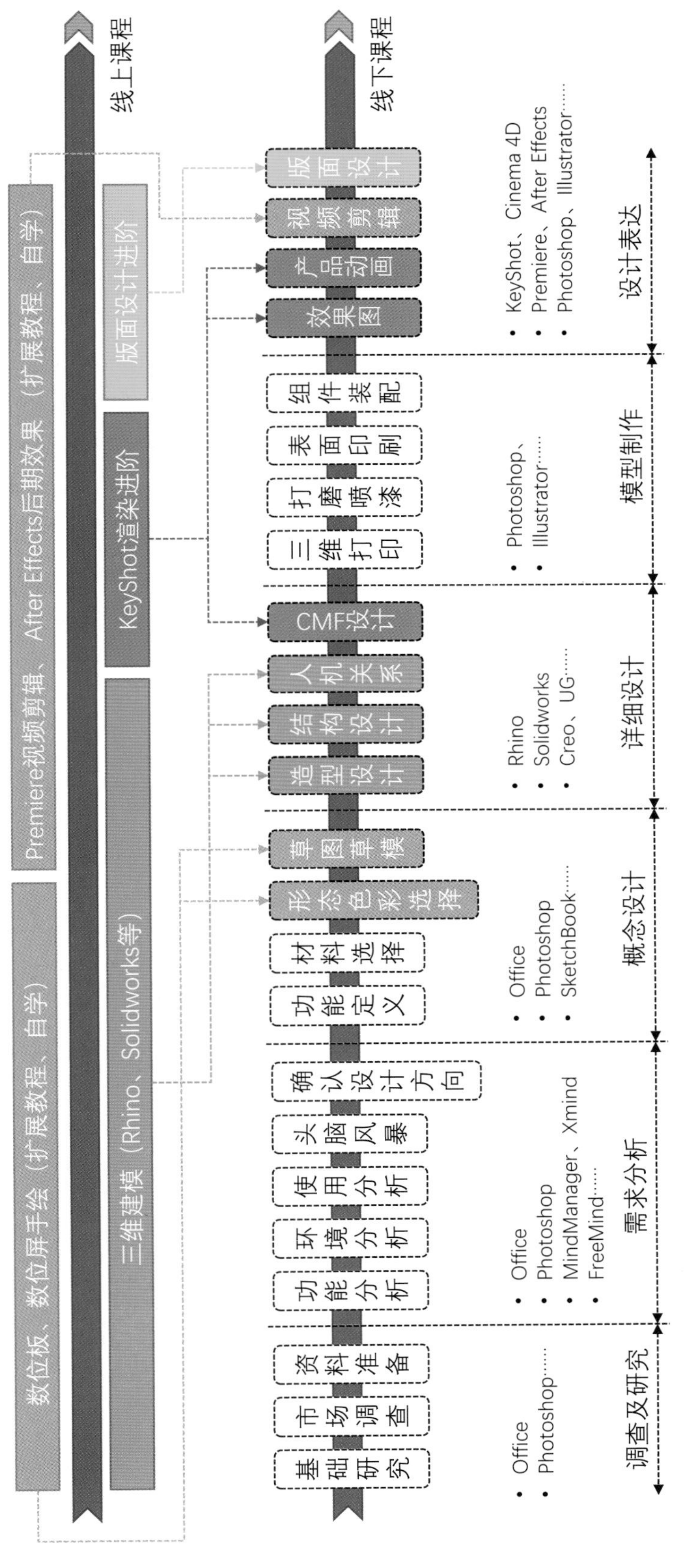

基于SPOC的“三维软件与设计应用（1）”项目制课程教学设计

（三）基于 SPOC 的项目制教学效果

以往的教学，是比较传统的设计软件授课；有些课程采用了 SPOC 的教学方式,但没有整合项目制教学。通过“三维软件与设计应用（1）”的开展，可以发现基于 SPOC 的项目制教学有以下优点：

（1）学生主动学习的积极性大大提高。为了更好地完成项目，学生必须学会相应的知识，做更多的思考与探索，除了线上教学、课堂上教师讲解之外，学生会自主学习相应的 CAID 软件、了解与项目相关的知识等；与同学、教师充分交流，互相学习，这比单向的信息传输效率要高得多。学生不是为了软件而学软件，而是通过 CAID 的学习打通了设计的各个环节，提高了学习的兴趣。

（2）学生对 CAID 的理解更深刻。通过全流程项目的开展，学生学到的不仅仅是软件的技能，更是对辅助设计的认识。在项目过程中，学生会查漏补缺，主动地去获取相关 CAID 知识，学习更有目的性和积极性，效果更好。

（3）教学效果提升明显。“三维软件与设计应用（1）”课程结束后，学生提交了预期的各种设计结果,作业量大,质量也有保证。包含展板、实物模型、产品视频的课程作业展，得到广大师生的好评。课程作业网络展，在中国工业设计协会教育分会的官方公众号“工业设计教育”上以专题发表，从另一个层面展示了教学效果。

2.1.4 基于 SPOC 的 CAID 项目制课程的可复制性

在 17 级“三维软件与设计应用（1）”课程取得良好的教学效果以后，针对该班级的“三维软件与设计应用（2）”也开展了基于 SPOC 的 CAID 项目制课程。“三维软件与设计应用（2）”的主要教学内容是工程软件建模,不仅解决产品造型的问题,还解决产品结构设计的问题,为面向制造及装配打下基础。线上课程主要为 Solidworks 软件及产品结构设计；线下课程围绕项目展开，仍然走产品设计全流程，重点解决设计中的工程问题。项目课题为：给一现有品牌设计一款基于元器件的便携式蓝牙音箱，要求在设计上符合品牌的风格，能够实现播放等功能，造型美观、结构合理且能装配。课程作业包含：设计报告、展板、画册内页、产品视频、具备功能的样机模型等。

与“三维软件与设计应用（1）”课程相比，“三维软件与设计应用（2）”解决了设计中的结构及其他工程问题，进一步向产品研发迈进。模型也由外观模型提升为功能模型，能够实现其基本功能。

此外，在 2018 级、2019 级、2020 级“三维软件与设计应用（1）”和“三维软件与设计应用（2）”课程中，也采用了基于 SPOC 的项目制教学，同样取得良好的教学效果。

由此可见，基于 SPOC 的 CAID 项目制课程具有良好的适用性，在各类 CAID 课程中都可植入项目。教师根据各子课程的目标、内容、课时安排，选择合适的课题、调整项目流程即可。

2.1.5 结语

产品设计是一项系统性的工作，CAID 也是全流程地服务于各设计环节。基于 SPOC 的 CAID 项目制课程教学，可以有效打通各设计环节，让学生理解 CAID 的作用，实践设计流程并训练软件技能，获得设计经验并完成设计作品。

2.2 以数模为核心的产品设计

产品设计流程，归纳起来可以分为五个阶段：前期设计、详细设计、设计分析、设计表达和设计实施。

前期设计阶段是设计的准备阶段，此时已经历过调研与分析，有了明确的定位，形成了产品的概念，并通过草图、草模等方式展开了一定的设计探索，有了方向性的成果。

详细设计阶段主要是指数模探究（尤其是现代化大批量生产的产品，建模已是不可或缺的流程，且占据着十分重要的地位，这一阶段可称为CAD，计算机辅助设计）。通过建模，可以探究产品的造型、结构、人机、装配等，建模过程也是设计的过程，并且其数据是精确的。详细设计包含了建立概念数模、结构数模和生产数模。在学校课程作业或者企业设计提案时，用概念数模的概率较大，主要目的在于对产品进行模拟、进行方案的探讨。如果要将设计产品化，需要进行结构设计，将产品的内部结构也精确地建模，此时应更多地考虑产品的落地性，与生产工艺紧密联系。在生产之前，工厂仍需对结构数模进行调整，以满足材料和工艺的需求，比如注塑产品的模具数模，需要考虑到材料的收缩率，此为生产数模（这一阶段可称为CAM，计算机辅助制造）。

有了数模，便可以进行设计分析（尤其指利用电脑软件分析，或称之为CAE，计算机辅助分析），比如人机工效仿真软件Jack，Solidworks Motion运动仿真，Ansys、Solidworks Simulation等有限元分析。

有了数模，便可以进行深入的设计表达，比如以数模为基础进行设计草图的完善与深化、渲染效果图（软件有Keyshot、Cinema 4D等）、产生工程图（Solidworks工程图模块、Rhino产生视图工具及标注工具等）、产生并绘制专利图，渲染三维动画。更进一步地利用这些图片或者动画视频，进行版面设计、视频剪辑和制作汇报文件（这一阶段可称为CADE，计算机辅助设计表达）。

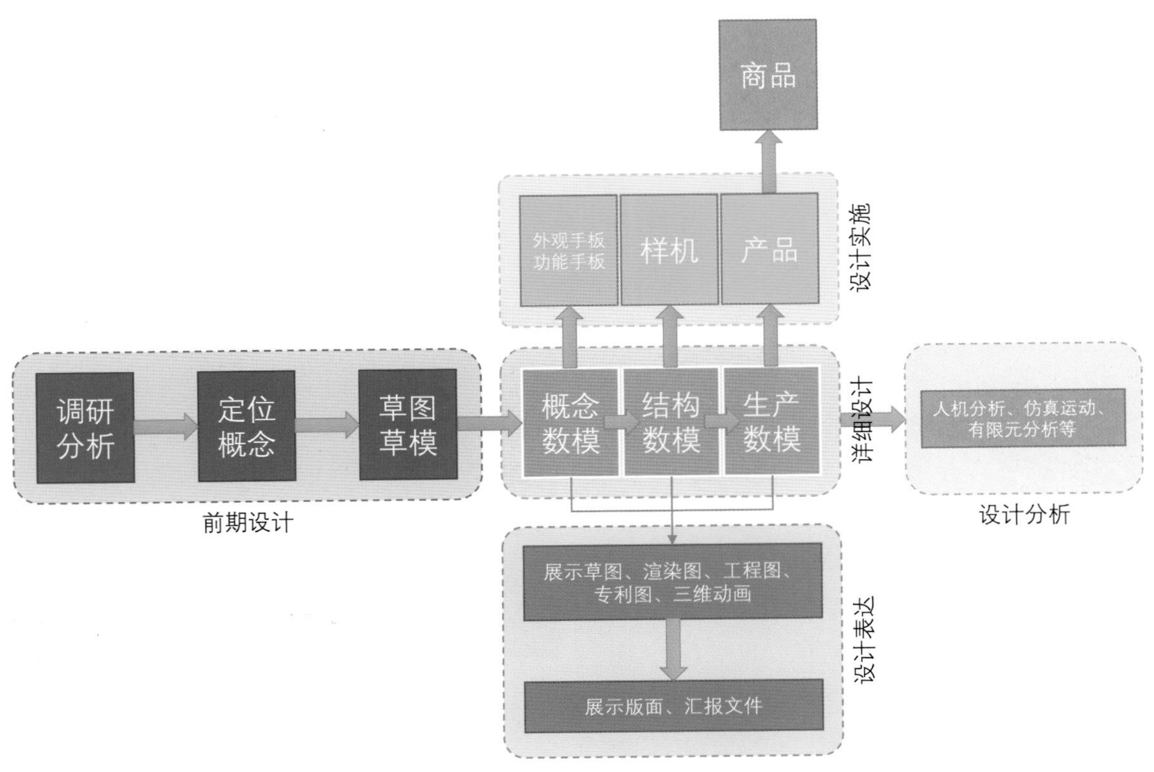

有了数模，便可以进行实物的产出，典型的手段有 3D 打印、CNC 加工、模具成型等。一般情况下，概念数模可以输出外观手板、功能手板，结构数模可以输出样机，生产数模可以输出产品。最后一步，产品进入流通环节便成了商品。此为设计实施。

从设计流程看，建模处于中间阶段，从重要性看，建模属于设计的核心。建模是设计探讨及深化不可或缺的步骤，它是从概念走向落地的桥梁，通过建模可以进行设计分析、设计表达和设计实施。

现代化的生产方式要求产品数字化，即将产品各项数据通过软件“建模”出来。这里的“建模”是广义的，不仅仅是三维建模，即为了理解事物而对事物做出的一种抽象，是对事物的一种无歧义的书面描述。建立系统模型的过程，又称模型化。建模是研究系统的重要手段和前提。凡是用模型描述系统的因果关系或相互关系的过程都属于建模。实则是将产品数据化，便于规范性与统一性。

产业必有产业链，在链中的任何一家企业，必须能很好地衔接，除了传统的实物和图纸之外，数模是最直接、信息最全的载体。比如下游企业在开发产品时，如果有上游企业提供的数模，可大大缩短开发成本，且具体数据上比较精确。如果没有数模，传统的做法就是测绘或者三维扫描这种逆向工程，数据的精度必然打折扣。数模里面包含的是原始数据信息，也是企业重要的核心机密。在飞机、汽车等设计、制造过程中，往往要求供应商提供需要的数模格式（比如飞机需要用 Catia 软件建立数模）。

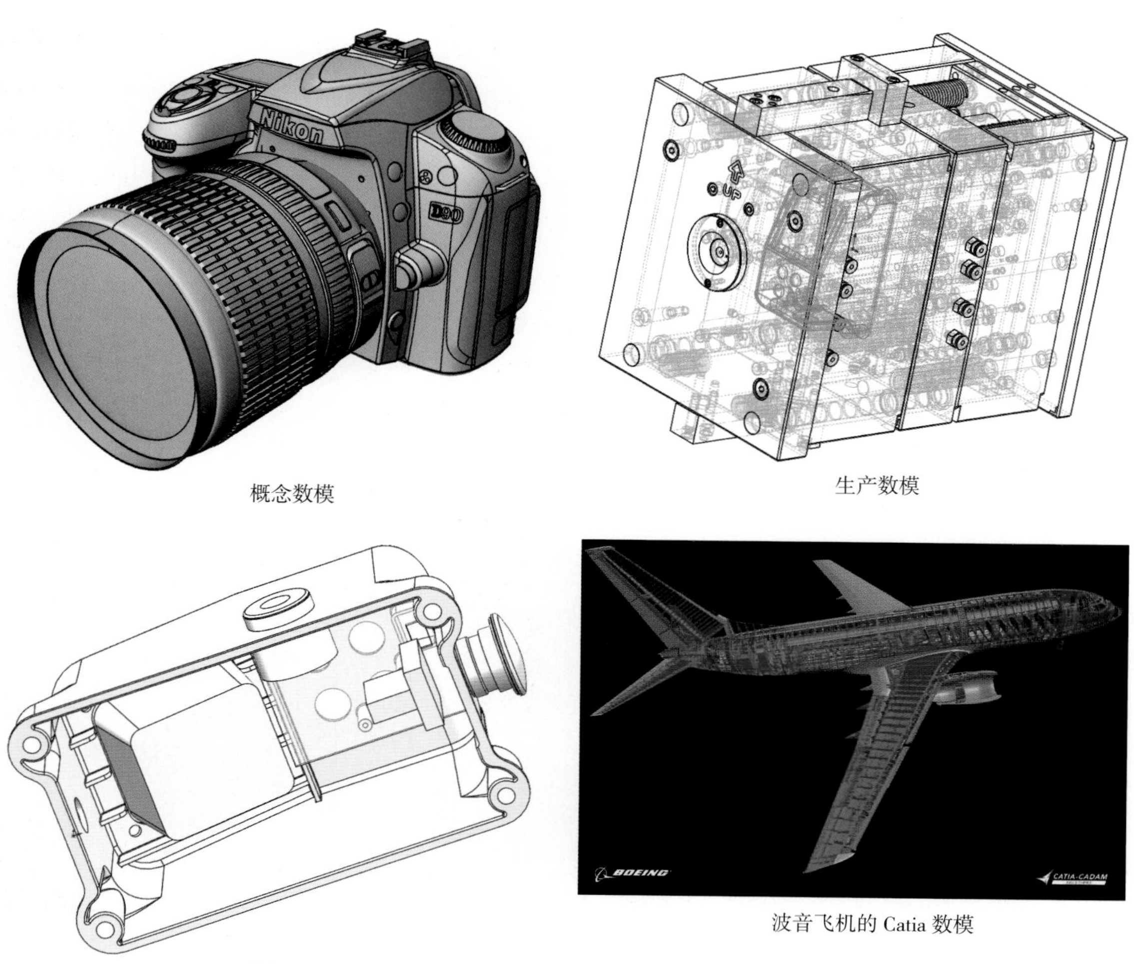

概念数模

生产数模

结构数模

波音飞机的 Catia 数模

2.3 Rhino造型建模

在工业设计、产品设计领域，Rhino几乎成为了行业标准造型设计软件，尤其在产品概念设计阶段，可以帮助设计师快速建立设计原型。由于其强大的Nurbs曲面建模功能，可以快速建立复杂的高质量的自由曲面，使产品摆脱传统的较为“呆板”的造型。Rhino建立的Nurbs曲面精度高，符合工业标准，与后续的结构设计及投产衔接较好，使得Rhino独树一帜，与3ds max、Cinema 4D、Maya这些以网格建模为主的软件区别开来。

与Solidworks、Creo、Catia、UG NX这些工程软件相比，Rhino短小精悍、极容易上手、建模自由度高，通常的做法是先Rhino进行造型建模，再工程软件进行工程建模（不排除直接用工程软件做前期的建模）。

Rhino软件支持导入各种类型的二维及三维数据，也可以输出各种二维及三维数据，是一个非常好的数据中转软件，这也是为什么Rhino在设计界如此受欢迎的原因之一。

2.3.1 Rhino 软件介绍

Rhino是由美国Robert McNeel公司于1998年推出的一款基于NURBS为主的三维建模软件，它可以广泛地应用于工业设计（产品设计）、三维动画制作、工业制造、科学研究以及机械设计等领域。

Rhino7在2020年12月10日正式发布，是McNeel历史上最重要的一次版本升级，此次更新，Rhino在界面和选项设置方面的改动并不大。Rhino 7最大的更新亮点在于SubD（细分建模技术），SubD的加入让Rhino如虎添翼。同Rhino6一样，Rhino7也集成了Grasshopper，它是一款在Rhino环境下运行的采用程序算法生成模型的插件。

2.3.2 Rhino 基础在线教程

市面上讲Rhino软件的书籍众多，网络上也有很多的教程，初学者该从何处入手呢?

重点推荐Rhino原厂出品的《Rhino Level 1 训练手册》和《Rhino Level 2 训练手册》，这两本手册是学习Rhino的经典教程，可以让用户打下很好的基础，帮助用户开始Rhino系统学习之旅，从Rhino的界面入手，了解工具的操作方法与相关设置选项的使用用途，从最简单的曲面建模工具开始，探索曲面造型的基本原理，以及模型完成后的出图、打印与渲染的操作流程。

本书根据《Rhino Level 1 训练手册》和《Rhino Level 2 训练手册》制作了讲解视频，方便读者进行在线学习。教程资料及视频课程请见：https://mooc1.chaoxing.com/course/223829439.html。

扫码下载资料

Rhino Level 1 的目标

在 Level 1 的课程中，您将学习如何：

· 使用 Rhino 用户界面的功能

· 自定义您的建模环境

· 创建基本图形对象：直线、圆、弧、曲线、实体和曲面

· 使用坐标输入，物件锁点和 SmartTrack™ 工具精确建模

· 使用编辑指令和操作轴修改曲线和曲面

· 使用控制点编辑来修改曲线和曲面

· 分析模型

· 显示模型的任何部分

· 以各种文件格式导入导出模型

· 使用 Rhino Render 渲染模型

· 尺寸标记和注释模型

· 使用图纸配置将模型视图排列在纸张上以打印出图

Rhino Level 2 的目标

在 Level 2 的课程中，您将学习以下内容：

· 自定义工具列及工具列集

· 编写简单的指令巨集

· 使用高级物件锁点

· 距离约束、角度约束与物件锁点的配合使用

· 使用编辑控制点的方式新建或修改将用于新建曲面的参考曲线

· 使用曲率图形评估曲线

· 学习更多新建曲面的方法

· 重建曲面和曲线

· 控制曲面之间的曲率连续性

· 新建、更改、保存和还原自定义工作平面

· 使用自定义工作平面新建曲面或物件

· 群组物件

· 利用着色技术将物件的评估与分析可视化

· 在物件周围或者曲面上新建文字物件

· 将平面曲线映射到曲面上

· 从 2D 图纸或者扫描图像创建 3D 模型

· 清除导入文件和导出干净文件

· 使用渲染工具

2.4 Solidworks工程建模

对于工业设计、产品设计专业的学生来说，有必要掌握一门工程建模软件，使得我们不仅能做造型设计、概念设计，也能做结构设计、工程设计，让设计的产品落地性更强。工程建模软件更加符合工业标准，对于尺寸和约束有严格的要求，建模的逻辑更加严谨，易于调整参数从而便捷地改变方案。在用Solidworks建模时，我们会考虑到模型的尺寸、约束、结构（比如加强筋、拔模角）等问题，可以说是在考虑方案的工程问题。

工程建模软件种类繁多，但也具有相通性和相似性，在有限的学习时间及精力下，可以选择相对容易上手、使用较为普遍的软件Solidworks。软件的学习并不一定要精通，能学以致用就好，同时也能了解工程建模软件与造型建模软件各自的特点与优势，以便开展设计工作。

2.4.1 Solidworks 软件介绍

SolidWorks软件是世界上第一个基于Windows开发的三维CAD系统，由于技术创新符合CAD技术的发展潮流和趋势，SolidWorks公司于两年间成为CAD/CAM产业中获利最高的公司。Solidworks软件功能强大，组件繁多。Solidworks有功能强大、易学易用和技术创新三大特点，这使得SolidWorks成为领先的、主流的三维CAD解决方案。SolidWorks能够提供不同的设计方案、减少设计过程中的错误以及提高产品质量。SolidWorks不仅提供如此强大的功能，而且对每个工程师和设计者来说，操作简单方便、易学易用。

SolidWorks有强大的零件建模、曲面建模、钣金设计、工程图、数据转换、高级渲染等功能。（1）提供了无与伦比的、基于特征的实体建模功能。通过拉伸、旋转、薄壁特征、高级抽壳、特征阵列以及打孔等操作来实现产品的设计。通过对特征和草图的动态修改，用拖拽的方式实现实时的设计修改。（2）通过带控制线的扫描、放样、填充以及拖动可控制的相切操作产生复杂的曲面。可以直观地对曲面进行修剪、延伸、倒角和缝合等曲面的操作。（3）提供了顶尖的、全相关的钣金设计能力。可以直接使用各种类型的法兰、薄片等特征，正交切除、角处理以及边线切口等钣金操作变得非常容易。（4）提供了当今市场上几乎所有CAD软件的输入/输出格式转换器，有些格式，还提供了不同版本的转换。

2.4.2 Solidworks 建模与 Rhino 建模的优点

Solidworks

全相关。零件一旦改动，相应的装配体和工程图都会一起改动。

强大的结构设计功能。可以快速地对模型进行倒圆角且没有破面，快速生成加强筋、拔模等特征。

参数驱动建模。改动一个尺寸，即可改变模型。

基于特征的建模。记录模型建构的历史，方便对模型进行修改。

Rhino

强大的Nurbs曲面建模。快速生成复杂曲面，便于造型设计。

高自由度建模。建立点、线、面、体都是非常自由的，不存在约束关系，建模也无需严格的逻辑关系。

Grasshopper参数化及SubD细分建模使得造型建模如虎添翼。

2.4.3 Solidworks 学习指南

对于学设计的同学而言，Solidworks 的建模功能首当其冲，此外可以进一步学习工程图模块。推荐 DS SOLIDWORKS 公司出品的 CSWP 全球专业认证考试培训教程丛书（含素材及教学视频）：

《SOLIDWORKS 零件与装配体教程（2020 版）》，[法] DS SOLIDWORKS 公司著，胡其登，戴瑞华编，杭州新迪数字工程系统有限公司译，机械工业出版社。是根据 DS SOLIDWORKS 公司发布的《SOLIDWORKS2020：SOLIDWORKS Essentials》编译而成的，着重介绍了使用 SOLIDWORKS 软件创建零件、装配体的基本方法和相关技术，以及生成工程图的基础知识。

《SOLIDWORKS 高级零件教程（2018 版）》，是根据《SOLIDWORKS 2018TrainingManuals:AdvancedPartModeling》编译而成的，着重介绍了使用 SOLIDWORKS 软件创建多实体零件和复杂外形实体模型的方法及技巧，详细介绍了 3D 路径扫描、变形特征、高级圆角等功能。

《SOLIDWORKS 工程图教程（2020 版）》，是根据《SOLIDWORKS 2020：SOLIDWORKS Drawings》编译而成的，着重介绍了使用 SOLIDWORKS 软件创建工程图及出详图的基本方法和相关技术。

《SOLIDWORKS 高级曲面教程（2020 版）》，是根据《SOLIDWORKS 2020：Surface Modeling》编译而成的，着重介绍了使用 SOLIDWORKS 软件的曲面建模功能进行产品设计的方法、技术和技巧，主要包括混合建模技术的应用、外来数据的处理以及曲面高级功能的介绍等。

2.4.4 基础实体特征建模——多功能料理锅

扫码下载资料

● 步骤 1：在上视基准面绘制如下草图，并向上拉伸凸台 370mm。

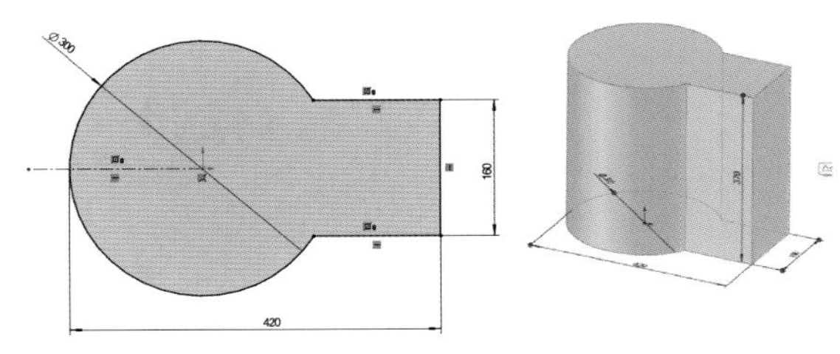

● 步骤 2：在上视基准面绘制如下草图，并向上偏移 32mm 拉伸切除 184mm。

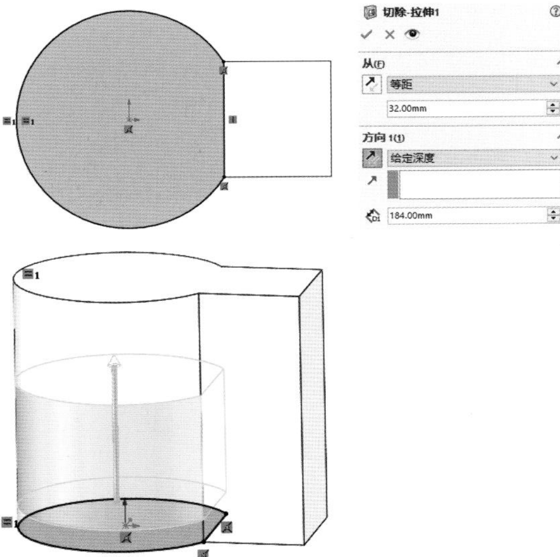

● 步骤 3：在如图平面中绘制草图（等距 60mm），拉伸凸台（向上 3mm，向下 5mm，不合并结果）。

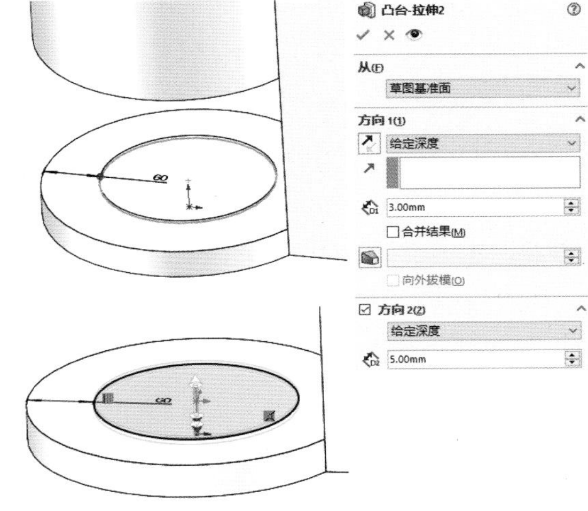

● 步骤 4：在如图平面中绘制草图（等距 30mm），向上拉伸凸台离指定的面 10mm，不合并结果。

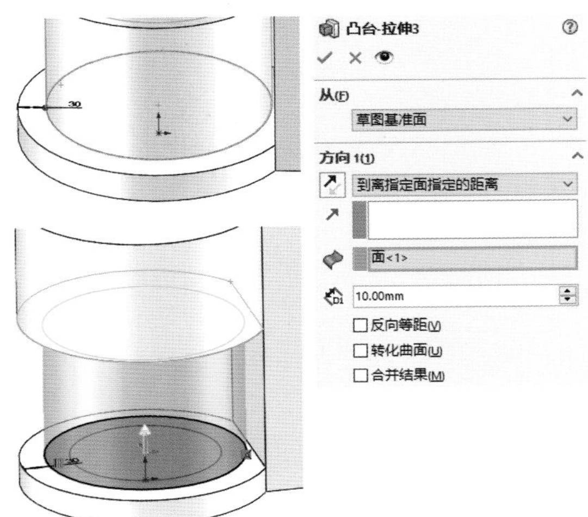

● 步骤 5：在如图平面中绘制草图（等距 20mm），向下拉伸切除离指定的面 20mm。

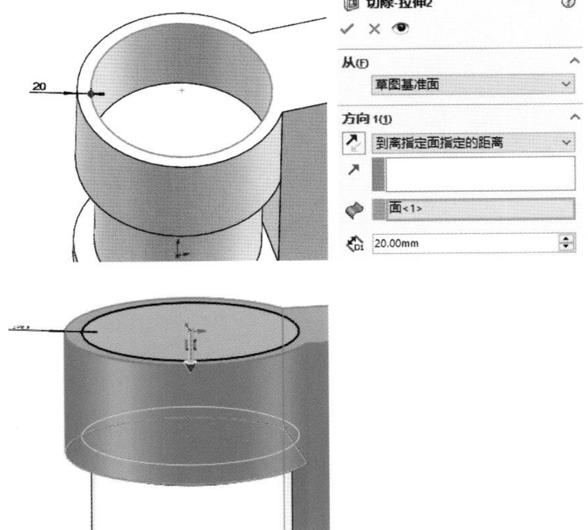

● 步骤 6：在如图平面中绘制草图（等距 10mm），向下拉伸切除 8mm。

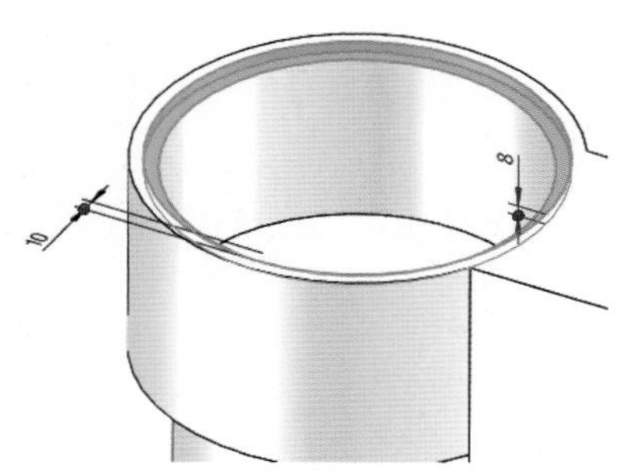

● 步骤 7：分别完成圆角特征 30mm、25mm。

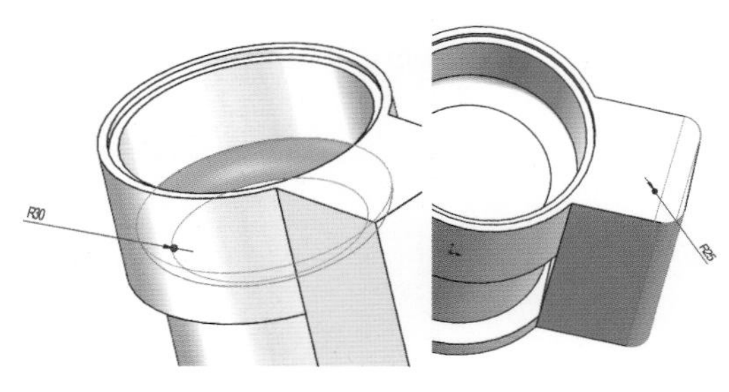

● 步骤 8：在前视基准面绘制如下草图，旋转凸台 360°（往内薄壁 3mm，不合并结果）。

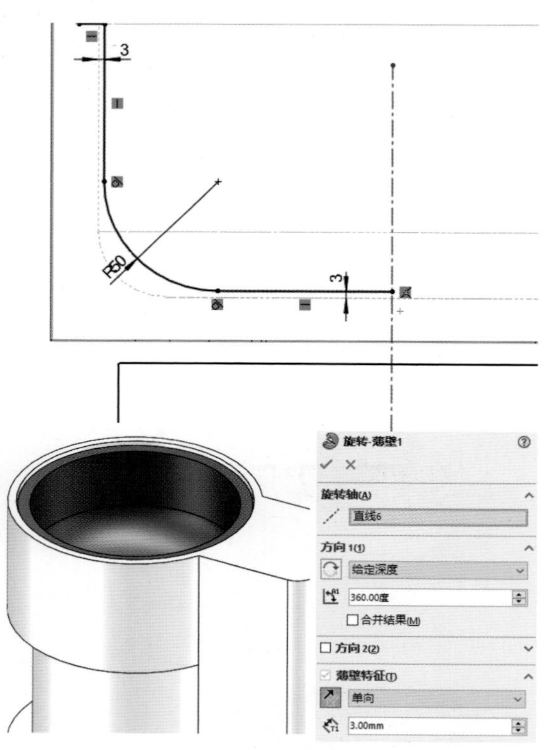

● 步骤 9：分别完成圆角特征 3mm、倒角特征 10mm × 50°。

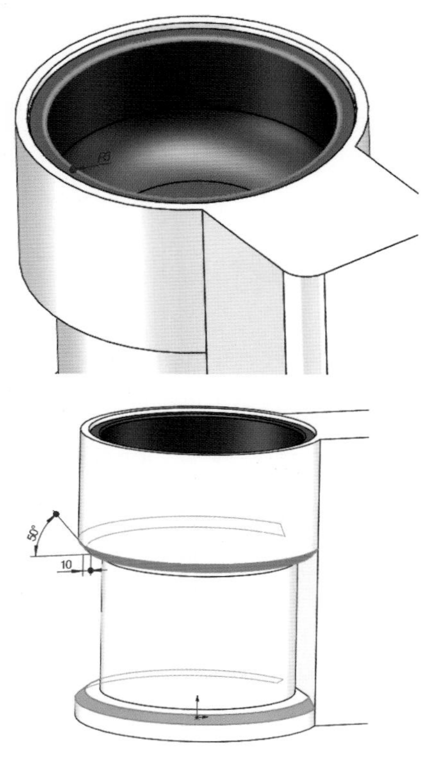

● 步骤 10：在前视基准面绘制如下草图，拉伸曲面（两侧对称 400mm）。

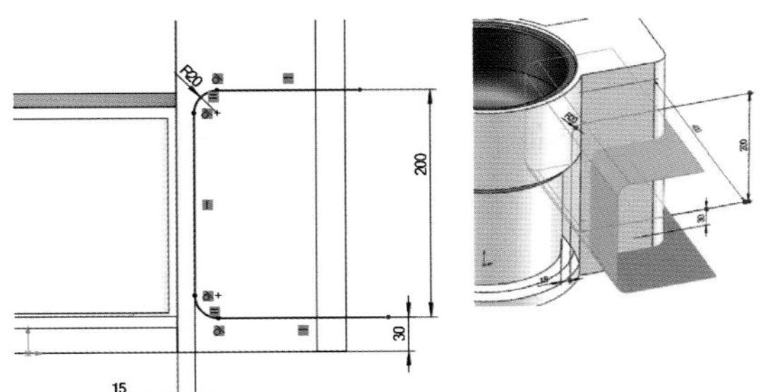

● 步骤 11：利用曲面将实体分割成两部分，均保留。

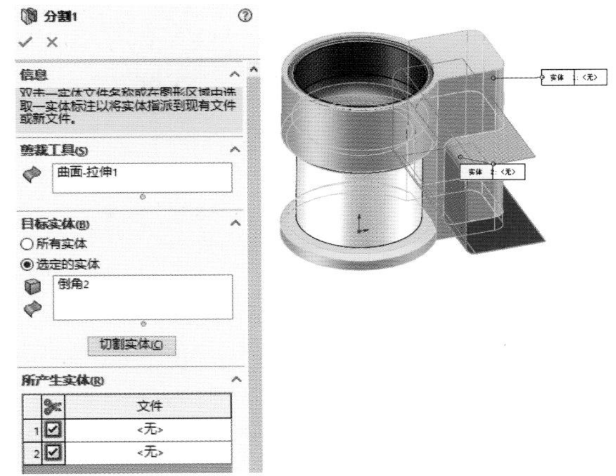

● 步骤 12：分别完成圆角特征 30mm、40mm。

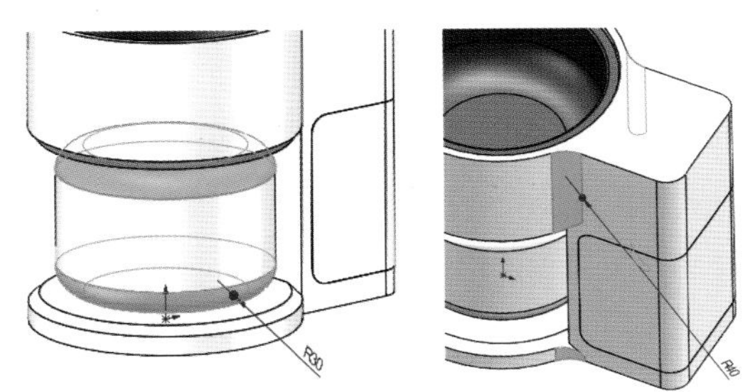

● 步骤 13：在所示平面绘制草图（转换实体引用），向上拉伸凸台 12mm，不合并结果。

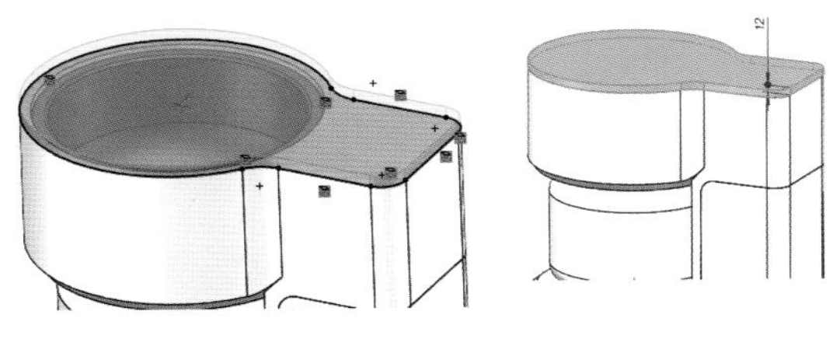

● 步骤 14：在所示平面绘制草图（等距 40mm），向上拉伸切除完全贯穿。

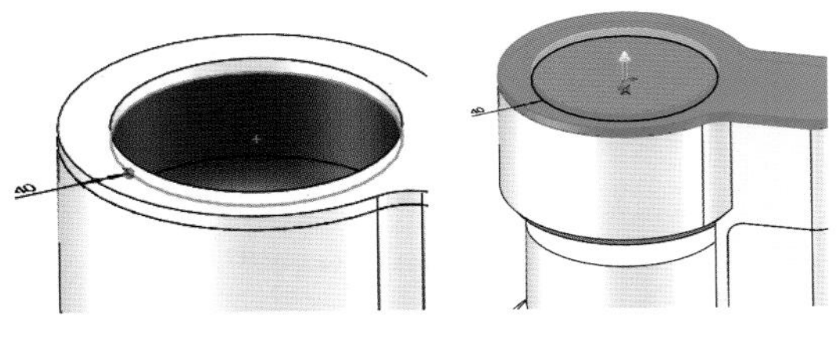

● 步骤 15：将步骤 14 草图向上拉伸切除 6mm（向外薄壁 5mm）。

● 步骤 16：在前视基准面绘制如下草图，旋转凸台 360°（往下薄壁 5mm，不合并结果）。

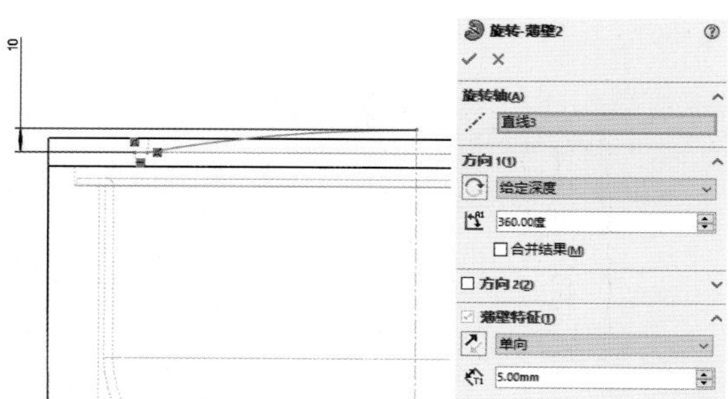

● 步骤 17：创建基准面（向上偏移 30mm）。

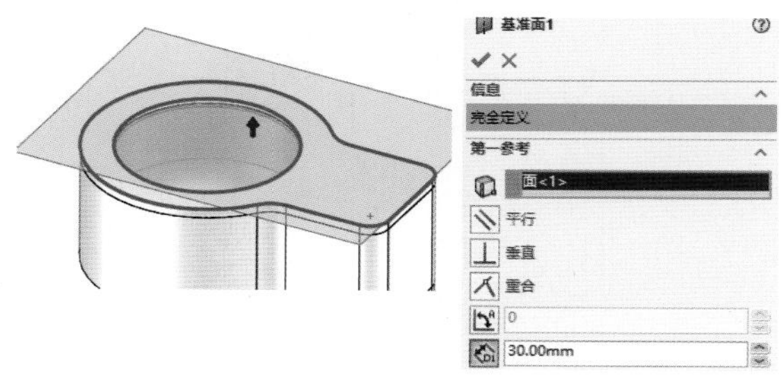

● 步骤 18：在基准面绘制如下草图，选择合适轮廓向下拉伸凸台成型到一面，不合并结果。

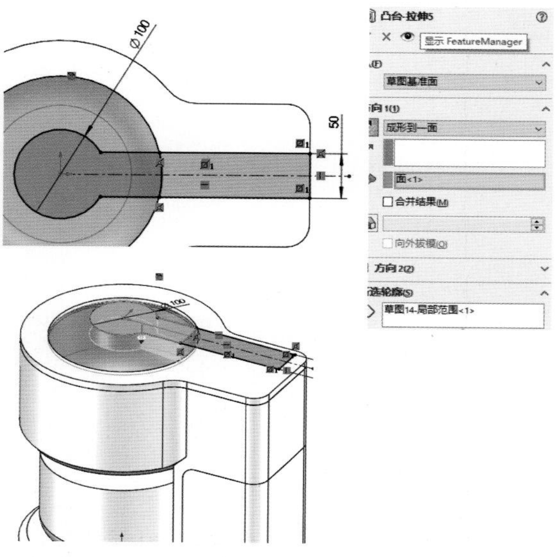

● 步骤 19：选择步骤 18 中草图合适轮廓向下拉伸凸台成型到一面，与两实体合并结果。

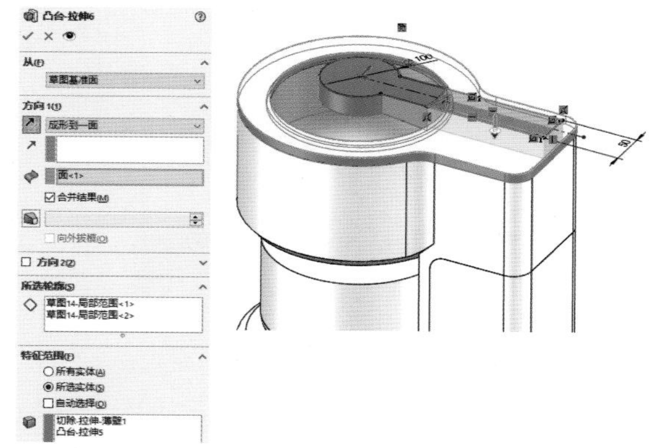

● 步骤 20：在如图平面绘制如下草图（等距 10mm），向下拉伸切除完全贯穿（仅限特定实体）。

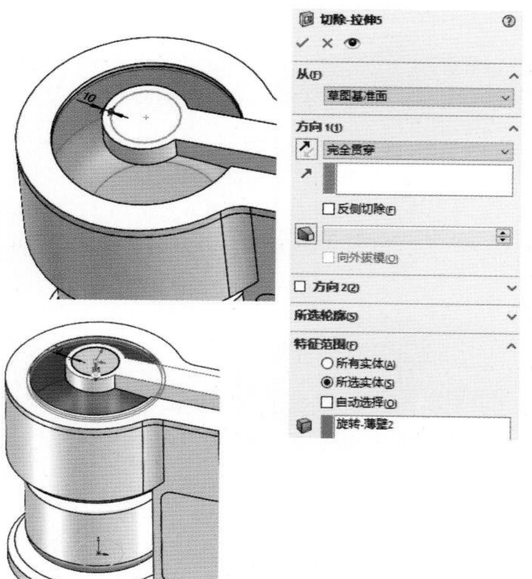

● 步骤 21：指定面向内拔模 3°（选择“沿切面”）。

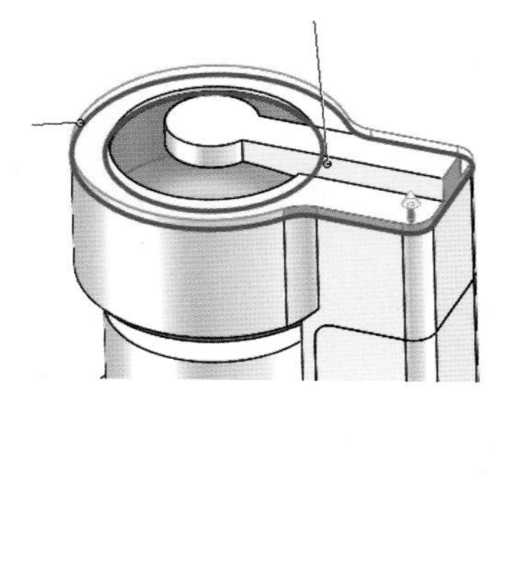

● 步骤 22：完成圆角特征 20mm。

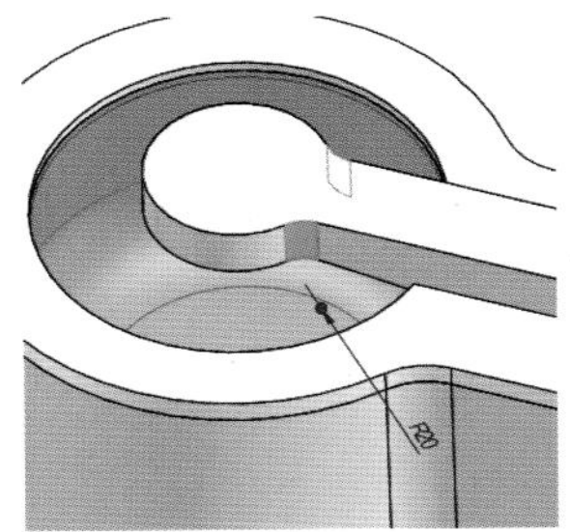

● 步骤 23：在前视基准面绘制如下草图，往两侧拉伸凸台至指定面，与特定实体合并结果。

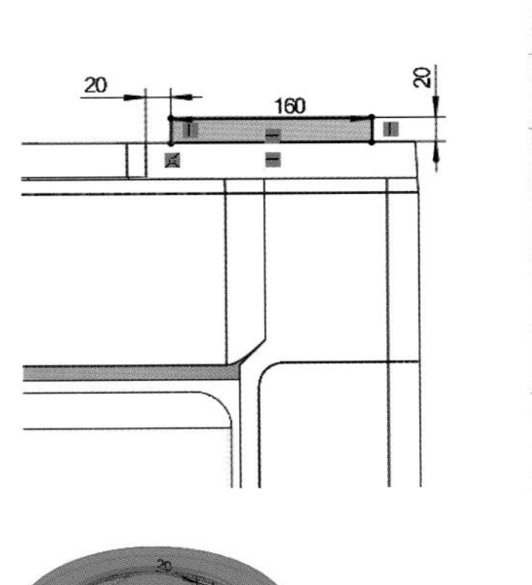

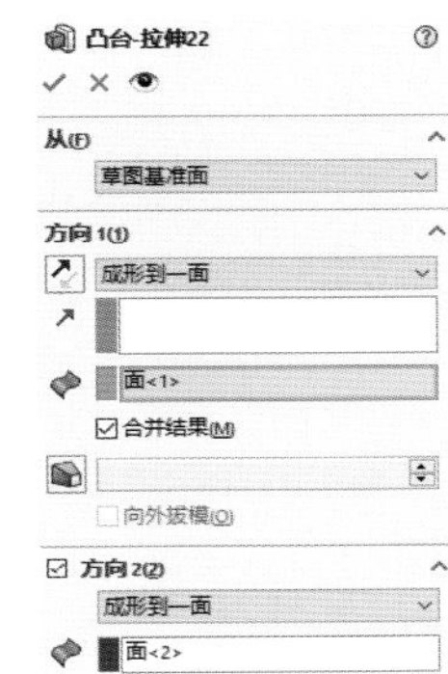

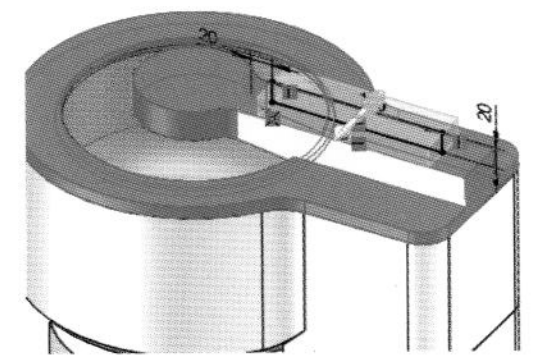

● 步骤 24：分别完成圆角特征 15mm、15mm。

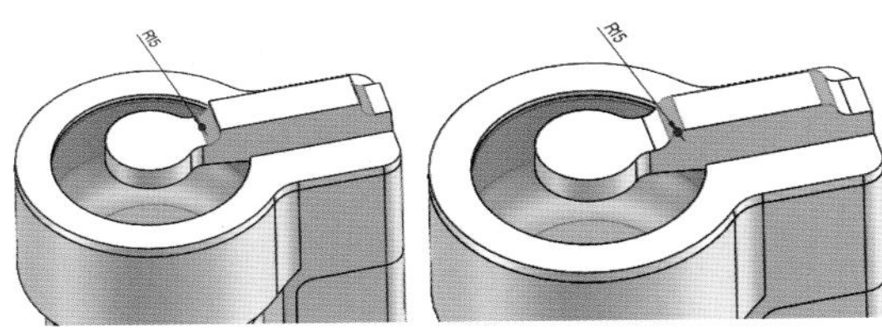

● 步骤 25：指定面向内拔模 3°。

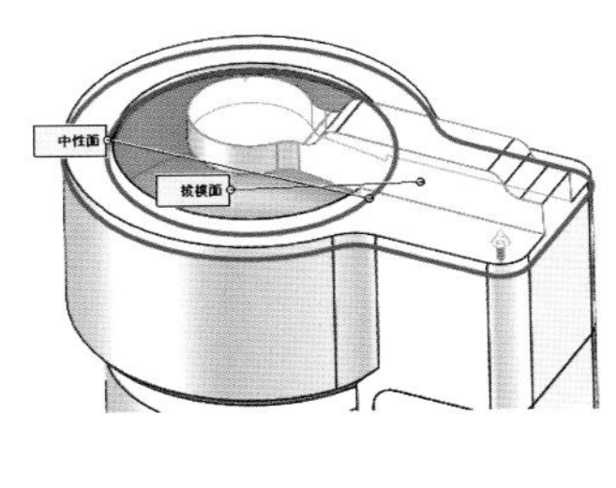

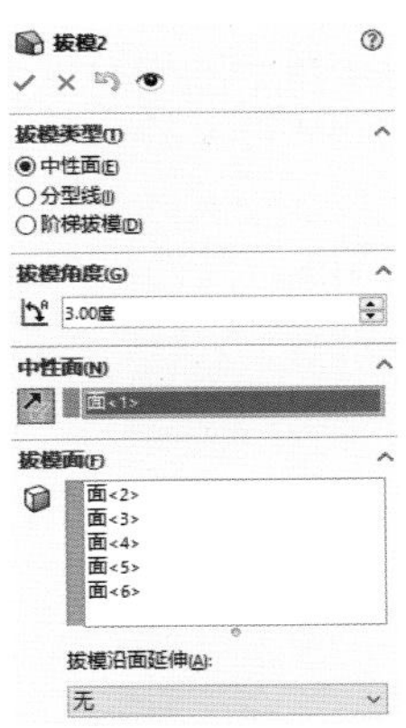

● 步骤 26：分别完成圆角特征 20mm、6mm。

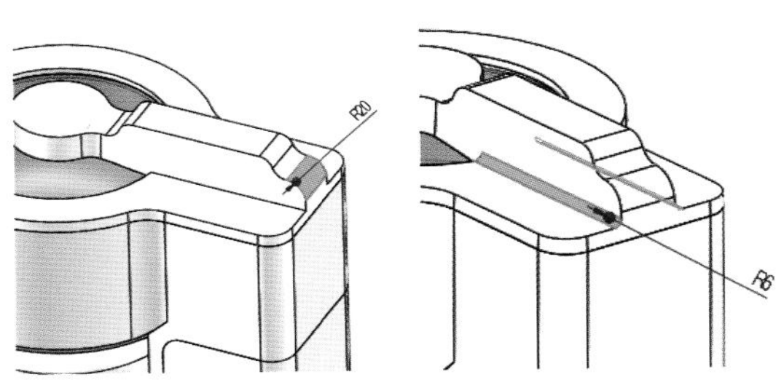

● 步骤 27：分别完成倒角特征 4mm × 50°、圆角 1mm。

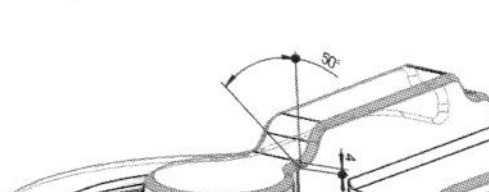

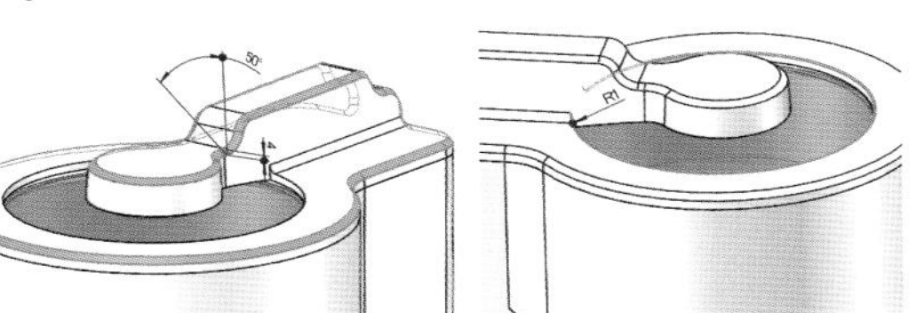

● 步骤 28：将步骤 20 中的草图向下拉伸凸台 50mm，与特定实体合并结果。

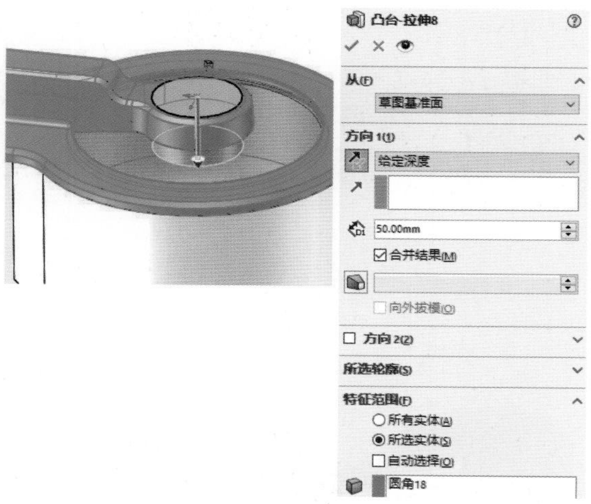

● 步骤 29：完成圆角特征 6mm。

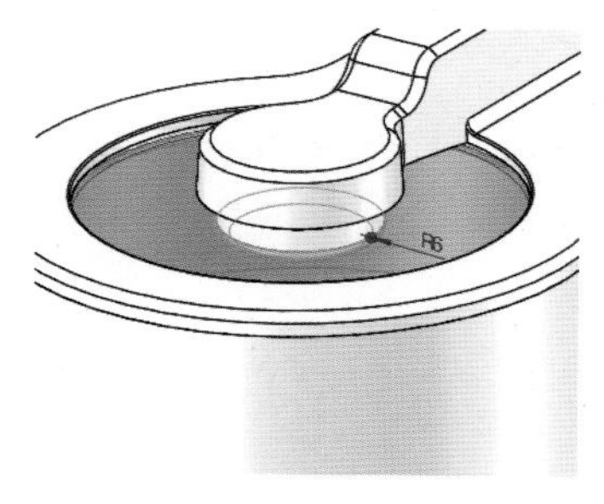

● 步骤 30：在前视基准面绘制如下草图（转换实体引用），拉伸曲面（两侧对称 400mm）。

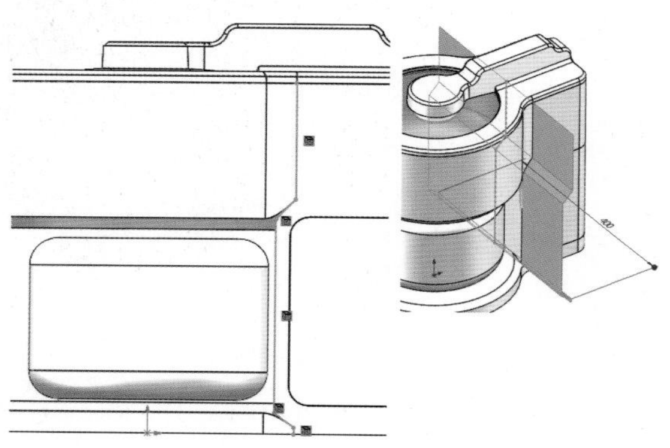

● 步骤 31：利用步骤 30 创建的曲面将所选实体分割为 3 个实体，均保留。

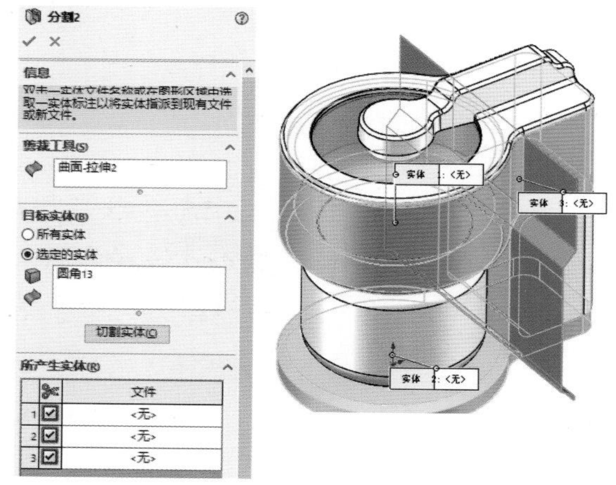

● 步骤 32：在上视基准面绘制如下草图（向内等距 4mm），向上拉伸切除完全贯穿所选实体。

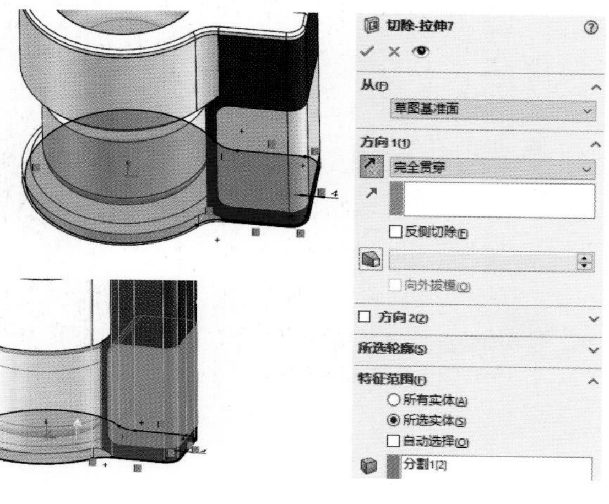

● 步骤 33：在如图平面绘制如下草图（一边为转换实体引用，其余边等距 4.2mm），向上拉伸凸台到指定面，合并结果。

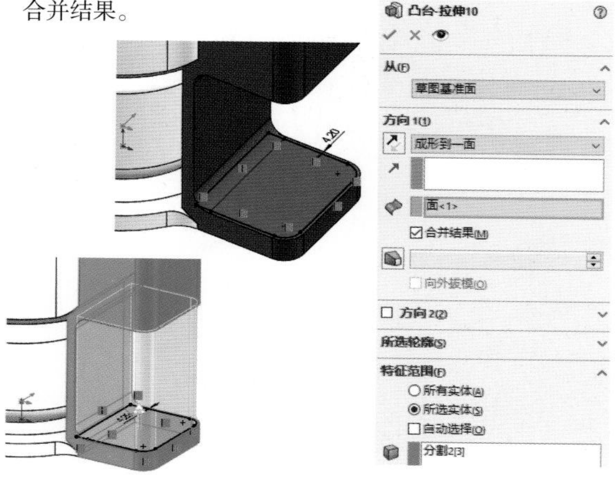

● 步骤 34：在前视基准面绘制如下草图（等距 10mm），往两侧拉伸切除完全贯穿所选实体。

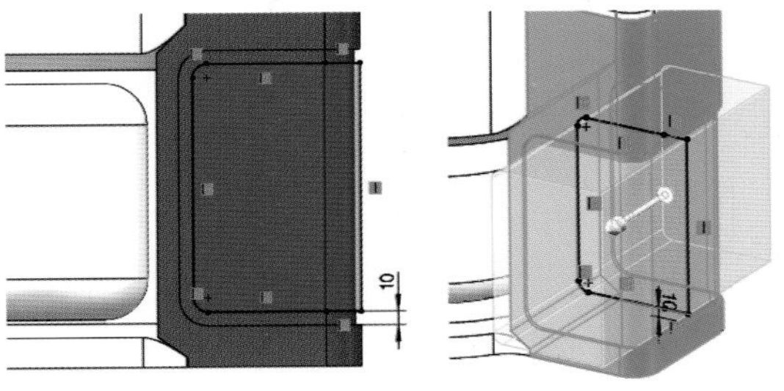

● 步骤 35：创建基准面（将上视基准面向上等距 80mm）。

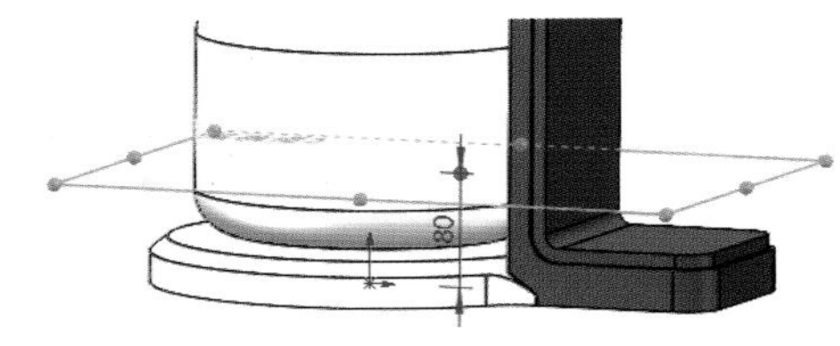

● 步骤 36：在步骤 35 的基准面绘制草图（转换实体引用），拉伸凸台向上 90mm、向下离指定面 2mm（不合并结果）。

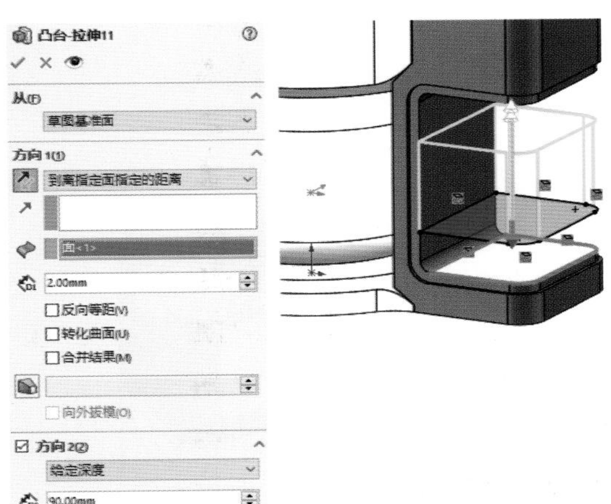

● 步骤 37：分别创建圆角特征 21mm、抽壳特征 3mm（去除指定面）。

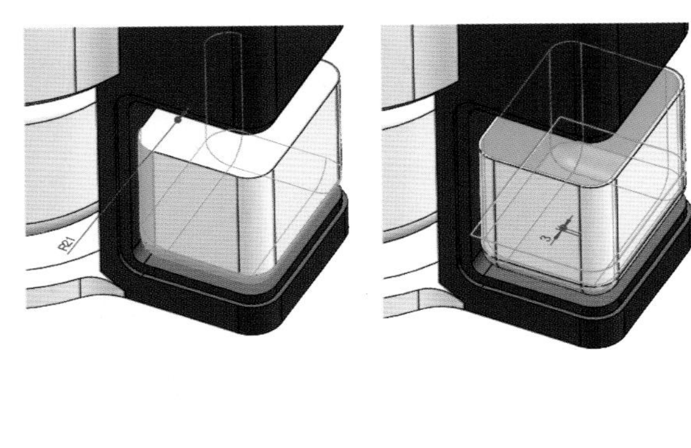

● 步骤 38：在如图平面上绘制草图，往内拉伸凸台 30mm，与指定实体合并结果。

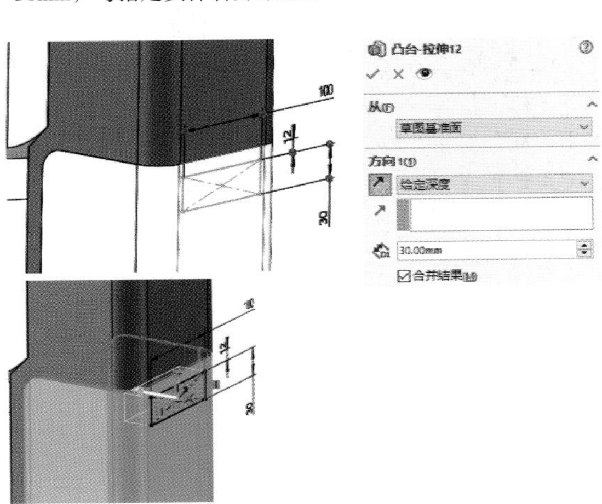

● 步骤 39：完成圆角特征 15mm。

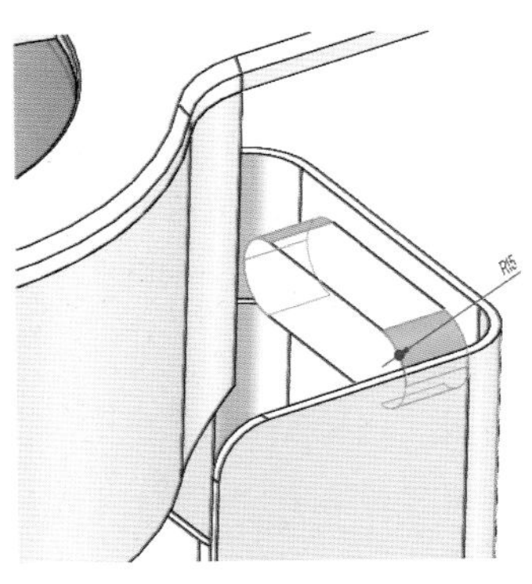

● 步骤 40：在如图平面上绘制草图（等距 3mm），往外等距 3mm 拉伸切除完全贯穿指定实体。

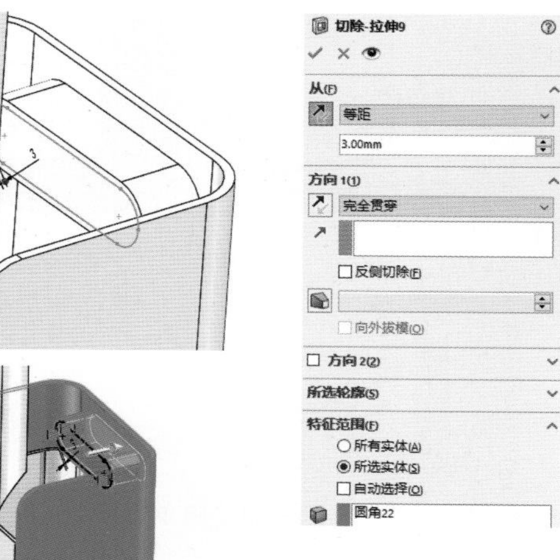

● 步骤 41：分别完成圆角特征 2mm、5mm。

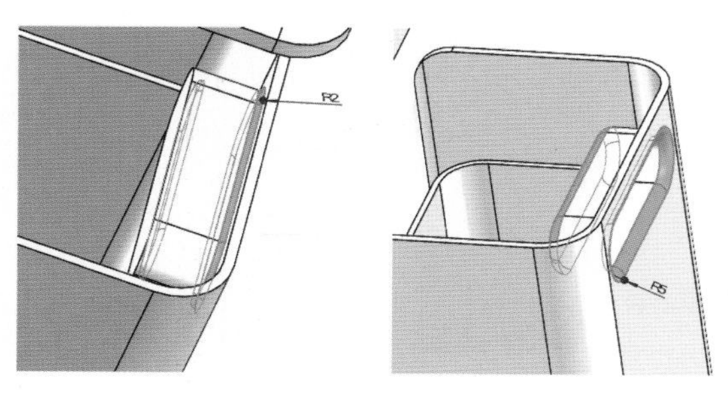

● 步骤 42：显示所有实体，并设置材质。

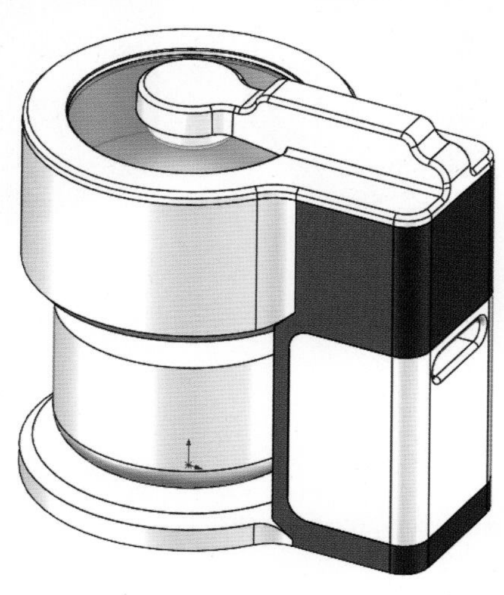

● 自行完善模型，完成其他特征的建模。

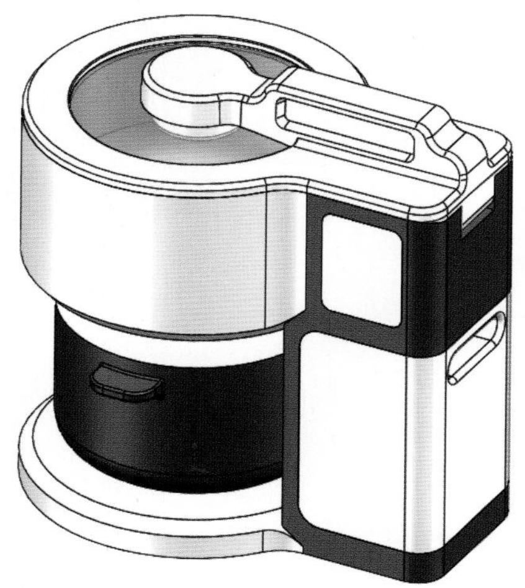

案例小结

1. 此数模的建立，主要是用于 CNC 加工及效果图渲染。CNC 加工是对体块材料进行数控雕刻，如果只是做产品外观模型（又叫外观手板），通常做实心的模型，内部不放置零件，不做抽壳等结构设计，加工的成本反而会低（材料成本同空心的模型，但能省去产品背面的机加工及人工）。众多毕业设计模型和商业展示模型，经常做此类模型。

2. 此类产品造型简单，常通过几何体的组合来形成三维，又可变化多端。设计产品时注意功能需求、比例尺度、表面处理，来达到所需的品质（比如科技感、亲和感等）。可以充分利用圆角、倒角等基础特征，让产品曲面丰富起来，这是产品造型的重要手段。

2.4.5 高级实体特征建模——电吹风

扫码下载资料

● 步骤 1：单击前视基准面，进入草图绘制；工具—草图工具—草图图片，放置草图如下，并绘制一直线。

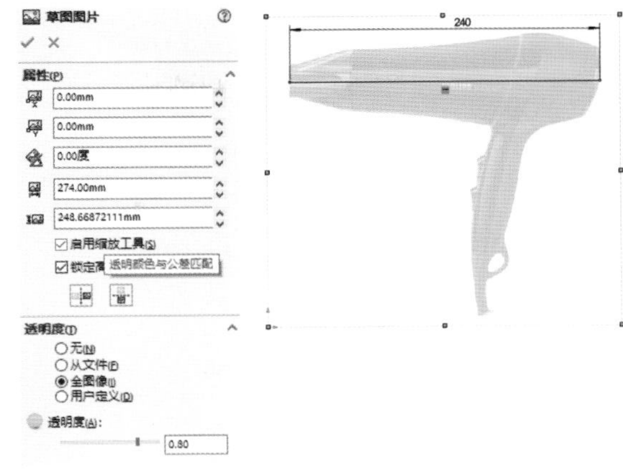

● 步骤 2：在前视基准面绘制草图如下，并旋转凸台 360°。

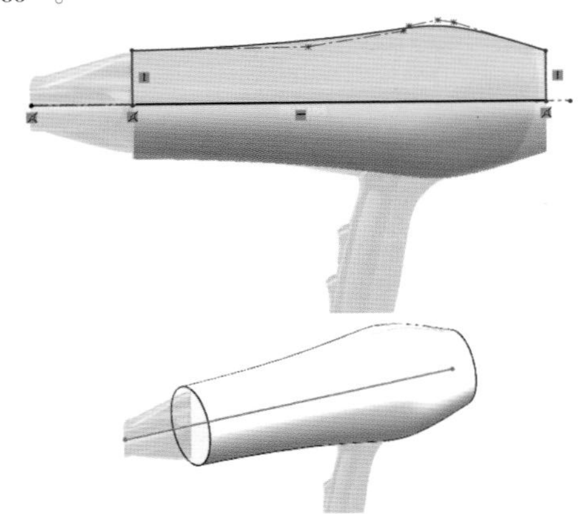

● 步骤 3：在前视基准面分别绘制两草图如下。

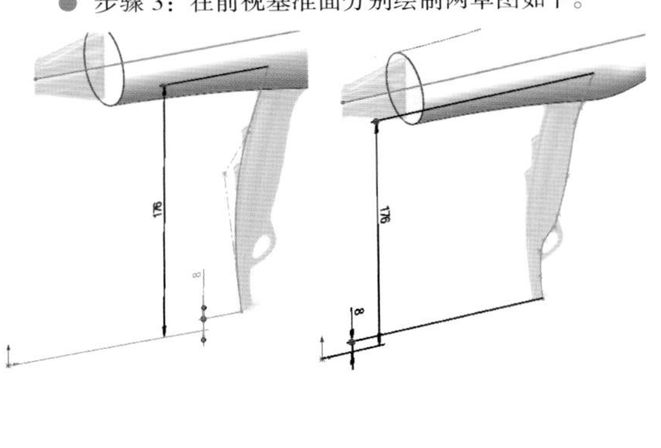

● 步骤 4：单击如图顶点和上视基准面，创建基准面，并绘制草图圆如下。

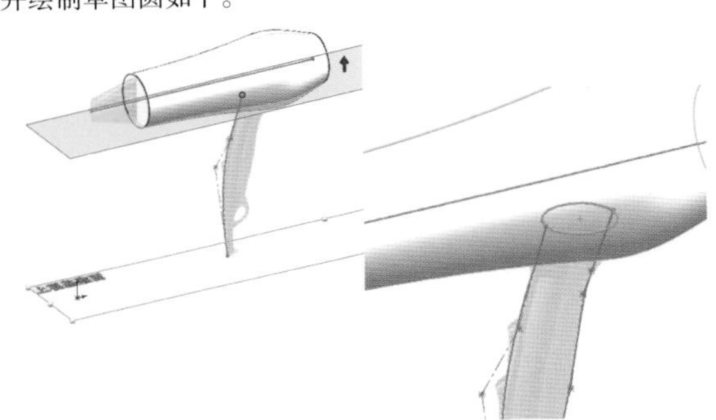

● 步骤 5：单击如图顶点和上视基准面，创建基准面，并绘制草图圆如下。

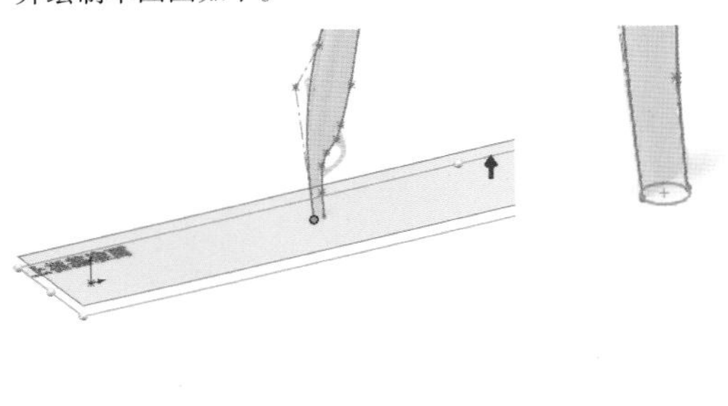

● 步骤 6：放样凸台，选择如下轮廓和引导线，创建特征，合并结果。

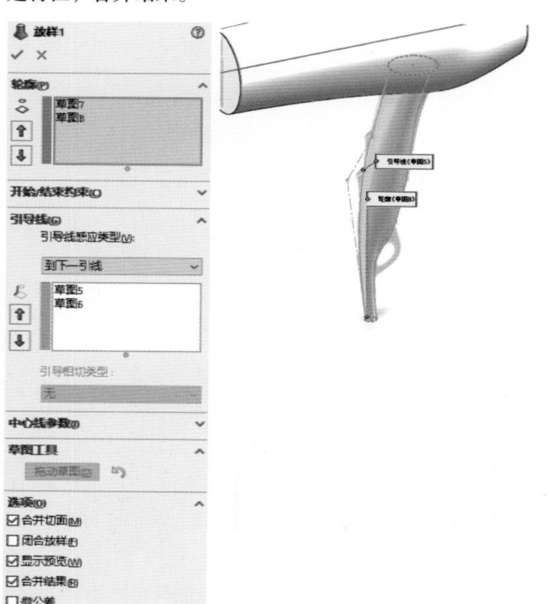

● 步骤 7：圆角，选择变化圆角，设置如下。

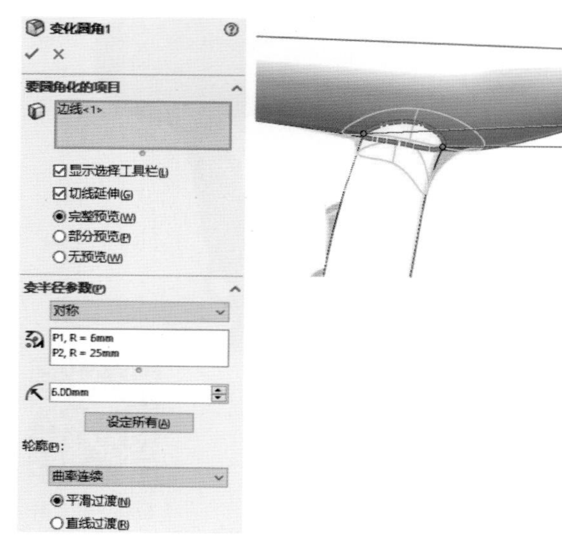

● 步骤 8：在前视基准面绘制草图如下，并拉伸切除完全贯穿—两者（薄壁两侧对称 2mm），保留全部实体。

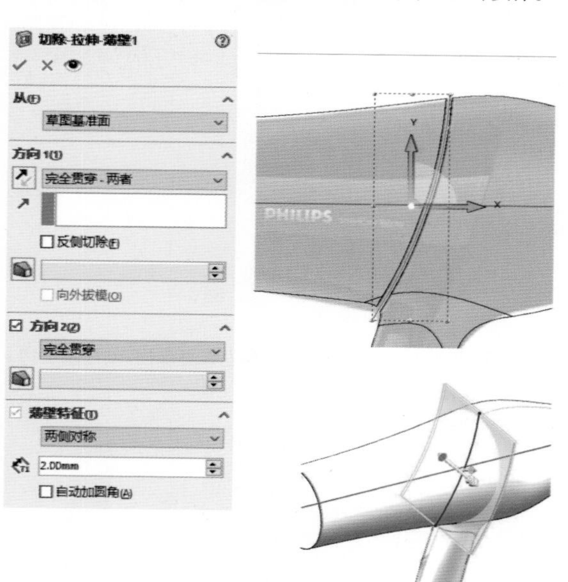

● 步骤 9：原地复制所示实体（插入—特征—移动 / 复制），并对复制的实体抽壳 1mm（两头移除）。

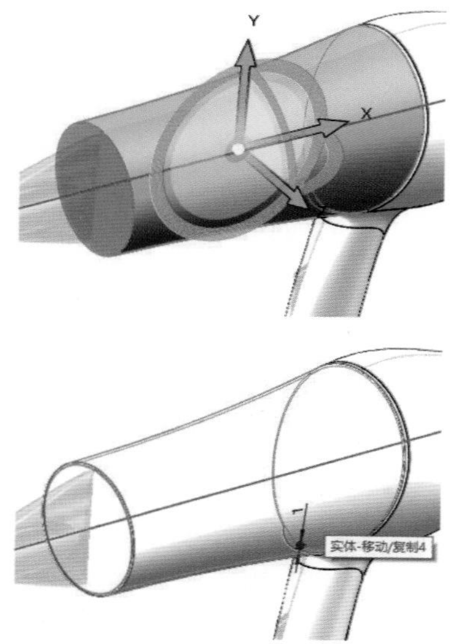

● 步骤 10：插入—特征—组合，完成如图“删减”。

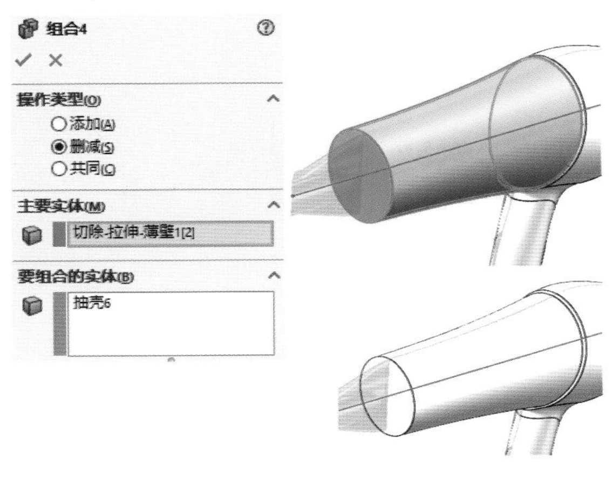

● 步骤 11：在前视基准面绘制草图如下，并完成边界特征。

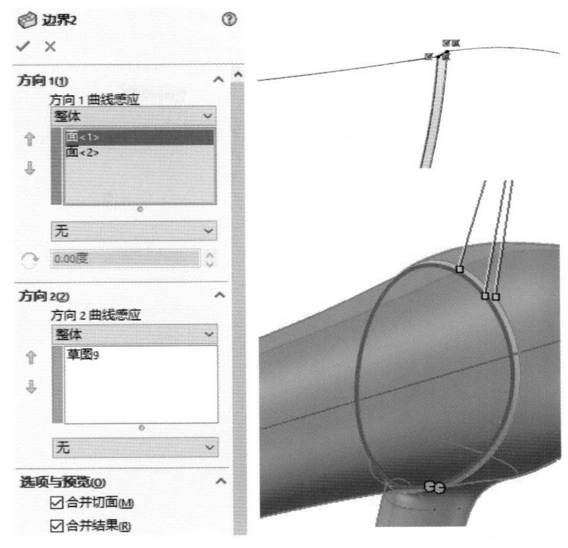

● 步骤 12：在前视基准面绘制草图如下，并旋转切除所选实体。

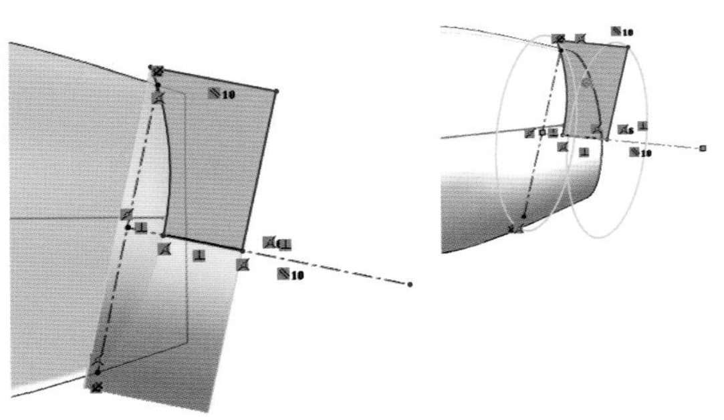

● 步骤 13：在前视基准面绘制草图如下，并旋转凸台（不合并结果）。

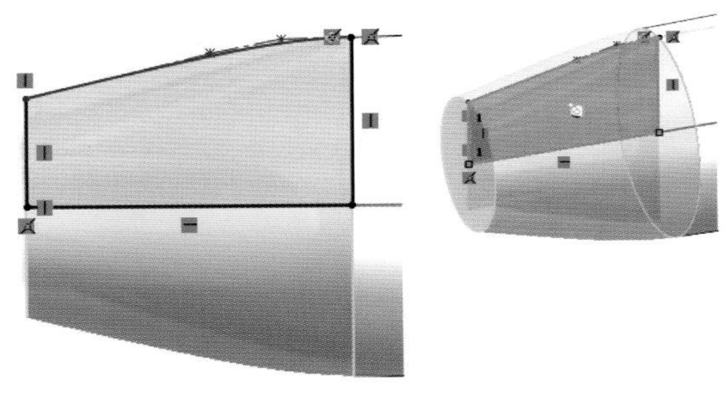

● 步骤 14：在前视基准面绘制草图如下，并拉伸切除所选实体。

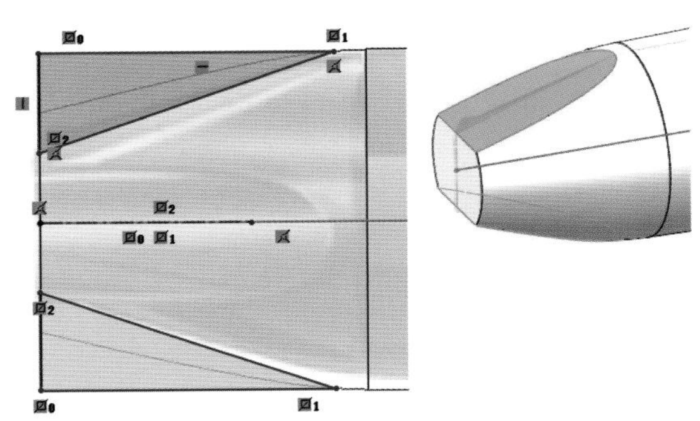

● 步骤 15：选择如图顶点及右视基准面，创建基准面。

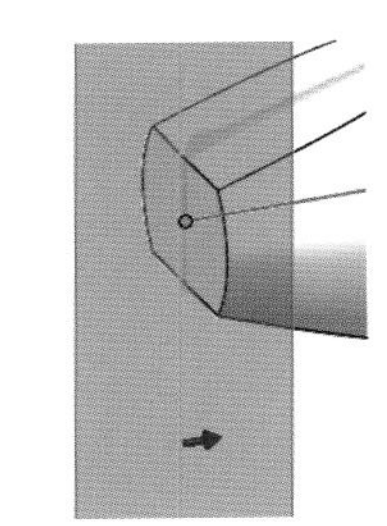

● 步骤 16：在基准面上绘制草图如下，并拉伸凸台至下一面（拔模 5°，与所选实体合并结果）。

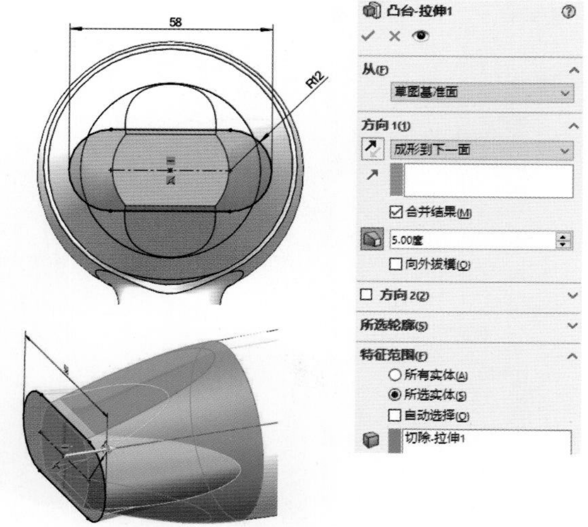

● 步骤 18：在前视基准面上绘制草图如下，并经由如图顶点及曲线，创建基准面。

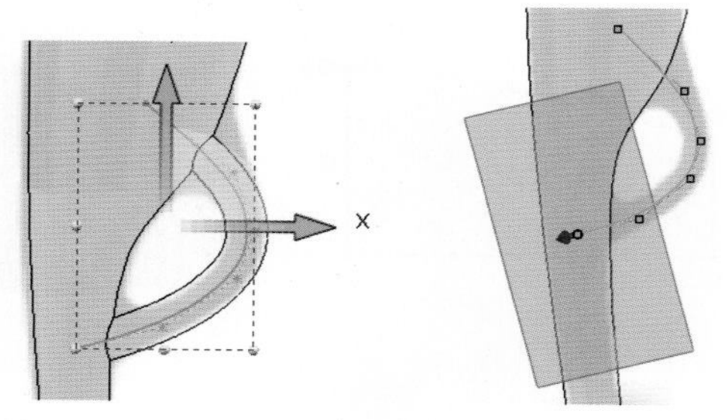

● 步骤 20：依次创建圆角如下，其中一圆角为变化圆角。

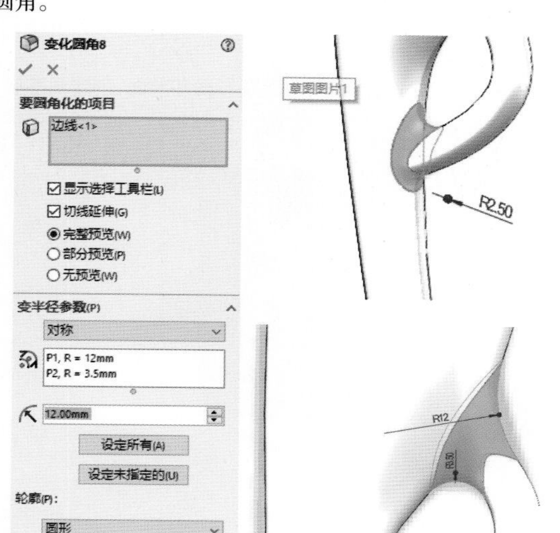

● 步骤 17：依次创建圆角特征，并对所选实体抽壳 1.5mm（两头移除）。

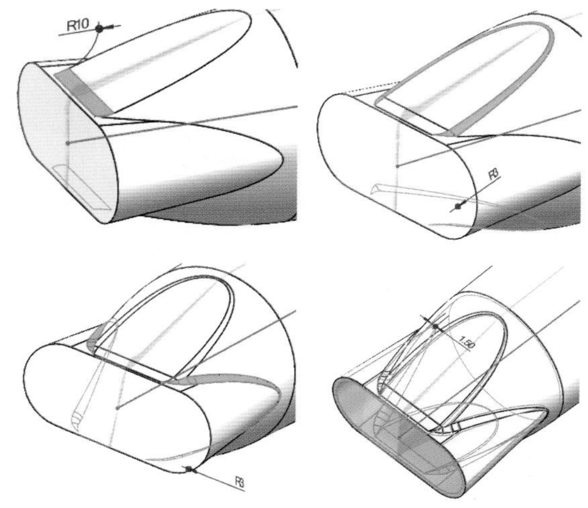

● 步骤 19：在基准面上绘制圆；选择如图轮廓和路径，创建扫描凸台（与所选实体合并结果）。

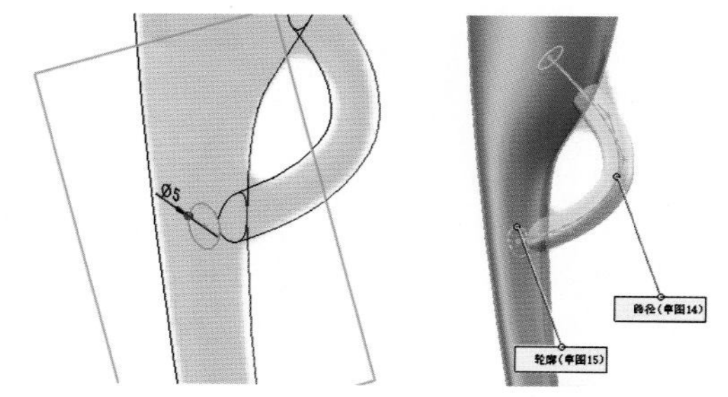

● 步骤 21：在前视基准面绘制草图如下，并拉伸曲面至完全贯穿。

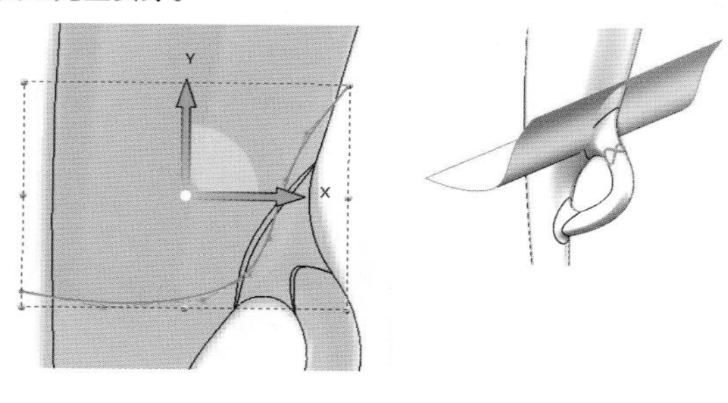

● 步骤 22：插入—特征—分割，利用拉伸的曲面将所选实体分割为两部分（均保留）。

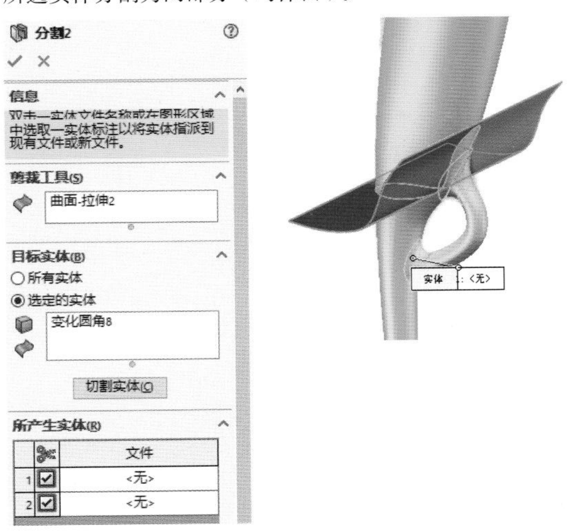

● 步骤 23：同样地，拉伸曲面如下，并分割实体。

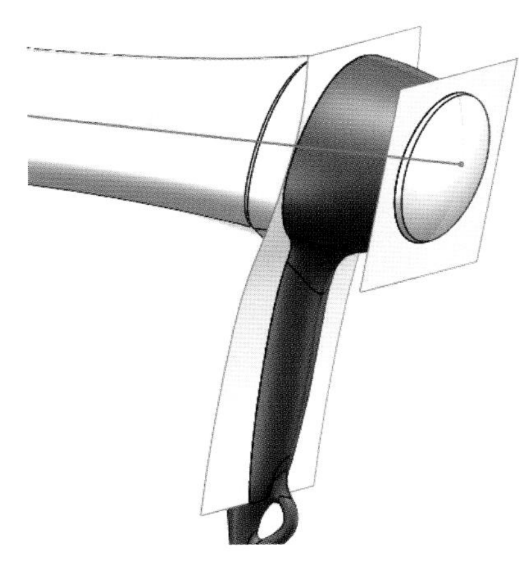

● 步骤 24：对如图实体抽壳 1mm（移除平面），在如图平面上绘制草图如下，并拉伸切除完全贯穿所选实体。

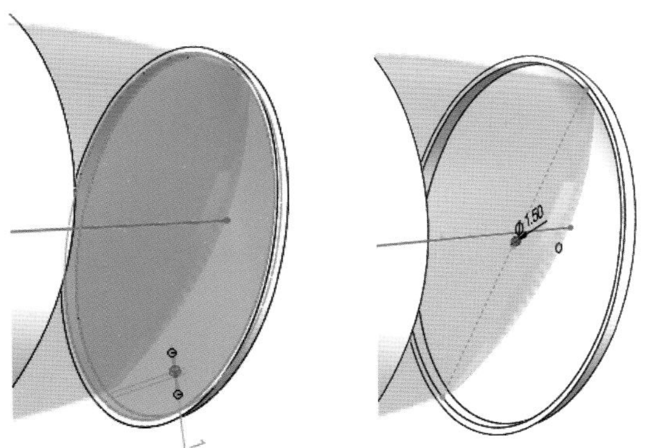

● 步骤 25：在如图平面上绘制草图如下。

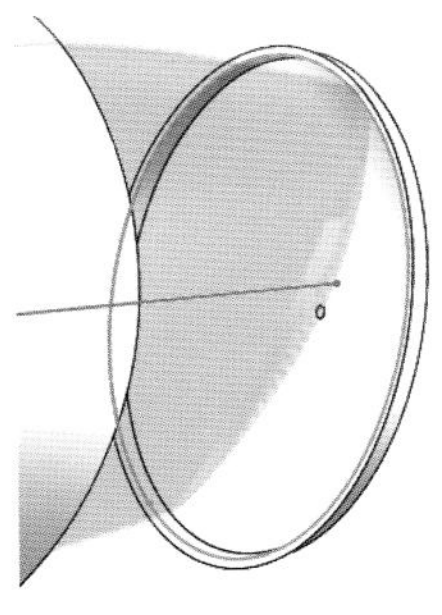

● 步骤 26：填充阵列，其设置如下，在所选实体上完成开孔。

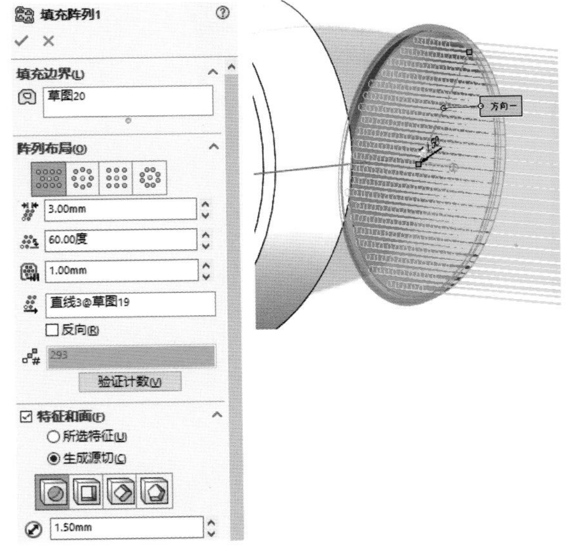

● 步骤 27：在前视基准面绘制草图，拉伸凸台不合并结果。

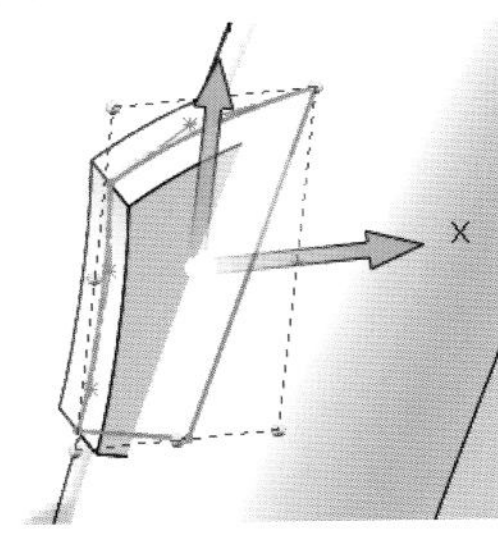

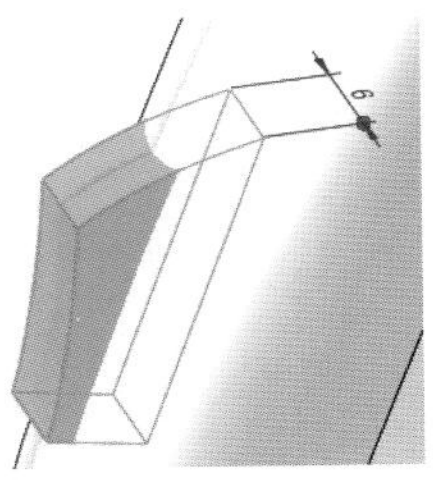

● 步骤 28：依次倒圆角，其中两个圆角为完全圆角。

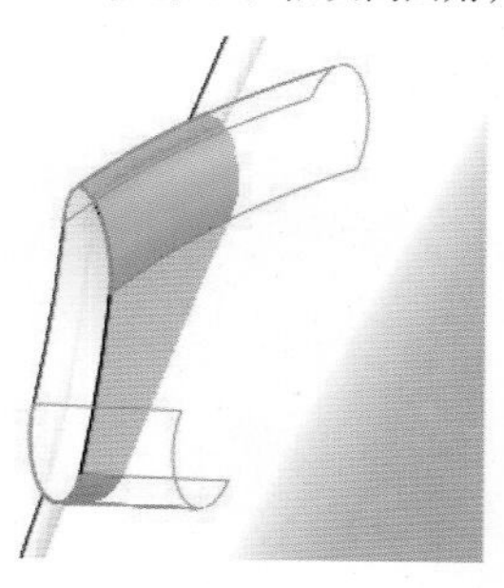

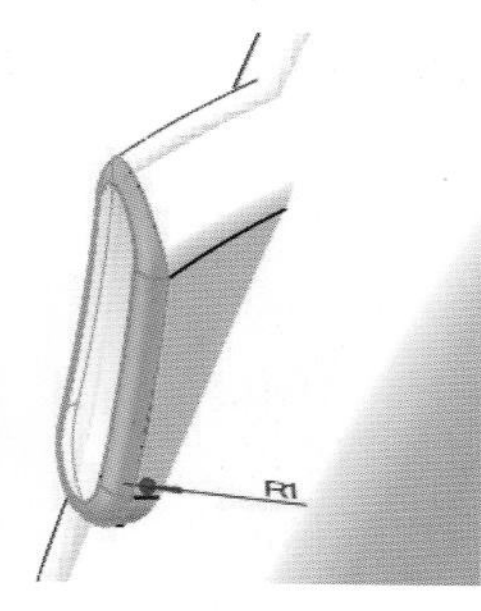

● 步骤 29：将所选实体复制平移如下。

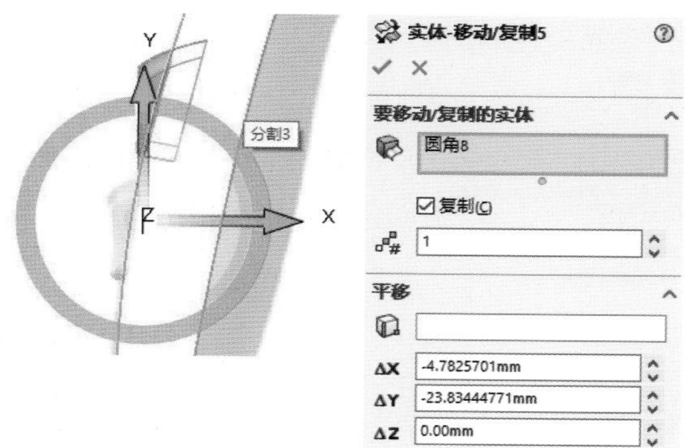

● 步骤 30：将所选实体旋转如下。

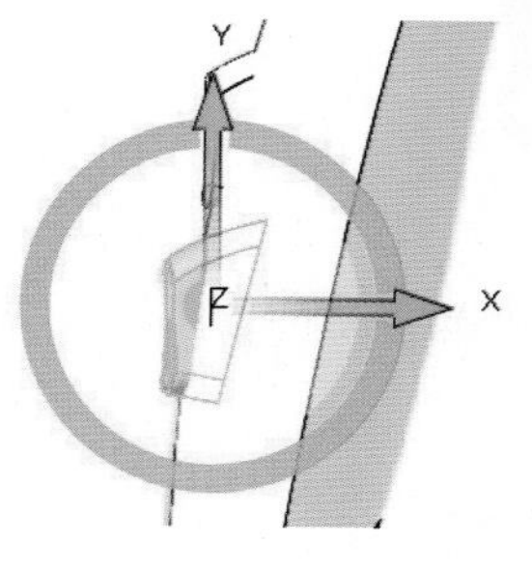

● 步骤 31：将两实体原地复制。

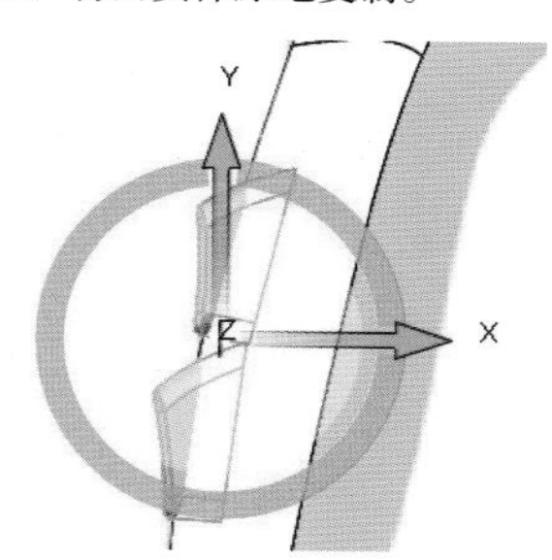

● 步骤 32：插入—特征—组合，删减复制后的实体。

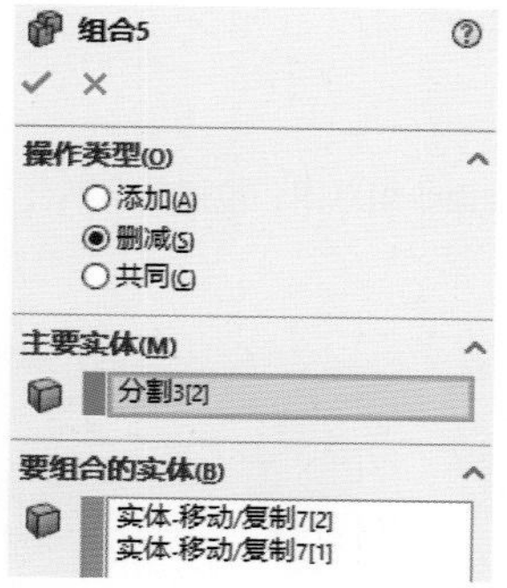

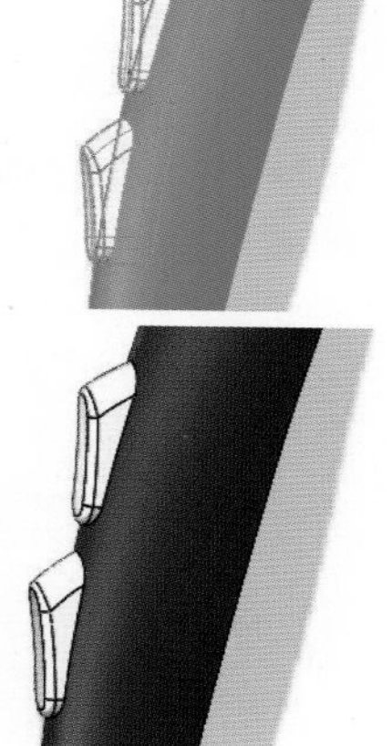

● 步骤 33：依次对各个实体倒圆角。

案例小结

1. 该案例为造型上的建模，参考了背景图来建模，尺寸和约束没有详细定义，作为造型设计，此类建模可用，不考虑过多的结构设计问题，建模速度较快。

2. 本案例中用了较多特征，比如扫描凸台、放样凸台、边界凸台、复制、移动、组合、分割、各类圆角、草图阵列等。

2.4.6 曲面建模——蓝牙耳机

Solidworks 除了实体建模之外，其曲面建模也是很强大的。虽然没有 Rhino 这种曲面建模工具这么随意，但一些面的成型方式还是类似的。Solidworks 曲面建立的模型，最终还是需转变为实体。

扫码下载资料

● 步骤 1：将前视基准面向前等距 10mm，建立基准面。

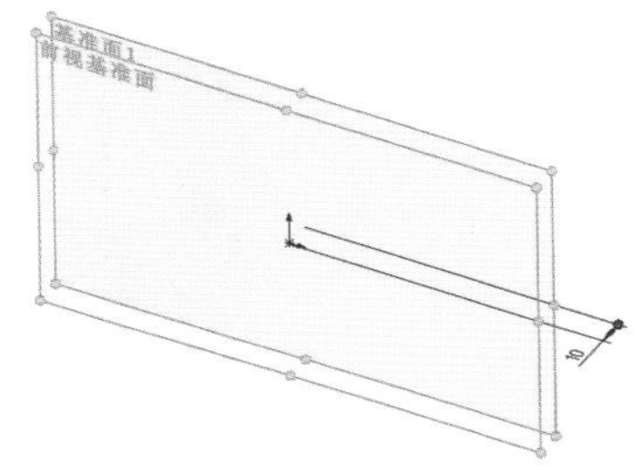

● 步骤 2：分别在基准面与前视基准面绘制如下草图，创建放样特征（与前视基准面垂直）。

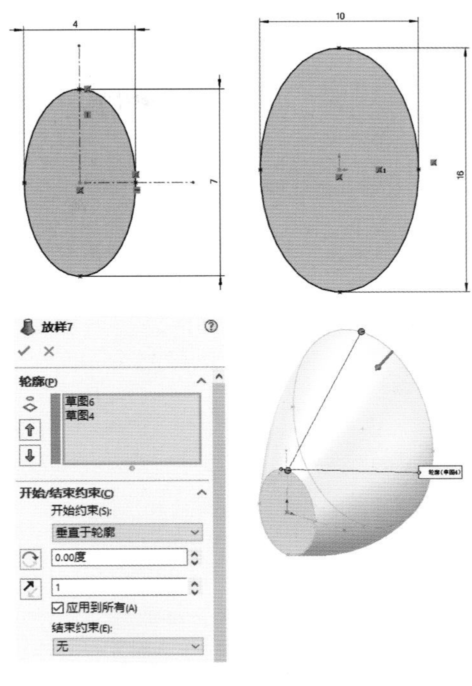

● 步骤 3：在前视基准面绘制如下草图，并旋转 180°（插入—曲面—旋转曲面）。

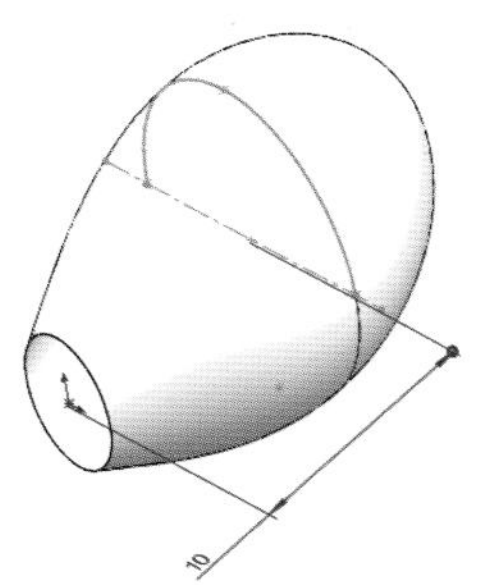

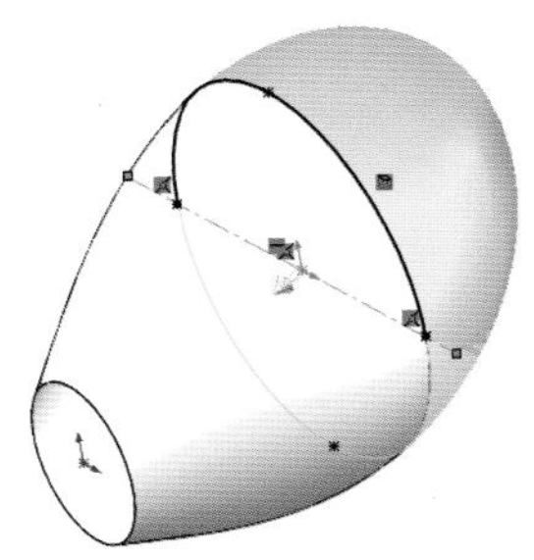

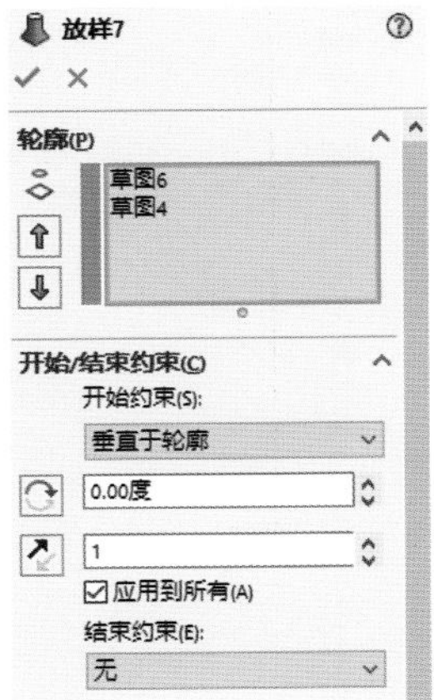

● 步骤 4：插入—曲面—平面区域，选择如图曲线，创建平面）。

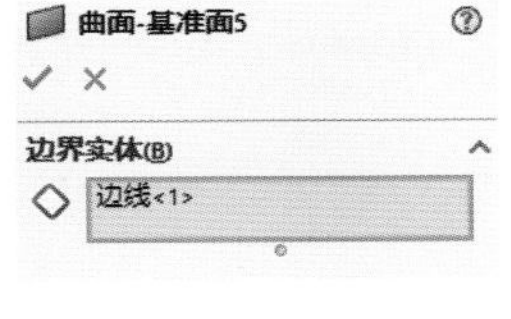

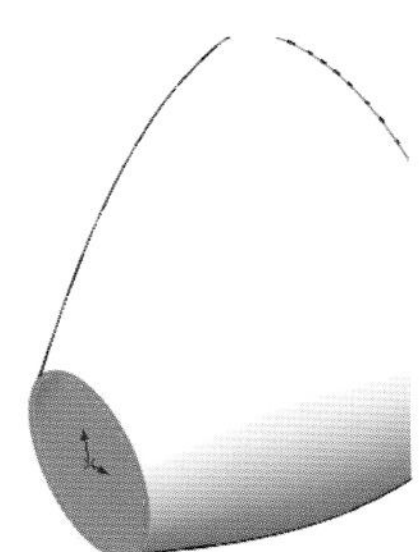

● 步骤5：在基准面绘制如下草图，并曲面剪裁掉中间区域（插入—曲面—剪裁曲面）。

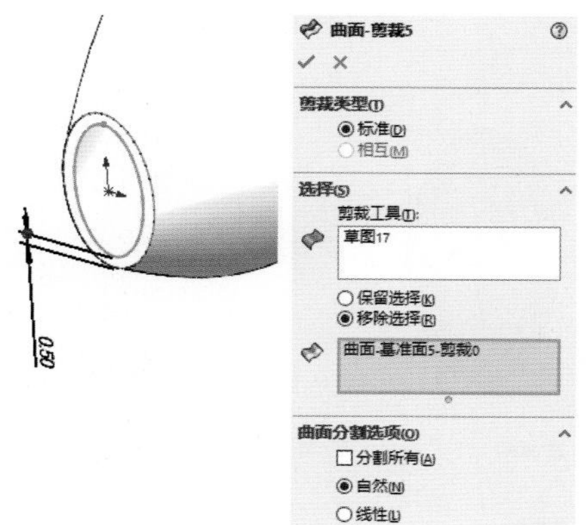

● 步骤6：选择步骤5中的草图，向内拉伸曲面1mm，并选择“封底”（插入—曲面—拉伸曲面）。

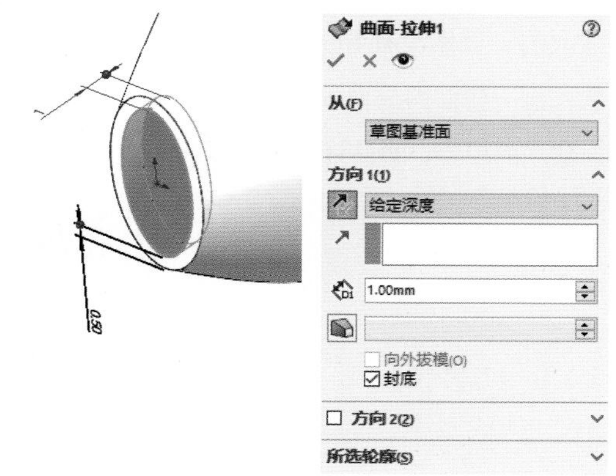

● 步骤7：在如图平面上绘制如下草图，并曲面剪裁掉中间区域（插入—曲面—剪裁曲面）。

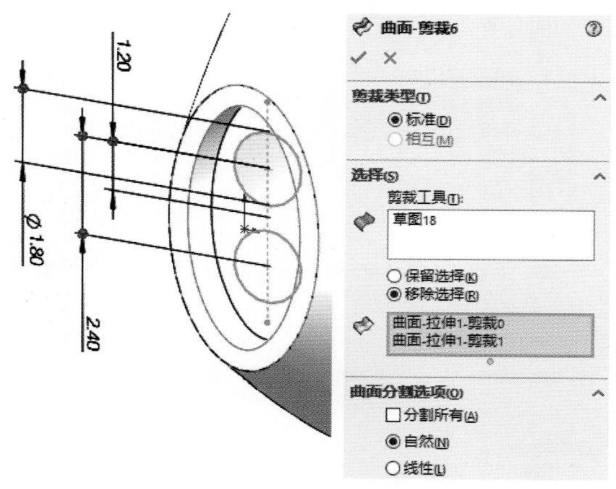

● 步骤8：插入—曲面—缝合曲面，将如下面进行缝合。

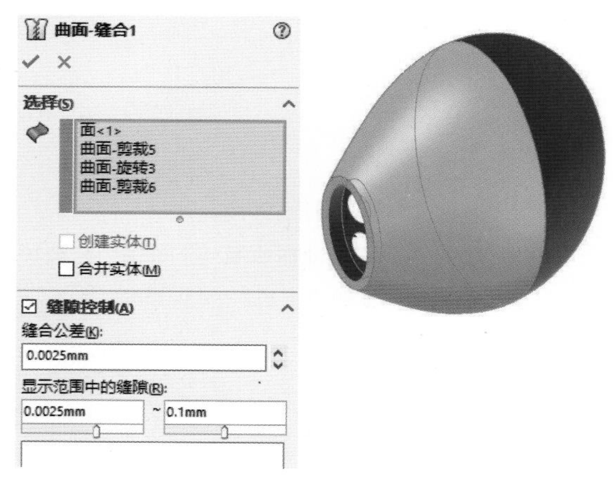

● 步骤9：创建圆角0.25mm。

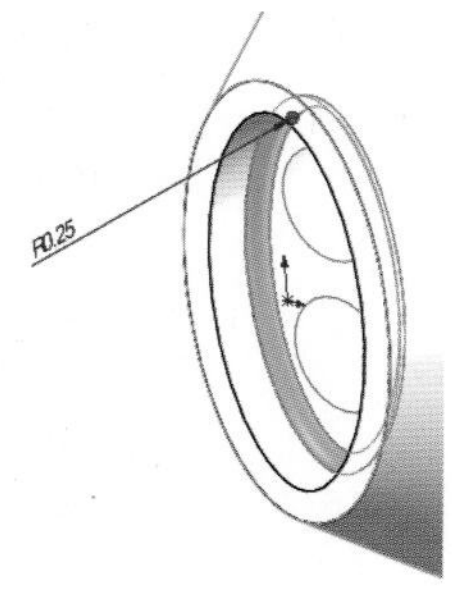

● 步骤10：在上视基准面绘制如下草图，并曲面剪裁掉如图紫色部分（插入—曲面—剪裁曲面）。

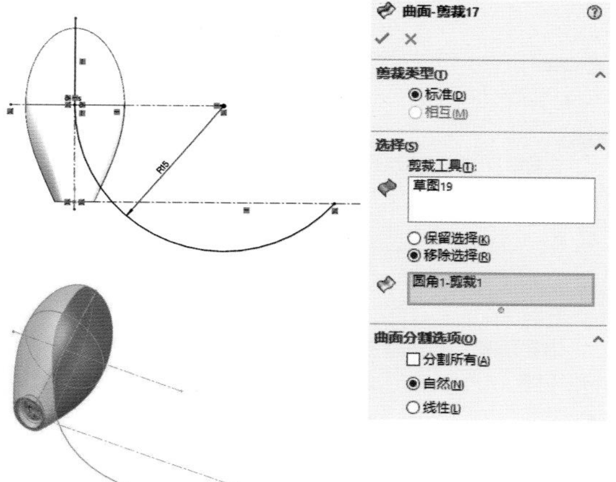

● 步骤 11：在上视基准面绘制如下草图，并向下等距 5mm 向下拉伸曲面 28mm。

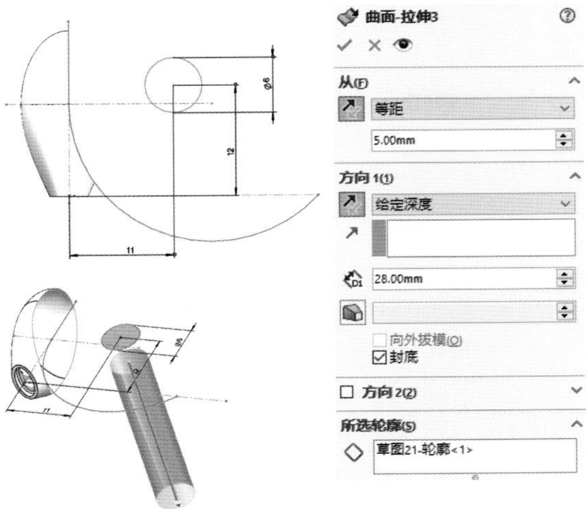

● 步骤 12：在上视基准面绘制如下草图，并创建分割线（插入—曲线—分割线）。

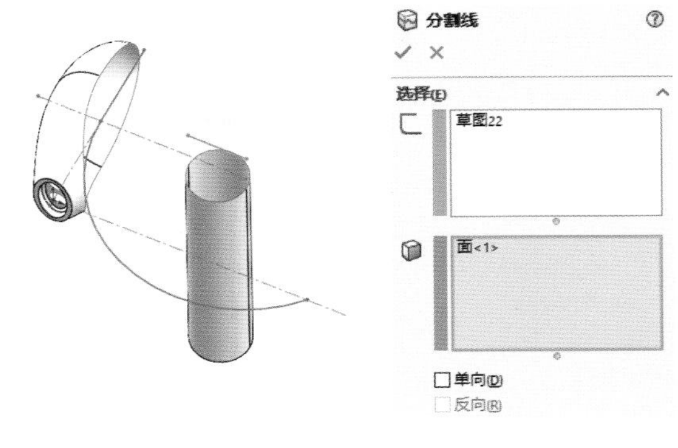

● 步骤 13：插入—特征—移动 / 复制，将步骤 8 缝合的曲面沿 Y 轴旋转 -15° 。

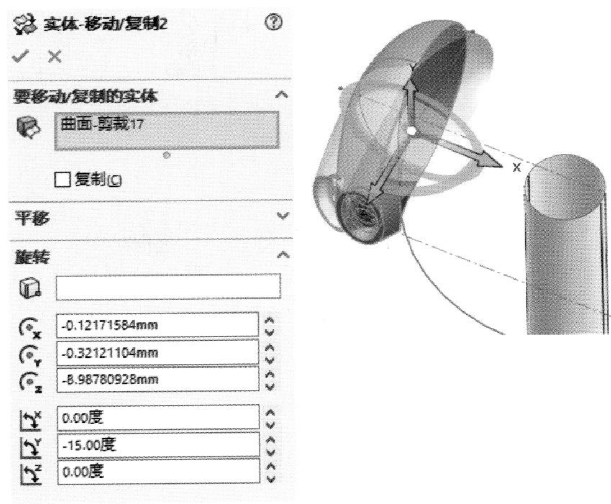

● 步骤 14：插入—曲面—放样，将如图轮廓放样，注意约束条件的设置。

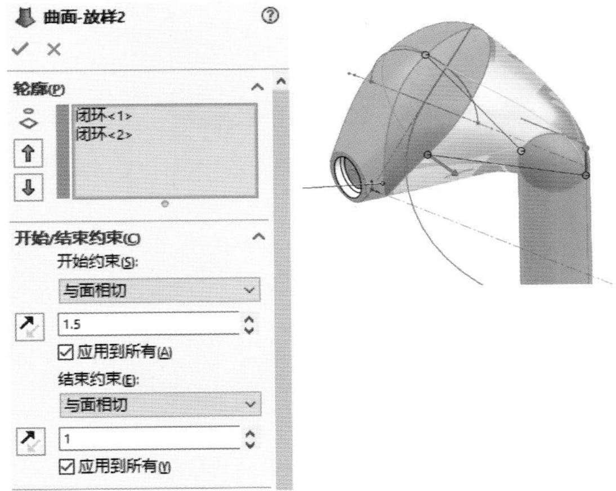

● 步骤 15：创建圆角 1.5mm。

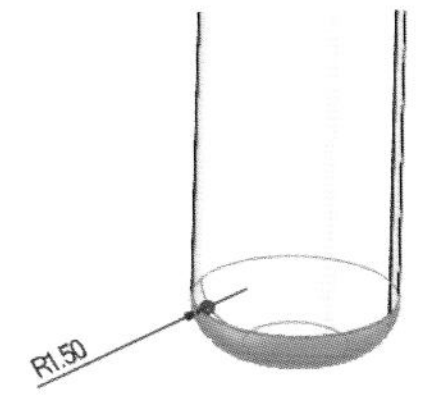

● 步骤 16：在右视基准面绘制如下草图，并曲面剪裁掉如图紫色部分（插入—曲面—剪裁曲面）。

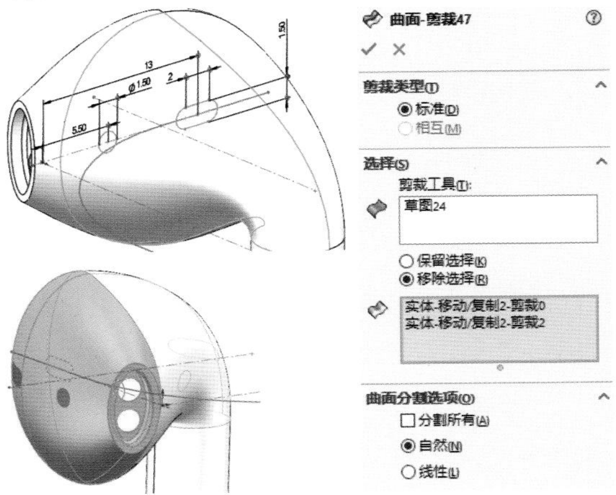

● 步骤 17：插入—曲面—缝合曲面，将如下面进行缝合。

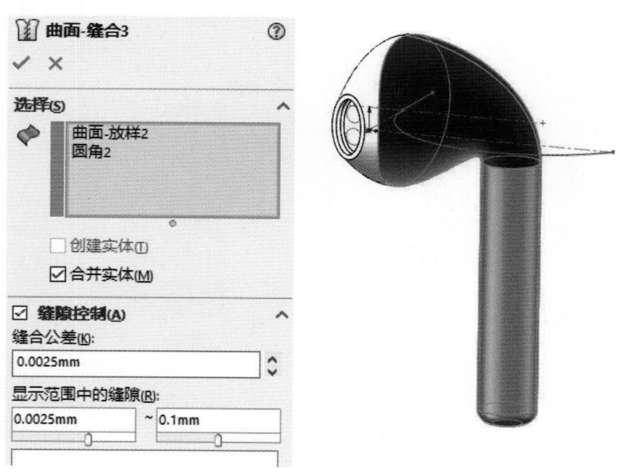

● 步骤 18：插入—曲面—缝合曲面，将如下面进行缝合。

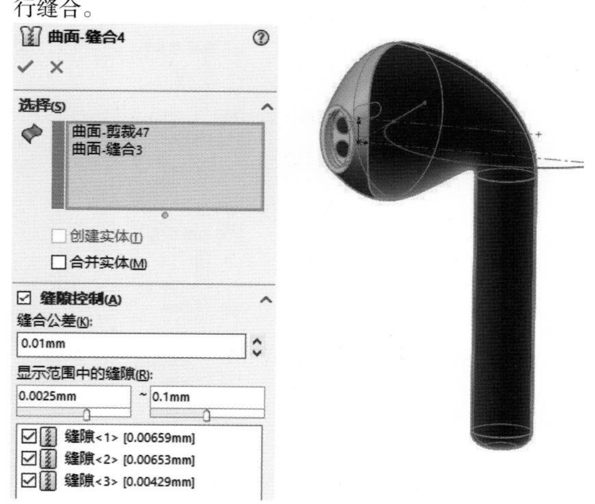

● 步骤 19：插入—特征—加厚，将缝合曲面加厚 0.5mm，形成实体。

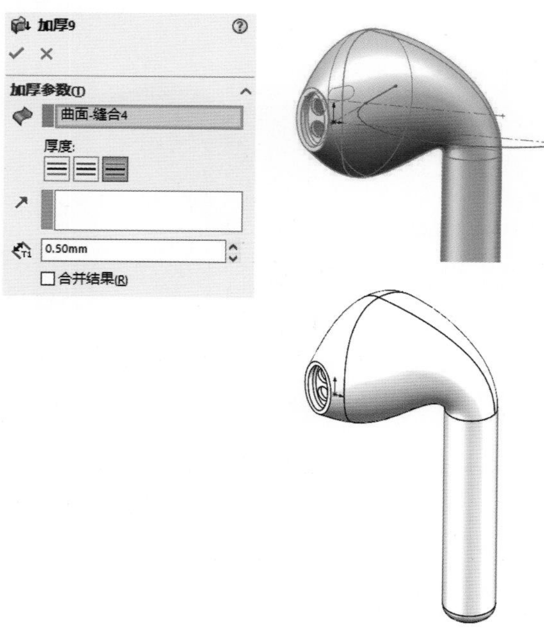

● 步骤 20：将各个孔洞创建出来，请读者自行完成。

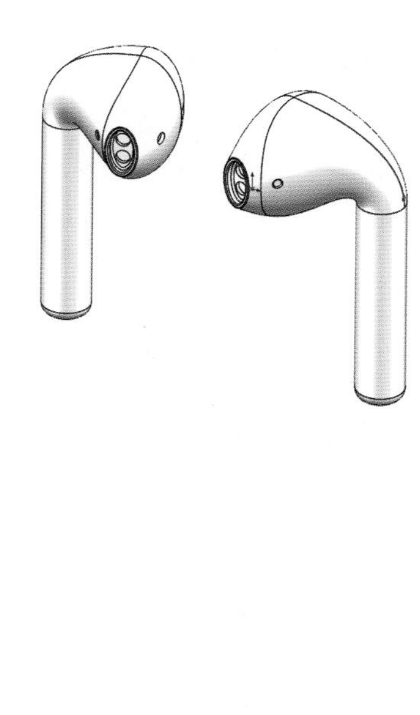

案例小结

1. 曲面建模区别于实体建模。实体建模主要是以凸台和切除，以及附属特征加材料和减材料的方式来建模；曲面建模更多考虑面与面之间的关系，如何通过曲面的围合形成实体，有点类似 Rhino 的曲面建模。

2. 曲面建模中，有很多特征建立的方式类似于实体建模，比如“拉伸曲面”“旋转曲面”类似于“拉伸凸台”“旋转凸台”，更多的则是曲面建模自身的一些特征，比如“延伸曲面”“缝合曲面”等。只有很好地掌握实体建模与曲面建模的各类特征，在建模时才能游刃有余。

3. 曲面建模可以参考《SOLIDWORKS 高级曲面教程(2020 版)》，DS，SOLIDWORKS 公司著，胡其登，戴瑞华 编，机械工业出版社。

2.4.7 面向制造及装配的产品建模——控制器

扫码下载资料

产品设计不只是造型设计、也不只是概念设计，它更是面向制造及装配的。工程软件有强大的结构建模功能，能非常快捷地创建拔模、抽壳、加强筋、扣合特征等，从而使模型能够用于大批量生产。

在建模时需考虑成型的材料及工艺，比如塑胶的注射成型（注塑）、金属的挤出成型、钣金、铸模等。

下面以一个简单的案例来进行演示。

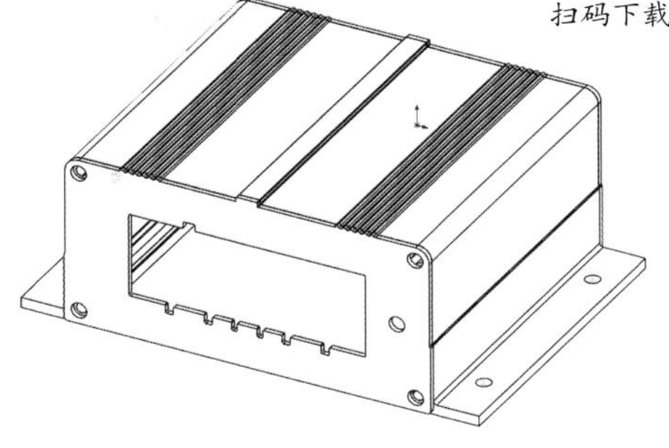

● 步骤 1：在前视基准面绘制草图如下，并拉伸凸台。

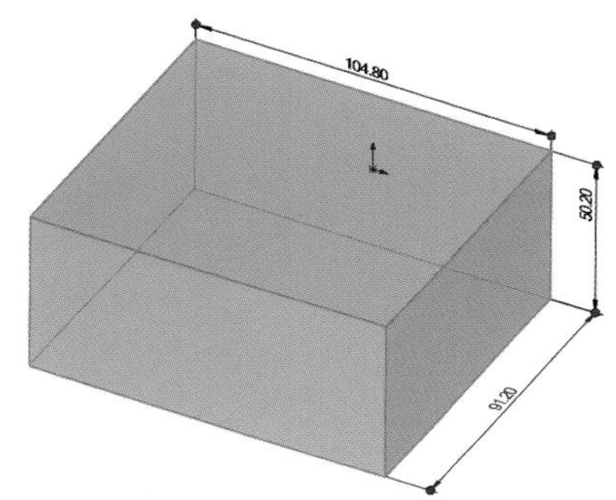

● 步骤 2：创建圆角。

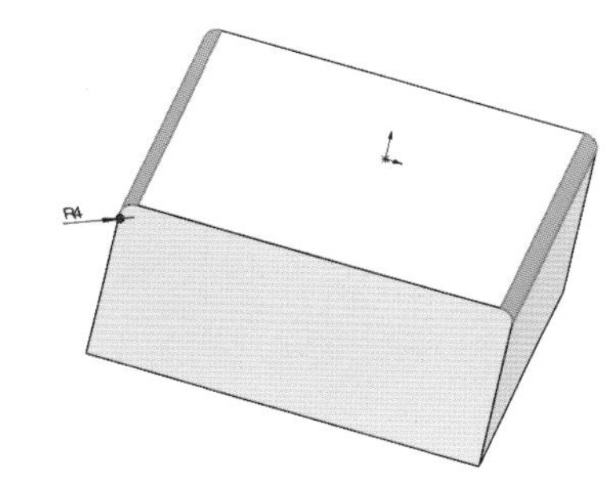

● 步骤 3：创建抽壳特征（移除两头的面）。

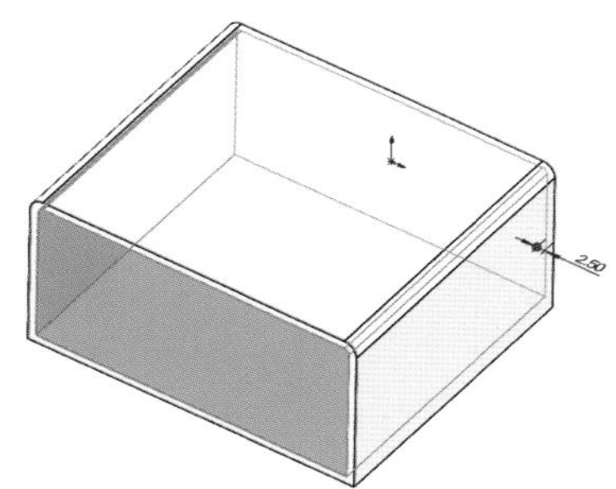

● 步骤 4：在前视基准面绘制草图如下，并拉伸凸台。

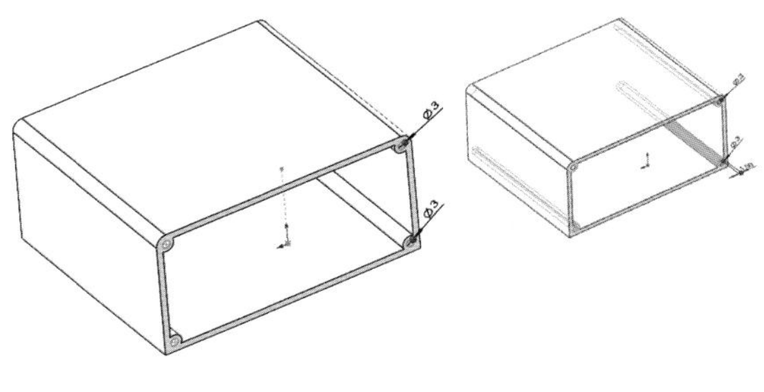

● 步骤 5：创建圆角。

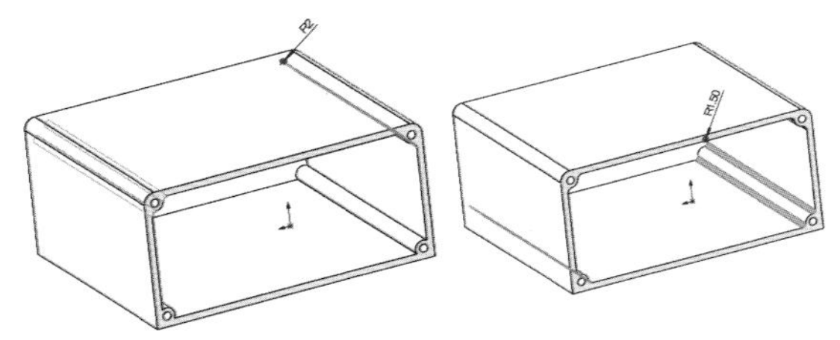

● 步骤 6：在前视基准面绘制草图如下，并拉伸凸台。

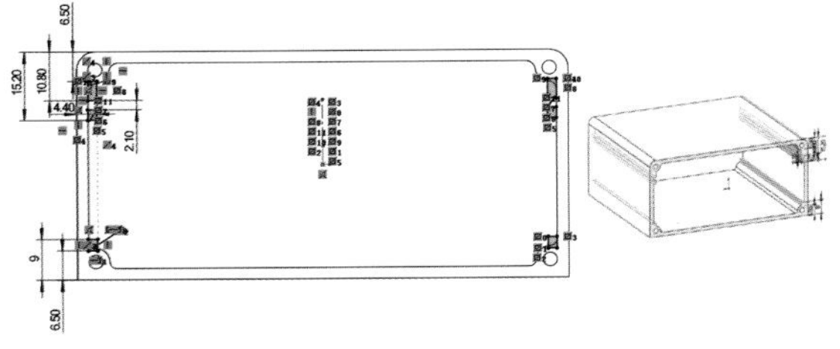

● 步骤 7：在前视基准面绘制草图如下，并拉伸切除。

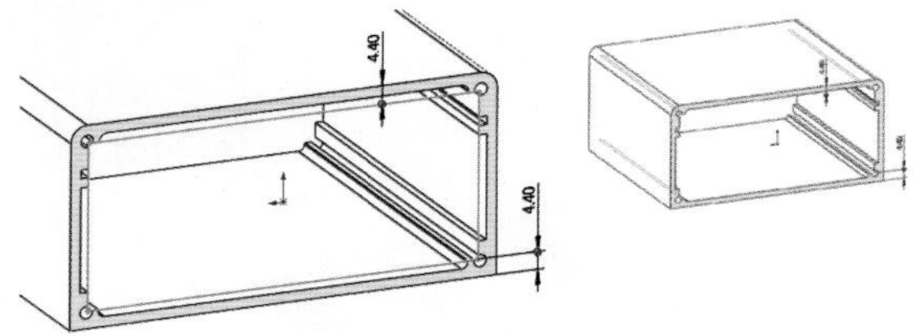

● 步骤 8：在前视基准面绘制草图如下，并拉伸凸台。

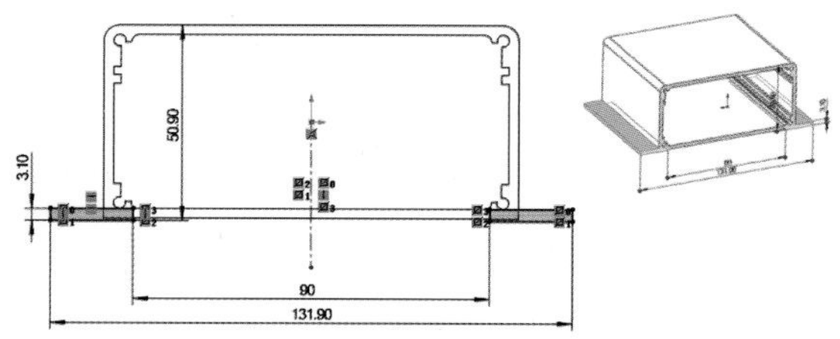

● 步骤 9：在前视基准面绘制草图如下，并拉伸凸台。

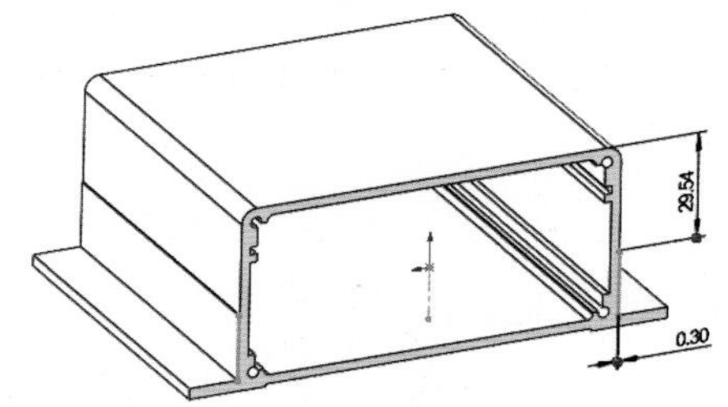

● 步骤 10：在前视基准面绘制草图如下，并拉伸凸台。

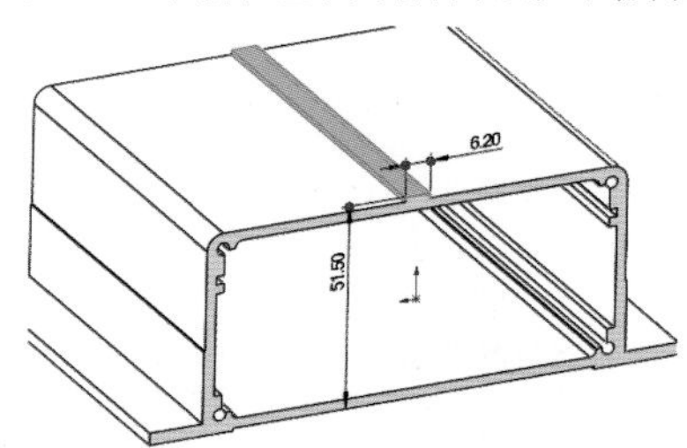

● 步骤 11：在前视基准面绘制草图如下，并拉伸凸台，并沿着右视基准面镜像该特征。

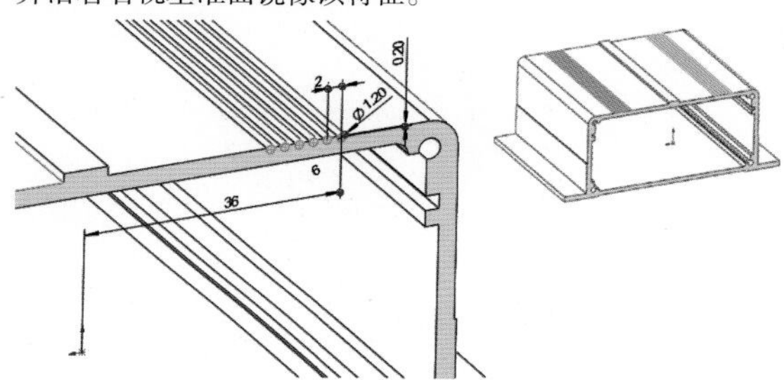

● 步骤 12：创建圆角。

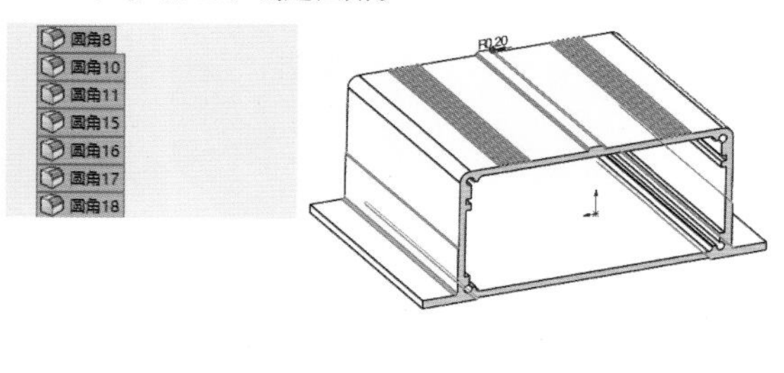

● 步骤 13：在前视基准面绘制草图如下，并拉伸凸台（往另外一侧，不合并结果）。

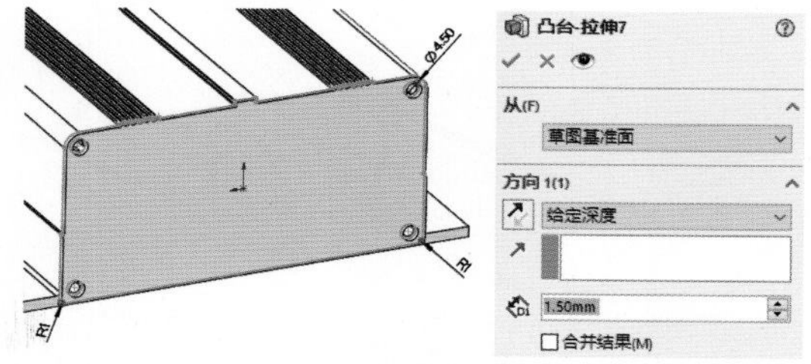

● 步骤 14：选择较大实体的两端面，创建基准面，并将步骤 13 创建的实体镜像。

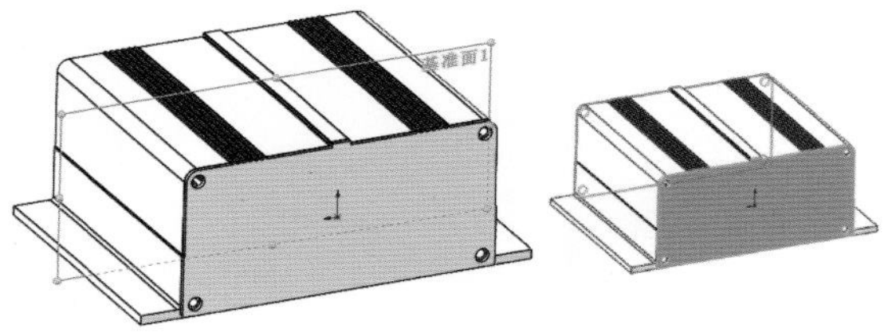

● 步骤 15：在薄片实体表面绘制草图如下，并拉伸切除（特征范围为该实体）。

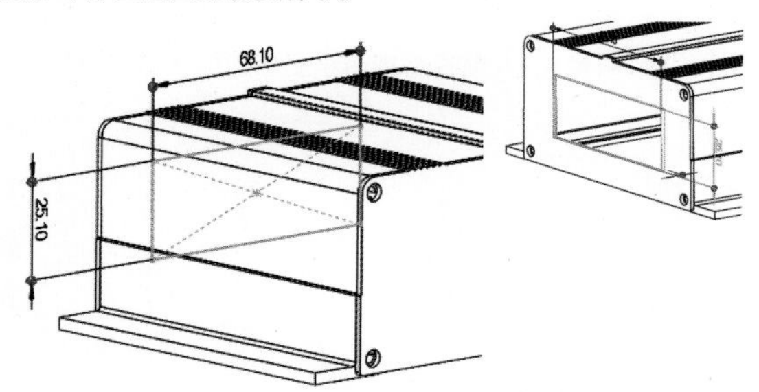

● 步骤 16：在薄片实体表面绘制草图如下，并拉伸切除（特征范围为该实体）。

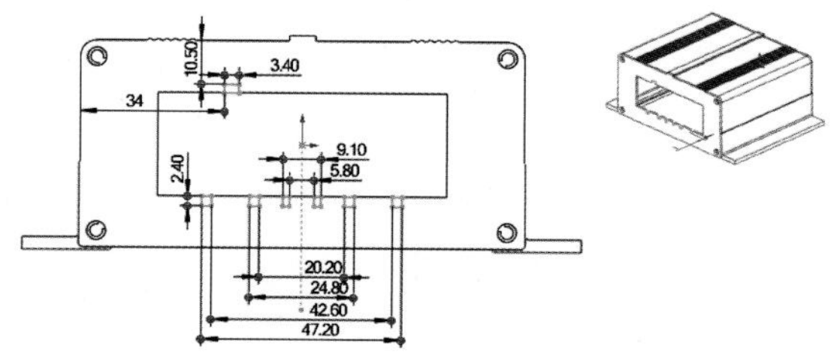

● 步骤 17：创建圆角。

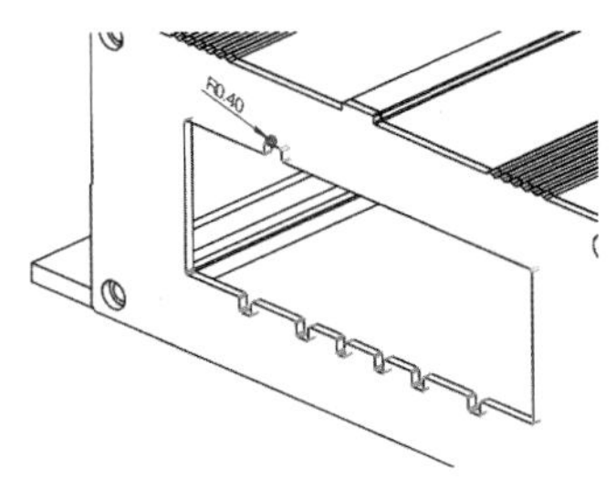

● 步骤 18：在如图表面绘制草图，并拉伸切除。

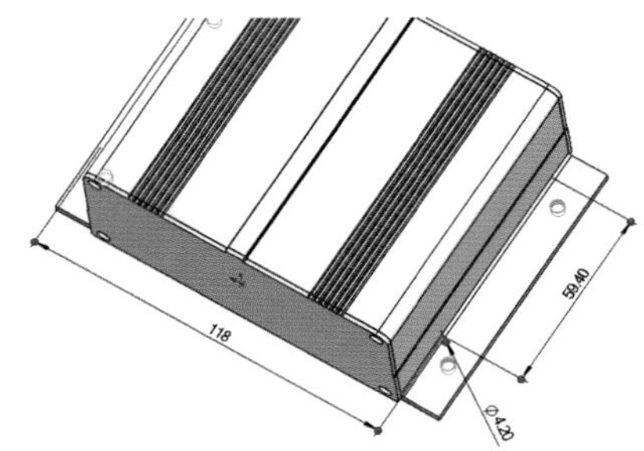

● 步骤 19：在如图表面绘制草图，并拉伸切除 1mm。

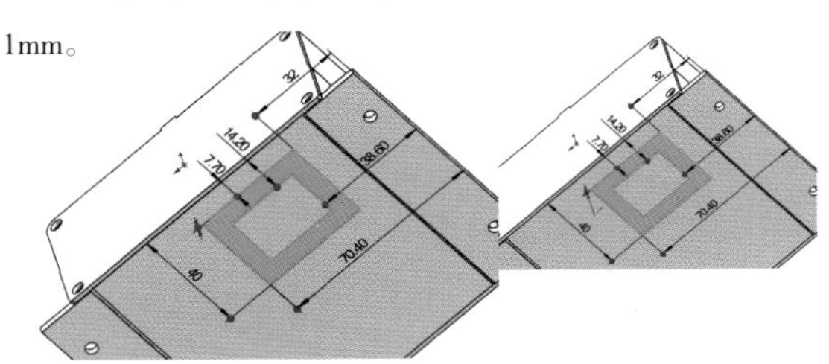

● 步骤 20：将步骤 19 的草图部分区域拉伸切除 4mm。

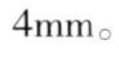

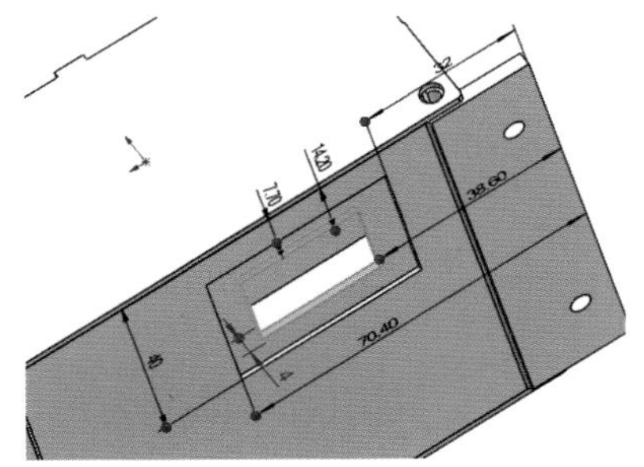

● 步骤 21：创建圆角。

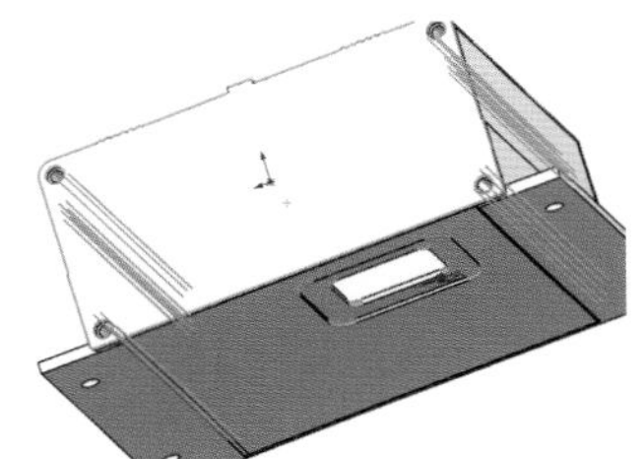

● 步骤 22：在如图表面绘制草图，并拉伸切除。

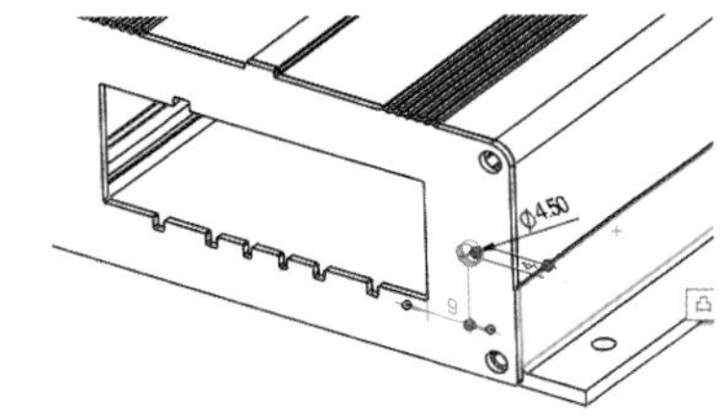

案例小结

本例中产品主体采用铝合金挤出成型，只需将截面做拉伸即可，螺孔和屏幕采用机械后加工的方式，两侧的铝板采用激光切割的方式，建模时与工艺相对应。

面向制造及装配的产品建模，需充分了解设计意图与技术限制。其工程知识可参考如下书籍：

1.《面向制造及装配的产品设计 [Product Design for Manufacture and Assembly]》，[美] 杰弗里 · 布斯罗伊德（Geoffrey Boothroyd），[美] 彼得 · 杜赫斯特（Peter，Dewhurst），[美] 温斯顿 · 奈特（Winston A.Knight）著，林宋 译，机械工业出版社。

2.《面向制造和装配的产品设计指南（第 2 版）》，钟元 著，机械工业出版社。

3.《产品结构设计实例教程：入门、提高、精通、求职》，黎恢来 著，电子工业出版社。

2.5 建模与3D打印

近年来，3D 打印已相当普及，加工成本及打印时间均大幅下降，这使得在课程及毕业设计中使用 3D 打印成为可能。我们可以从学校的 3D 打印设备、在线 3D 打印平台、实体 3D 打印服务公司甚至是自行购买的 3D 打印机来进行打印。在设计过程中，我们可以利用 3D 打印模型检验设计方案，也可以通过对 3D 打印模型进行处理，制作展示模型乃至样机。

通过本节，你将学到：

（1）什么是 3D 打印？

（2）常见的 3D 打印技术

（3）如何将 Rhino 和 Solidworks 数模进行 3D 打印？

（4）光敏树脂模型的表面处理

（5）光敏树脂模型的组装及完善

2.5.1 3D 打印简介

3D 打印也称为三维打印，是快速成型技术中的一种，和我们日常接触到的 2D 打印不同，2D 打印只能实现平面内图形和颜色的绘制，3D 打印可以实现立体物件的直接成型。它是一种以数字模型文件为基础，运用粉末状金属或塑料等可黏合材料，通过逐层打印的方式来构造物体的技术。

3D 打印技术出现在 20 世纪 90 年代中期，实际上是利用光固化和纸层叠等技术的最新快速成型装置。它与普通打印工作原理基本相同，打印机内装有液体或粉末等“打印材料”，与电脑连接后，通过电脑控制把“打印材料”一层层叠加起来，最终把计算机上的蓝图变成实物。

3D 打印技术的出现，颠覆了传统去除法的加工方式，在模具制造、工业设计等领域被广泛应用于制造模型或者产品的直接制造。随着 3D 打印技术的不断发展，已经在珠宝、鞋类、工业设计、建筑、工程和施工、汽车，航空航天、牙科和医疗产业、教育、地理信息系统、土木工程等许多领域都有应用。

https://www.stratasys.com/

https://www.makerbot.com/

2.5.2 常见的 3D 打印技术

（一）FDM 打印技术 (Fused DepositionModeling，熔融沉积)

FDM 熔融层积成型技术是将丝状的热熔性材料加热融化，同时三维喷头在计算机的控制下，根据截面轮廓信息，将材料选择性地涂敷在工作台上，快速冷却后形成一层截面。一层成型完成后，机器工作台下降一个高度（即分层厚度）再成型下一层，直至形成整个实体造型。

FDM 技术的优点：

1. 操作环境干净、安全，材料无毒，可以在办公室、家庭环境下进行，没有产生毒气和化学污染的危险。

2. 无需激光器等贵重元器件，因此价格便宜。

3. 原材料为卷轴丝形式，节省空间，易于搬运和替换。

4. 材料利用率高，可备选材料很多，价格也相对便宜。

FDM 技术的缺点：

1. 成型后表面粗糙，需后续抛光处理。最高精度只能为 0.1mm。

2. 速度较慢，因为喷头做机械运动。

3. 需要材料作为支撑结构。

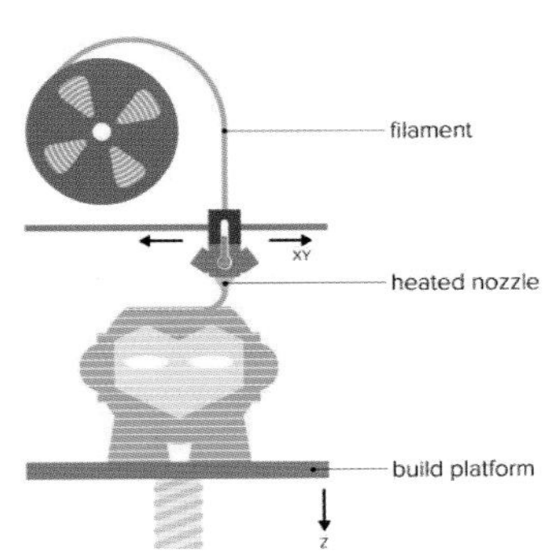

（二）SLS 打印技术 (Selective LaserSintering，粉末材料选择性激光烧结)

该技术采用铺粉将一层粉末材料平铺在已成型零件的上表面，并加热至恰好低于该粉末烧结点的某一温度，控制系统控制激光束按照该层的截面轮廓在粉层上扫描，使粉末的温度升到熔化点，进行烧结并与下面已成型的部分实现黏结。一层完成后，工作台下降一层厚度，铺料辊在上面铺上一层均匀密实粉末，进行新一层截面的烧结，直至完成整个模型。

SLS 技术的优点：

1. 可用多种材料。其可用材料包括高分子、金属、陶瓷、石膏、尼龙等多种粉末材料。特别是金属粉末，是目前 3D 打印材料技术中最热门的发展方向之一。

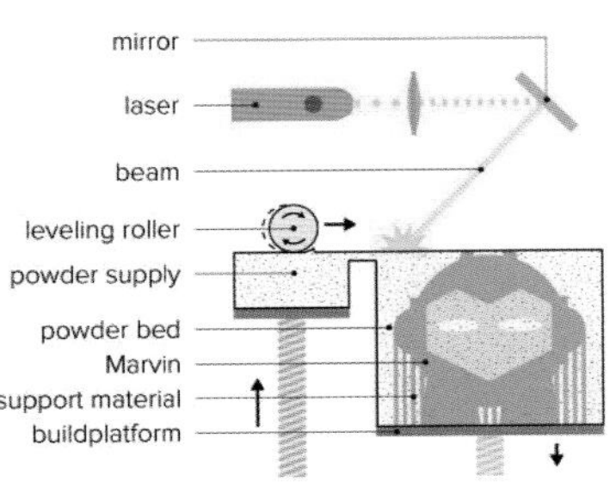

2. 制造工艺简单。由于可用材料比较多，该工艺按材料的不同可以直接生产复杂形状的原型、型腔模三维构建或部件及工具。

3. 高精度。一般能够达到工件整体范围内（0.05–2.5）mm 的公差。

4. 无需支撑结构。叠层过程出现的悬空层可直接由未烧结的粉末来支撑。

5. 材料利用率高。由于不需要支撑，无需添加底座，为常见几种 3D 打印技术中材料利用率最高的，且价格相对便宜。

SLS 技术的缺点：

1. 表面粗糙。由于原材料是粉状的，原型建造是由材料粉层经过加热熔化实现逐层黏结的，因此，原型表面严格讲是粉粒状的，其表面肌理不够光滑。

2. 烧结过程有异味。SLS 工艺中粉层需要激光使其加热达到熔化状态，高分子材料或者粉粒在激光烧结时会挥发异味气体。

3. 无法直接成型高性能的金属和陶瓷零件，成型大尺寸零件时容易发生翘曲变形。

4. 加工时间长。加工前，要有 2 小时的预热时间；零件构建后，要花 5~10 小时冷却，才能从粉末缸中取出。

5. 由于使用了大功率激光器，除了本身的设备成本，还需要很多辅助保护工艺，整体技术难度大，制造和维护成本非常高，普通用户无法承受。

（三）SLA 打印技术（Stereo LithographyApparatus，光敏树脂选择性固化）

在液槽中充满液态光敏树脂，其在激光器所发射的紫外激光束照射下，会快速固化（SLA 与 SLS 所用的激光不同，SLA 用的是紫外激光，而 SLS 用的是红外激光）。在成型开始时，可升降工作台处于液面以下，刚好一个截面层厚的高度。通过透镜聚焦后的激光束，按照机器指令将截面轮廓沿液面进行扫描。扫描区域的树脂快速固化，从而完成一层截面的加工过程，得到一层塑料薄片。然后，工作台下降一层截面层厚的高度，再固化另一层截面。这样层层叠加构成建构三维实体。

SLA 技术的优点：

1. 发展时间最长，工艺最成熟，应用最广泛。在全世界安装的快速成型机中，光固化成型系统约占 60%。

2. 成型速度较快，系统工作稳定。

3. 具有高度柔性。

4. 精度很高，可以做到微米级别，比如 0.025mm。

5. 表面质量好，比较光滑：适合做精细零件。

SLA 技术的缺点：

1. 需要设计支撑结构。支撑结构需要未完全固化时去除，容易破坏成型件。

2. 设备造价高昂，而且使用和维护成本都不低。SLA 系统是需要对液体进行操作的精密设备，对工作环境要求苛刻。

3. 光敏树脂有轻微毒性，对环境有污染，部分人群对此有过敏反应。

4. 树脂材料价格贵，但成型后强度、刚度、耐热性都有限，不利于长时间保存。

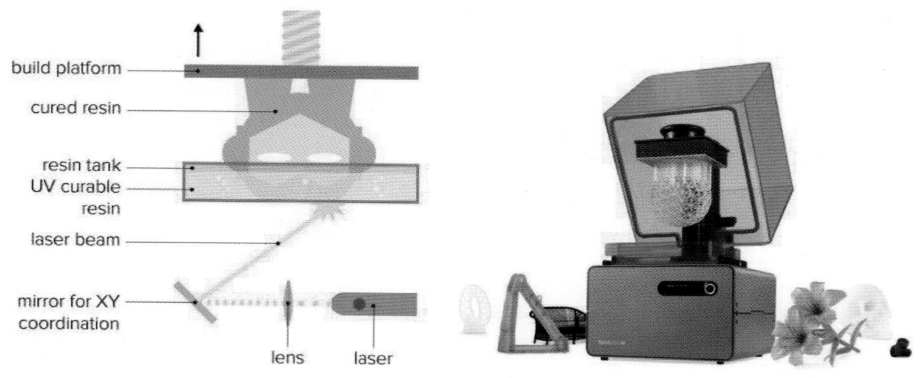

（图示 SLA 打印机及原理图为工作台上升的机型）

（四）其他 3D 打印技术

（1）3DP：三维粉末黏接，主要为粉末材料，如陶瓷粉末、金属粉末、塑料粉末。

三维印刷 (3DP) 工艺是美国麻省理工学院 Emanual Sachs 等人研制的。E.M.Sachs 于 1989 年申请了 3DP（Three-Dimensional Printing）专利，该专利是非成型材料微滴喷射成型范畴的核心专利之一。3DP 工艺与 SLS 工艺类似，采用粉末材料成型，如陶瓷粉末，金属粉末。

（2）LOM：分层实体制造，主要材料为纸、金属膜、塑料薄膜。

LOM 工艺称为分层实体制造，由美国 Helisys 公司的 Michael Feygin 于 1986 年研制成功。该公司已推出 LOM-1050 和 LOM-2030 两种型号成型机。LOM 工艺采用薄片材料，如纸、塑料薄膜等。片材表面事先涂覆上一层热熔胶。

（3）PCM：无模铸型制造技术。

无模铸型制造技术（PCM，Patternless Casting Manufacturing）是由清华大学激光快速成型中心开发研制。该技术将快速成型应用到传统的树脂砂铸造工艺中来。首先从零件 CAD 模型得到铸型 CAD 模型。由铸型 CAD 模型的 STL 文件分层，得到截面轮廓信息，再以层面信息产生控制信息。

● 以上几种 3D 打印技术，在设计过程中，应用较为广泛的是 FDM 和 SLA。FDM 的材料及加工成本最低，但模型精度较低，后期处理麻烦，一般用于设计初期的检验，SLA 的普通光敏树脂材料价格也已降到可接受范围，成型精度较高，后期表面处理容易，常用于设计方案检验、展示模型制作甚至产品样机制作，可减少设计错误、提高设计效率、降低设计成本。

3DP三维粉末黏接

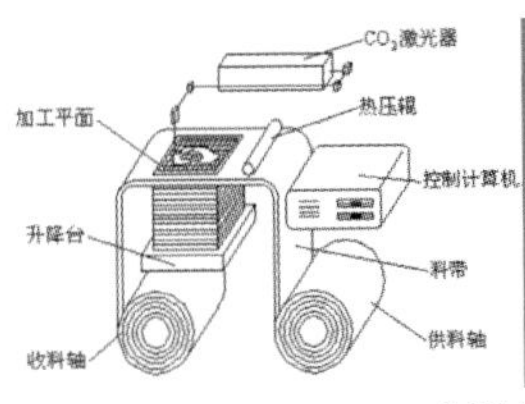

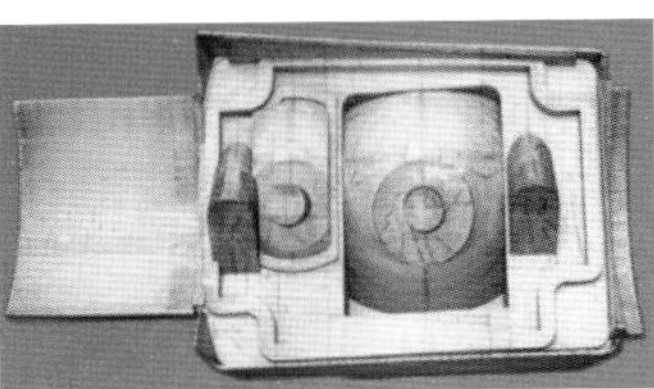

LOM分层实体制造

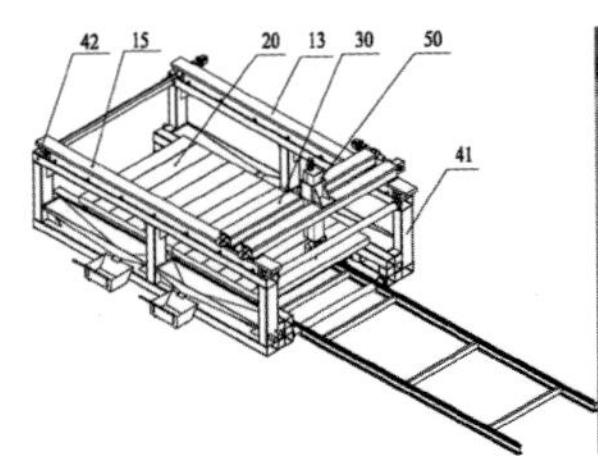

PCM无模铸型制造技术

2.5.3 Rhino 数模 3D 打印

我们在 Rhino 中建模，通常是为了进行概念设计和造型设计，偶尔也会考虑下产品的结构，数模主要是为了方案讨论和效果图渲染，并没有考虑实物模型制作的问题。根据模型加工的手段，必须对数模进行处理，以满足加工的需求，并且在开始建模的时候，需要有一定的思路及方法，确保数模不仅“可视”，还需要“可用”。

① 建模需用毫米（mm）作为单位，且按照产品的实际尺寸建模。

② 产品的各个零件，均需为封闭的实体，零件之间没有干涉，且曲面没有自相交的情况。

③ 需要考虑零件的装配，设计简要的结构来限位装配、增加装配的强度。

④ 通常情况下，零件的壁厚不低于 2mm，尽量不低于 1mm，否则易造成零件加工缺陷且容易变形。

⑤ 由于光敏树脂模型容易变形，需要对数模进行调整，以保证实物模型的强度。

⑥ 如打印的是比例模型（放大或缩小），需要在三轴缩放后检视数模是否满足打印的需求。

⑦ 导出打印数模之前，测量一下数模的总体尺寸。

⑧ 将数模的各个零部件拆分开，不要有干涉，可以整体导出一个打印数模，也可以将各个零部件单独导出打印数模。

⑨ 打印导出的数模格式为 stl（属于网格面），stl 的精度对最终打印的实物模型有较大影响。通常的做法是将 stl 文件再导入 Rhino 软件中，以渲染模式来检查零件表面是否光滑；另一种方法是在 3D 打印软件中检查零件表面是否光滑。推荐前一种做法，以便及时地修正 stl 文件的精度。

⑩ 选择合适的 3D 打印服务商，根据服务商的技术要求提供相应的文件格式。

● 新建文件的时候，选择毫米为单位的模板。

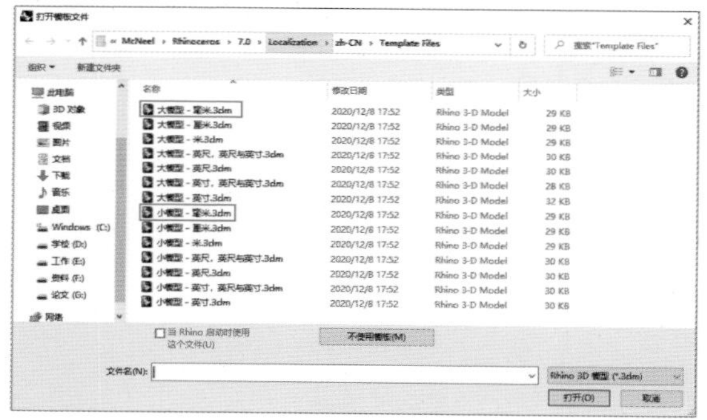

● 导出 stl 之前，再次确认状态栏上的单位。

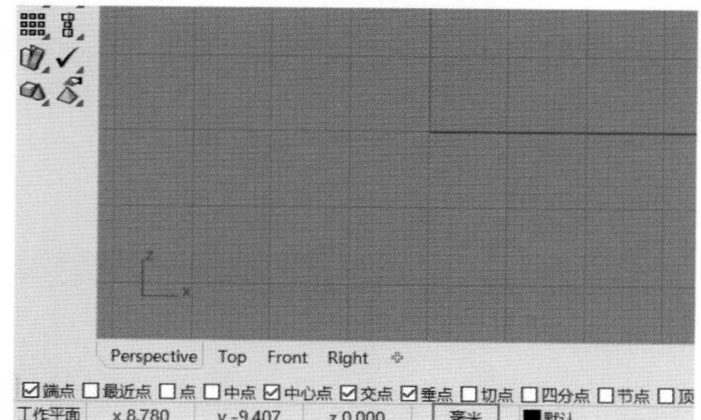

● 方法 1：通过选择工具，来判断零件是不是封闭的实体。

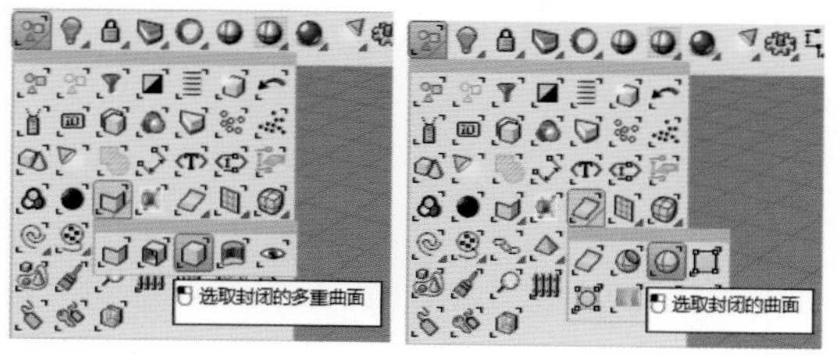

● 方法 2：通过边缘分析工具，来判断零件是否为封闭的实体。若分析的结果为“没有外露边缘”即为实体。

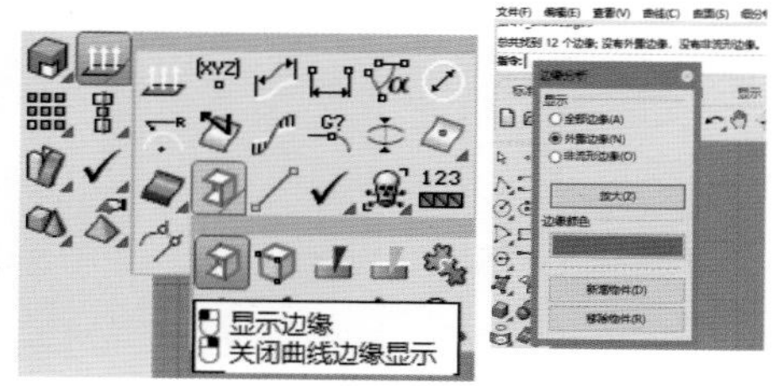

● 通过布尔运算相交，来判断零件是否有干涉。若布尔运算相交失败，则零件之间没有干涉（需零件之间两两运算）。

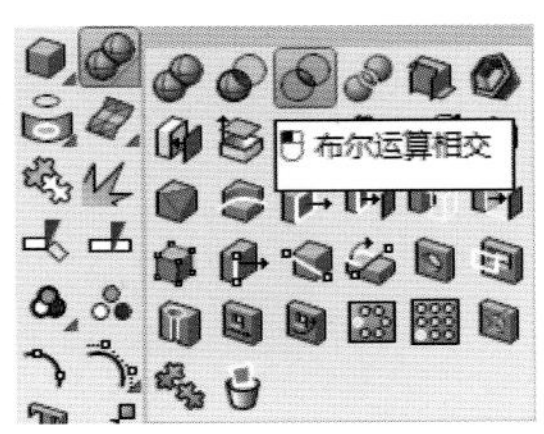

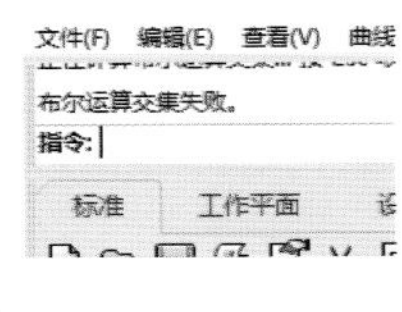

● 自相交曲面需要通过人眼去判断，一般情况下，自相交曲面在着色模式下或者渲染模式下存在瑕疵。

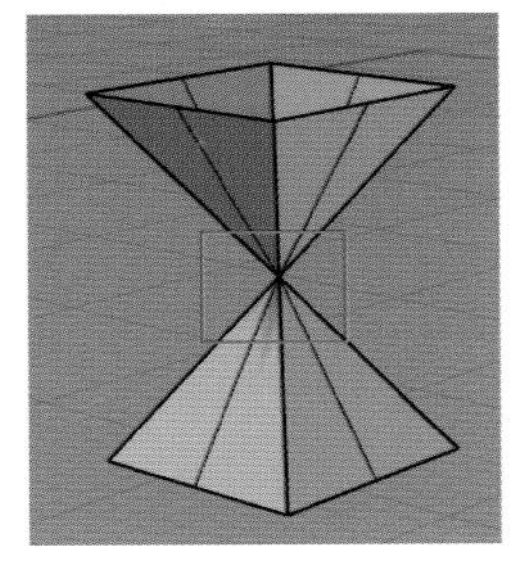

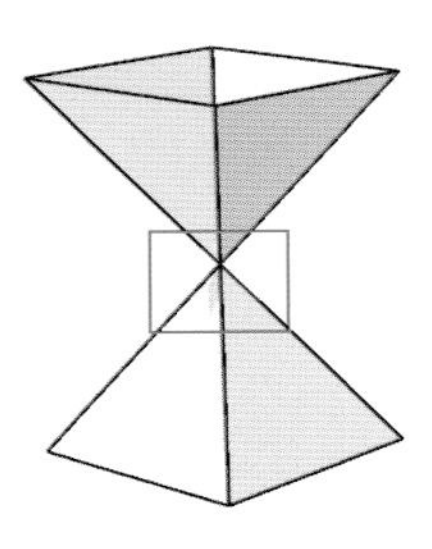

● 若两个零部件之间为平面接触，通常处理为“插接”结构，以便两零部件配合限位。且这种“插接”结构带有一定的拔模角度，以方便插接。

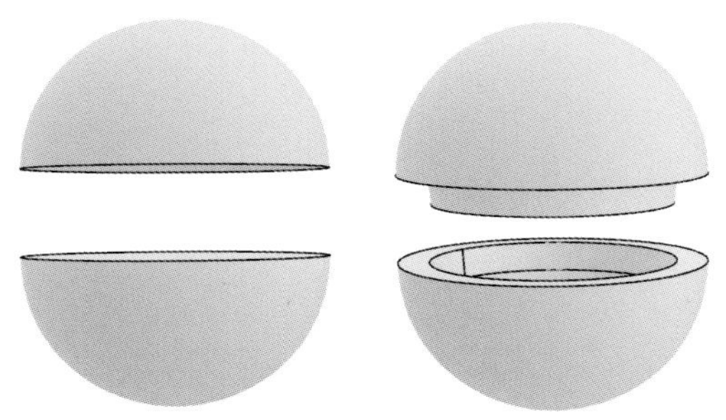

● 若两个零部件之间的“插接”没有拔模角度，配合的内外表面需留有一定间隙，以便后期喷漆处理后仍能方便地“插接”。这个间隙通常在 0.5mm 左右。

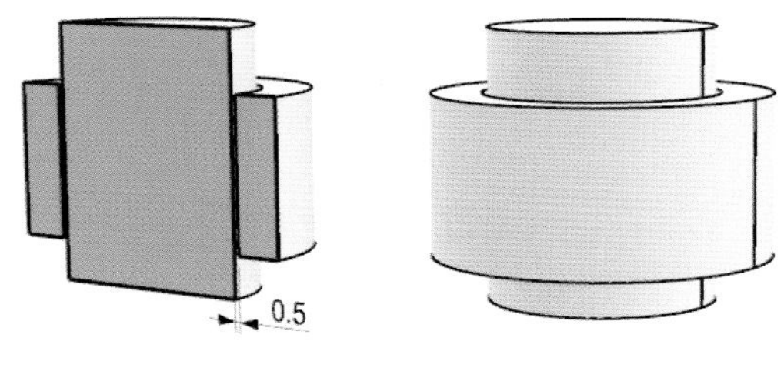

● 值得注意的是，需避免两零件之间无法装配的情况。以下列举了一些无法装配的情况。

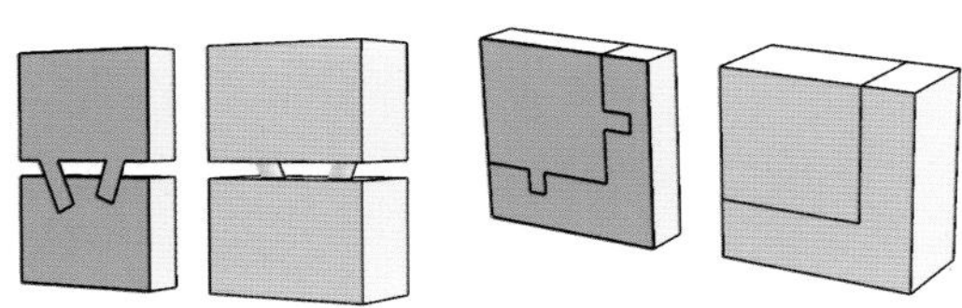

● 如果两零件的配合不存在转动副，则“插接”的设计不应使零部件转动。

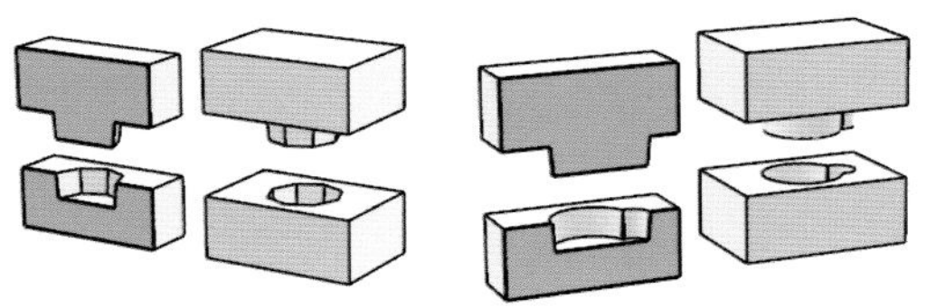

● 如果整个模型导出一个 stl 文件，需要将零部件分开，以免打印后的零件组合在一起。也可以将各个零部件分别导出。

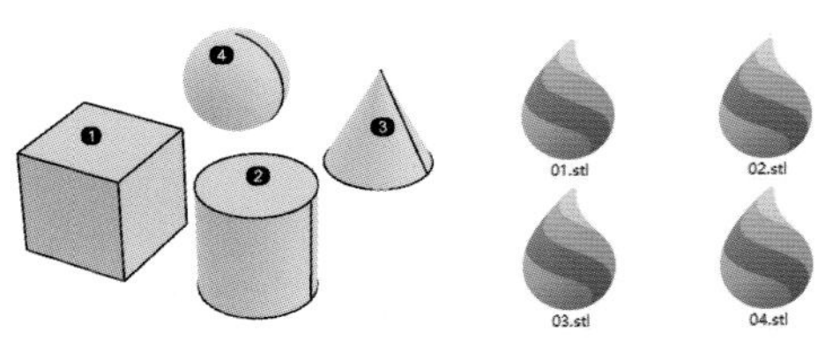

● 导出 stl 文件时，注意精度设置，可参考下图进行。

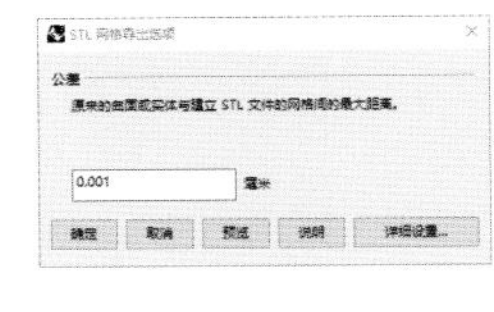

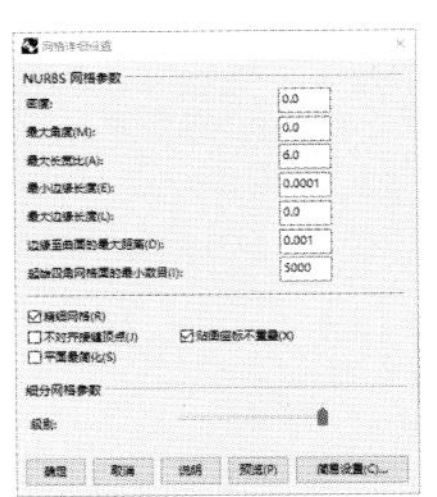

● 导出 stl 文件后，我们可以将 stl 文件再导入 Rhino，用渲染模式检查 stl 文件的曲面光滑程度。

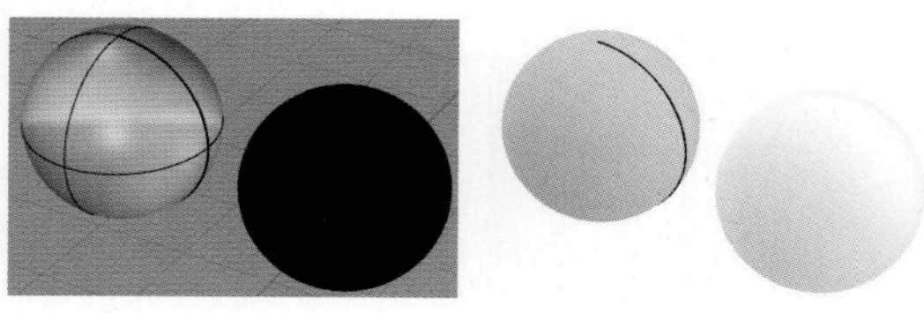

● 在 Rhino 检查完 stl 文件后，在 3D 打印软件、3D 打印平台，或者 3D 打印服务公司确认数模：尺寸、零部件清单、曲面质量等，以保证打印的质量。

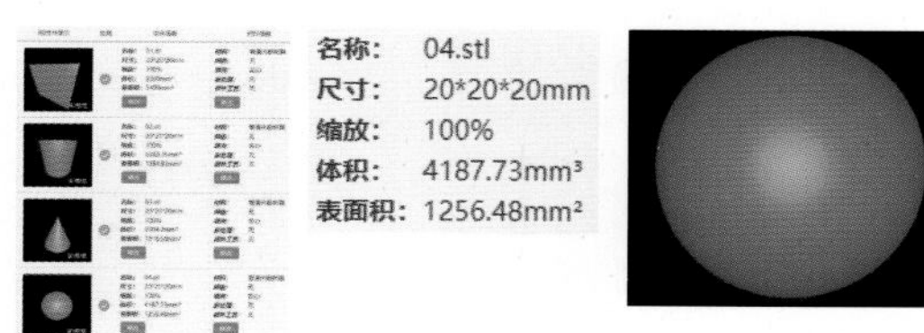

注意：

通常情况下，3D 打印文件使用 stl 格式，有些打印公司或者平台也支持 obj 格式（网格面）、igs 格式（曲面）或者其他格式。在正式打印之前，务必确认好尺寸、精度、零件清单。

Rhino 模型通常不建立壁厚，可将打印壁厚告知打印公司或者平台，打印成空心的零部件，以节省材料成本。

零部件最好为封闭的曲面，如果实在存在细微缝隙无法补面，可导出 stl 文件后，与打印公司或者平台共同确认模型是否可以打印，有时细微缝隙可忽略不计，能正常打印。

2.5.4 Solidworks 数模 3D 打印

尽管 Solidworks 软件也可以用来做造型设计，但一般意义上，我们把 Solidworks 归为工程软件（类似的软件还有 Creo、Catia、Unigraphics NX 等）。除了做造型设计以外，经常用它做产品结构设计、钣金设计、工程图绘制、运动仿真分析等。

Solidworks 软件支持导出 stl 文件，可直接用于 3D 打印，也可以导出 stp、igs、sat、x_t 等格式，再由其他软件打开。也可以由 Rhino 软件直接打开 Solidworks 模型，再由 Rhino 导出 stl。

● Solidworks 模型直接存储为 stl：文件—另存为，单击“选项”—分辨率—精细—确定，“保存”。

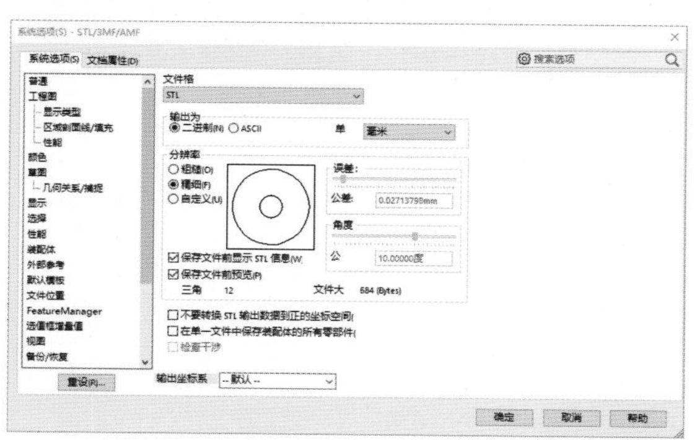

● 也可以在“选项”面板选择“自定义”，“误差”“角度”两个控制杆，刻度越往右，导出的模型越细致。

注意：

建模时以“毫米”为单位，按产品的实际尺寸建模。

如果需要按比例打印模型，需要考虑数模在缩放后的壁厚等尺寸问题。

充分利用 Solidworks 软件的特性，尽可能地将零部件的结构建立出来，即使是工业设计、产品设计专业的学生，也尽可能建立零部件的壁厚、加强筋、支柱等结构。

Solidworks 与 Rhino 导出 stl 的运算机制不一样，可以比较一下 Solidworks 导出的 stl 和由 Rhino 打开 Solidworks 文件再导出的 stl 文件。

- Solidworks 中建立球体，并导出 stl 格式。

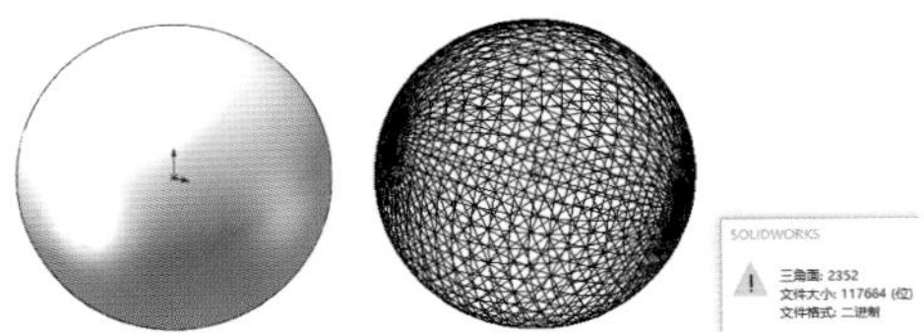

- Rhino 导入 Solidworks 球体和 stl 球体。

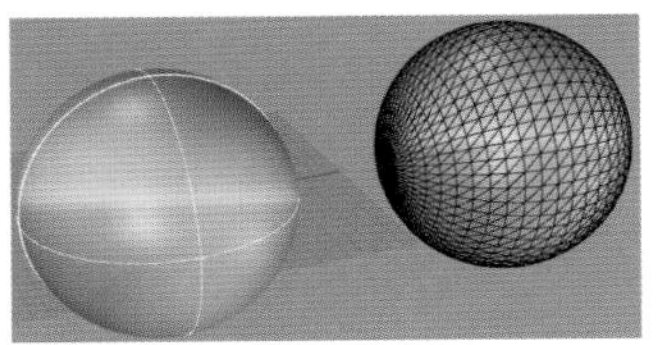

- Rhino 中将球体曲面导出 stl 再导入 Rhino，比较一下两种 stl 的区别。

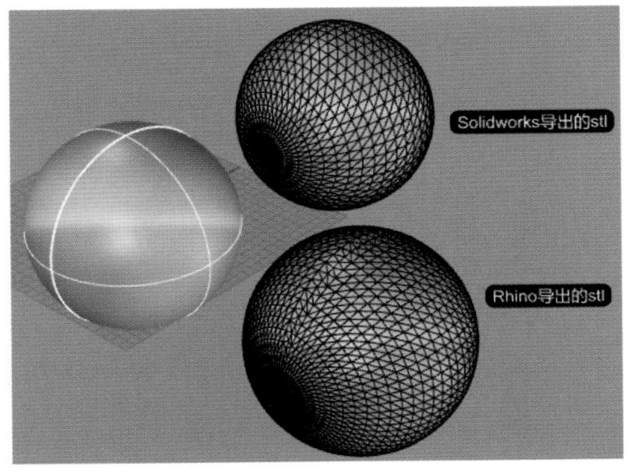

- 同样地，我们可以比较一下 Solidworks 和 Rhino 导出的长方体的 stl 的区别。在实际操作中应灵活择优运用。

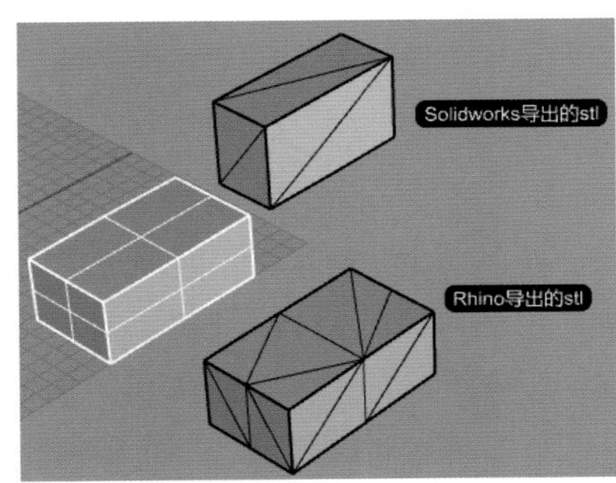

2.5.5 光敏树脂 RP 手板制作

通过 SLA 技术打印的光敏树脂模型精度高、表面光滑，普通光敏树脂材料成本较低，质地柔和易表面处理，特别适合做产品模型。

（一）普通光敏树脂的打磨

常见的材料与工具有：砂纸、抛光海绵、气泵、吹尘枪、小型电磨机、什锦锉、锉刀、护目镜、防护口罩等。

在喷漆之前，需要将模型抛光，最常用的工具就是砂纸。砂纸常用的型号有 400 目、600 目、1000 目、1200 目、1500 目、2000 目（“目”指的是 1 英寸 ×1 英寸的面积内有多少个颗粒数，数字越大，颗粒越细腻）。对于普通光敏树脂模型，可以从 400 目砂纸开始抛光、一直到 1000 目。需要通过肉眼和手感去判断模型表面是否处理光滑：（1）表面呈雾状、无反光、无层状。（2）手感细腻，如同鸡蛋壳。在抛光的时候，会产生很多粉尘，需要戴护目镜和防护口罩，另外需要用吹尘枪将模型表面的粉尘吹掉，以检测打磨程度。

某些细部不容易打磨到，可以尝试使用什锦锉，或者将砂纸粘在金属棒或者木棒上，对局部进行打磨。

请勿来回往复打磨，以免造成中间部位打磨过度，造成表面凹陷。也不要从局部一点一点地打磨，造成打磨不均匀。一般是沿着单一方向，大面积地进行打磨，对于没打磨到位的地方，再进行补充打磨。

如果模型表面存在孔洞或者轻微凹陷，可以采用刮腻子（Putty）的方式填平再打磨平整光滑。

砂纸　抛光海绵　水砂纸　海绵砂纸

气泵　吹尘枪　小型电磨机

什锦锉　锉刀　模型抛光　抛光后的模型

护目镜　防护口罩　腻子　木材填孔剂

（二）普通光敏树脂的喷漆

常见的材料与工具有：喷罐、喷枪、喷笔、气泵、油漆及稀释剂、预调漆、热熔胶枪、泡沫板、细木条等。

油性漆：又称油脂漆，以干性油为主要成膜物质的一类涂料，主要有清油、厚漆、油性调合漆、油性防锈漆和腻子、油灰等。油性涂料主要由四部分组成：成膜物质、颜料、溶剂、助剂。

水性漆：凡是用水作溶剂或者作分散介质的涂料，都可称为水性漆。水性漆包括水溶型、水稀释型、水分散型（乳胶漆）3 种。

一般情况下，水性漆和油性漆不要混用，相关的稀释剂和清洗剂务必要问清商家如何搭配使用。

最为方便的是喷罐，可以按颜色购买，但是颜色种类比较受限，喷幅、流量不容易调节。推荐使用郡士或者田宫的喷罐，使用较多的是郡士的底漆和保护漆。

如果对喷涂工艺比较讲究，可以使用喷笔，水性漆或者油性漆经稀释剂调和后使用。这种漆也有很多颜色可选，也可以不同颜色的漆调和，获得自己想要的颜色。喷枪的喷幅和流量可以控制，雾化效果好，

保护漆喷罐　底漆喷罐

面漆喷罐

水性漆　油性漆

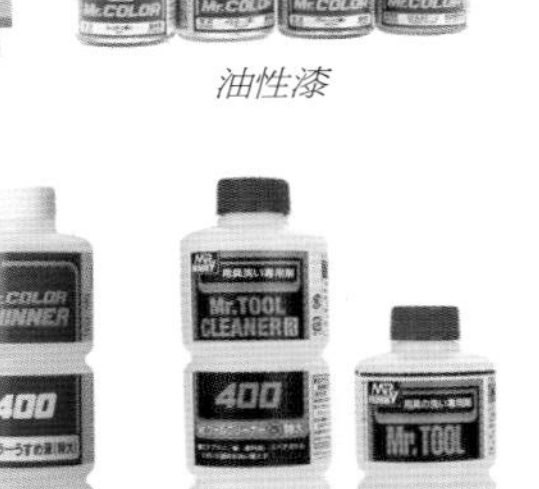

稀释剂　清洗剂

预调漆

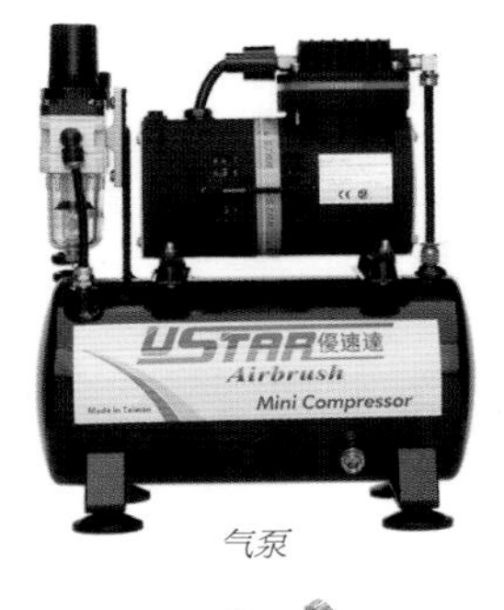

气泵

喷笔

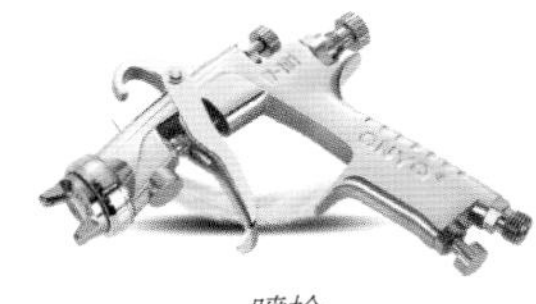
喷枪

细木条

热熔胶枪

热熔胶棒

XPS泡沫板

EPS泡沫板

比较细腻均匀。适合小模型的喷漆。

对于体量较大的模型，为了提高效率，可以使用喷枪，专业的喷枪可以达到良好的喷涂效果。

喷枪和喷笔的原理类似，使用起来也比较接近，在使用完毕后，需要清洗。根据喷枪、喷笔的气压要求，选择合适的气泵。

对于模型制作，热熔胶枪和热熔胶棒是很好的黏合工具和材料，它可以快速固化，黏合力又不怎么牢固，比较容易清除。

可以将需要喷漆的零部件与细木条通过热熔胶黏合起来，在喷漆之后，将细木条插在泡沫板上晾干。

对于一些较重或者特殊形态的模型，可以自制一些支撑杆或者支撑底座，利用强力胶、布基胶带进行固定，目的是为了让喷漆件与支撑杆快速连接并固定，支撑杆与支撑底座以插接为主，以便在喷底漆、色漆、保护漆时快速地取放。

喷漆一般需要喷底漆、面漆和保护漆。

底漆，也叫补土，以增加面漆和模型之间的黏合力，通常 1000 号的底漆就可以了，不喷底漆的话，面漆稍微磨下就会掉漆。根据面漆的颜色选择合适的底漆，如果面漆颜色比较浅，可以选白色或者浅灰色的底漆；如果面漆颜色比较深，可以选择中灰色的底漆；如果面漆是金属漆，可以选择金属底漆；如果是银色发光的面漆，需用黑色底漆。

保护漆分消光漆、亮光漆和半消光漆。保护漆的作用是保护模型的涂料不会因为长期裸露与空气或水汽接触被氧化腐蚀，最后导致漆面干裂脱落。另外，可以让表面油漆色彩看上去更均匀，还可以让水贴看上去不反光。

使用喷罐时手法很重要，与喷笔有很大差别，距离在 18 厘米到 25 厘米之间，手要迅速移动，要单向喷，不要来回喷，即按下开关后手从左边快速移到右边然后松开开关，手再回到左边按之前的做法再喷几次，直到覆盖所有表面。先薄薄地喷一遍，等干透后再喷第二遍，如此直到覆盖均匀。

喷笔、喷枪的使用较为专业，详见说明书及参考资料。

在喷漆做完之后，可以对零部件进行组装。如果没有设计卡扣结构或螺孔结构，主要还是通过胶水黏合。组装完成以后，可以用水贴、金属贴或者丝网印刷等表面印刷方法，在模型表面印刷图案或文字。

（三）普通光敏树脂模型的黏合

普通光敏树脂零部件可以通过热熔胶进行临时黏合，也可以通过 AB 胶进行黏合。

AB 胶在黏合 30 分钟后可达到最高强度的 50%，24 小时后达最高强度，在 -60℃-100℃的环境可使用。在 AB 胶未固化之前，可用橡皮筋或者美纹胶暂时固定，有必要时可用重物压实。

- 更多模型胶水介绍：

https://mp.weixin.qq.com/s/FhVDK8M5mIsXNKDZrs0Rfg

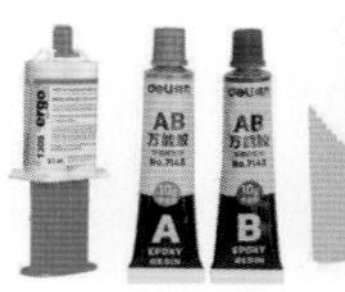

AB胶

强力胶

溶胶剂

美纹胶

UHU强力胶

白乳胶

硅胶

模型组装

（四）模型表面图案文字的印刷

常见的印刷方法有水贴、金属贴、丝网印刷和镭雕。

水贴，即水转印贴纸。首先在平面软件中（如 Photoshop、Illustrator 等）按尺寸绘制好图案，交由专业商家打印；用剪刀剪下需要的图案；用温水浸泡 30 秒左右；等图案可以脱离，就连底纸一起放在物体上，慢慢拉出底纸；用棉棒挤出水贴里面的水和气泡，并抚平水贴；等 10 小时干透后，可喷保护漆做保护。

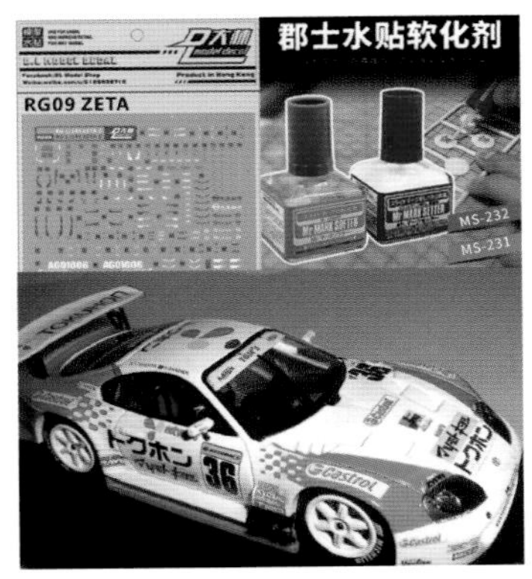

● 水贴使用教程：

https://www.bilibili.com/video/BV1JK4y177LH/

丝网印刷，是指用丝网作为版基，并通过感光制版方法，制成带有图文的丝网印版。丝网印刷由五大要素构成，丝网印版、刮板、油墨、印刷台以及承印物。利用丝网印版图文部分网孔可透过油墨，非图文部分网孔不能透过油墨的基本原理进行印刷。印刷时在丝网印版的一端倒入油墨，用刮板对丝网印版上的油墨部位施加一定压力，同时朝丝网印版另一端匀速移动，油墨在移动中被刮板从图文部分的网孔中挤压到承印物上。

丝网印刷有以下几个特点：①丝网印刷可以使用多种类型的油墨。即：油性、水性、合成树脂乳剂型、粉体等各类型的油墨。②版面柔软。丝网印刷版面柔软且具有一定的弹性不仅适合于在纸张和布料等软质物品上印刷，而且也适合于在硬质物品上印刷，例如：玻璃、陶瓷等。③丝网印刷压印力小。由于在印刷时所用的压力小，所以也适于在易破碎物体上印刷。④墨层厚实，覆盖力强。⑤不受承印物表面形状的限制及面积大小的限制。丝网印刷不仅可在平面上印刷，而且可在曲面或球面上印刷；它不仅适合在小物体上印刷，而且也适合在较大物体上印刷。这种印刷方式有着很大的灵活性和广泛的适用性。

金属贴（又称金属标签、电镀金属标签、金属不干胶、金属标牌、金属分离自粘标签等），具有和不干胶一样的特性，撕膜即贴，不易脱落；同时具有不干胶所没有的特性：表面光亮度极高，产品超薄不易断，边缘光滑无毛刺，颜色鲜艳，立体感强，防水防氧化。

金属贴常见的颜色有银色（本色）、金色、黑色、红色、白色、蓝色、橙色、玫瑰金等，可以做成高亮的、哑光的或者带网纹的。

使用方法：擦拭干净要粘贴的位置，确认无水渍油污；撕掉标签底部背胶（此时转移膜会将标签一起粘下）；将标签贴到合适位置，用手指轻压标签；以小于 30° 的角度慢慢撕掉转移膜。

镭雕：激光打标机是用激光束在各种不同的物质表面打上永久的标记。打标的效应是通过表层物质的蒸发露出深层物质，或者是通过光能导致表层物质的化学物理变化而“刻”出痕迹，或者是通过光能烧掉部分物质，显出所需刻蚀的图案、文字。

可用于多种材质标刻，包含金属与非金属材质。几乎可以覆盖所有行业，如电子元器件、电工电器、珠宝首饰、眼镜、五金、汽车配件、通信产品、塑料按键、集成电路（IC）、礼品、通信器材、建筑材料、纽扣、塑胶、标牌、包装、皮革、布料、陶瓷、玻璃、水晶、橡胶、电器、工艺制品、木竹制品等等制品。

● 实操技巧:

随着电子商务的发展，在线定制水贴、金属贴、丝印网板及其他贴纸已变得非常便捷。首先找到合适的商家，了解商家的工艺水平、定制案例、所需文件格式、使用方法、价格等，再将自己的图案文字导出所需的格式给商家加工，在拿到定制贴纸或网板后，只需简单工具和工艺即可完成模型表面的印刷。

2.6 建模与CNC加工

在3D打印普及之前，CNC手板一直是工业设计、产品设计重要的环节及技术手段。时至今日，CNC手板仍有其不可替代的作用，在毕业设计、设计项目、产品开发中仍广泛使用。

通过本节，你将学到：

（1）什么是手板？

（2）什么是CNC加工？

（3）如何将Rhino和Solidworks数模进行CNC手板制作？

（4）CNC手板的表面处理。

2.6.1 手板简介

手板（Prototype）属于地方性行业用语，专业术语称之为："样件、验证件、样板、等比例模型等"，通俗点讲，产品在定型前少量制造的验证样件。手板就是在没有批量生产之前，根据产品外观图纸或结构图纸先做出的一个或几个，用来检查外观或结构合理性的功能样板。

通常刚研发或设计完成的产品均需要做手板，手板是验证产品可行性的第一步，是找出设计产品缺陷、不足、弊端最直接且有效的方式，从而有针对性的对缺陷进行弥补，如果不能从个别手板样中找出不足，通常还需要进行小量的试产进而找出批量里的不足以改善。设计完成的产品一般不能做到很完美，甚至无法使用，直接大批量生产一旦有缺陷将全部报废，大大浪费人力、物力和时间；而手板制作周期短，消耗人力物力少，能很快地找出产品设计的不足而进行改善，为产品定型量产提供充足的依据。

根据所用设备的不同，手板可分为激光快速成型（RP，Rapid Prototyping）手板和加工中心（CNC）手板。

RP手板：主要是用激光快速成型技术（SLA）生产出来的手板（详见2.5.5）。RP手板的优点主要表现在它的快速性上，但它主要通过堆积技术成型，因而RP手板一般相对粗糙，而且对产品的壁厚有一定要求，如壁厚太薄便不能生产。

CNC手板：主要是用加工中心生产出来的手板。CNC手板的优点是它能非常精确地反映图纸所表达的信息，而且CNC手板表面质量高，在完成表面喷涂和丝印后，甚至比开模具后生产出来的产品还要光彩照人。因此，CNC手板制造越来越成为手板制造业的主流。

手板的分类：

手板按照制作所用的材料，可分为塑胶手板、硅胶手板、金属手板、油泥手板等。

按其所要实现效果，可分为外观手板、功能手板、样机手板。1. 外观手板：主要检测产品的外观设计，要求外观精美、颜色准确，对内部的处理要求不高。2. 功能手板：主要检测产品的功能性和结构合理性，对尺寸要求较高，对外观要求相对较低。3. 样机手板：要求实现跟真正的产品完全一样的外观、结构及功能，可以理解为未上市的成品，是要求最高、难度最大的一类手板。

手板的作用：

1. 检验外观设计。手板不仅是可视的，而且是可触摸的，它可以很直观地以实物的形式把设计师的创意反映出来，避免了“画出来好看而做出来不好看”的弊端。因此手板制作在新品开发、产品外形推敲的过程中是必不可少的。

2. 检验结构设计。因为手板是可装配的，所以它可直观地反映出结构的合理与否、安装的难易程度。便于及早发现问题、解决问题。

3. 避免直接开模具的风险性。由于模具制造的费用一般很高，比较大的模具价值数十万甚至几百万，如果在开模具的过程中发现结构不合理或其他问题，其损失可想而知。 而手板制作则能避免这种损失，减少开模风险。

4. 大大提前产品面世时间。由于手板制作的超前性，让企业可以在模具开发出来前就利用手板做产品的宣传，甚至前期的销售、生产准备工作，及早占领市场。

2.6.2 CNC 加工简介

CNC 加工通常是指计算机数字化控制精密机械加工，如 CNC 加工车床、CNC 加工铣床、CNC 加工镗铣床等。随着工业制造技术和数控技术的不断进步，三轴、四轴、五轴等多轴联动技术也日趋成熟。

三轴加工中心，使用最为广泛，三轴包括 X、Y、Z 轴，也叫做三轴联动加工中心。三轴加工中心能进行简单的平面加工，而且一次只能加工单面，三轴加工中心可以很好地加工塑胶、铝质、木质、消失模等材质。

四轴加工中心，与三轴加工中心相比多了一个回转轴，这个轴如果是绕 X 轴转动的称为 A 轴，如果是绕 Y 轴转动的称为 B 轴，通过旋转可以使产品实现多面的加工，大大提高了加工效率，减少了装夹次数。尤其是轴类零件的加工更加方便，提高工件的整体加工精度，利于简化工艺、提高生产效率、缩短生产时间。

五轴加工中心，在三轴的基础上加 2 个转动轴，可以在一面固定的情况下，对立体进行任意面加工，也即除了垂直底面立体加工外，可以进行侧面和斜向侧面加工。五轴加工中心是一种科技含量高、高精密度的专门用于加工复杂曲面的加工中心，目前，五轴联动数控加工中心系统是解决叶轮、叶片、船用螺旋桨、重型发电机转子、汽轮机转子、大型柴油机曲轴等加工的手段。其优势在于空间曲面加工、异型加工、镂空加工、打孔、斜孔、斜切等。

与 3D 打印“加材料”的加工方式不同的是，CNC 加工是“减材料”的加工方式，利用刀头从体块材料中通过“车”“铣”等方式去掉不成型的部分，从而留下成品。

手板厂进行 CNC 手板加工的主要流程：

1. 审图：收到客户图纸后对所加工的图形进行初步的审核；

2. 拆图：分解组装图、拆分、拆件；

3. 编程：根据加工工艺进行 CNC 的程式语言；

4. CNC 机加工：上机加工，将材料上多余的地方去掉，从而得到产品雏形；

5. 手工处理：刚从机器上加工出来的手板，需要做一些手工处理，因为表面有披锋等；

6. 表面处理：进行打磨、喷漆、抛光、丝印、电镀、镭雕等处理；

7. 成品装配；

8. 品质检测：经过 QC 部门检测通过后，就可以打包出货；

9）包装出货。

CNC 手板的优点：

1. CNC 手板成本适中，加工材料、应用领域广泛，可满足不同客户对强度、耐温、耐久度、透明等要求。

2. CNC 手板表面处理方法多样化，如打磨、喷灰、喷漆、抛光、丝印、电镀、氧化、镭雕、发蓝、UV 等，其效果甚至可以和用模具生产出来的产品媲美。

3. 在外观、装配、功能验证上，都可以达到客户规划验证目的，CNC 能做出一个实际反映客户规划目的的工件。

CNC 手板常用加工材料：

可加工材料有 ABS、POM、PC、亚克力（PMMA）、不锈钢、铝合金、H62 黄铜、Q235 铁等。

ABS：耐温度：60–80℃，特性：强度高、耐性优，电器、医疗、轿车类手板多采用此材质。

PMMA 亚克力：耐温度：60–80℃，特性：透明度高，多用在电器液晶壳类手板。

POM 赛钢：耐温度：90–110℃，特性：强度、耐性、硬度好，适用范围：机械齿轮、转动件手板。

ABS手板

POM手板

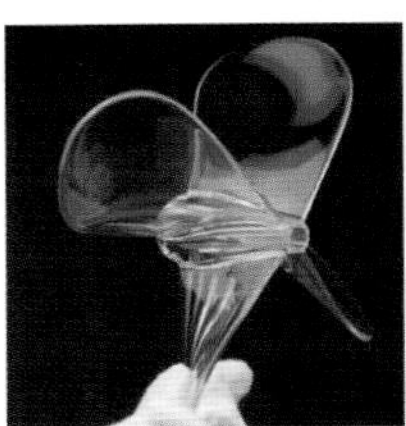
PMMA手板

铝合金手板

更多材料手板

2.6.3 Rhino 数模 CNC 手板制作

CNC 手板通常是发包给手板厂制作，因此与 CNC 手板厂的沟通尤为重要，对于没有经验的学生来讲，通常留一个月的时间做 CNC 手板较为稳妥。做 CNC 手板，有几件事情需要特别注意：

1. 多考察几家手板厂。不同手板厂的规模、技术、产能、质量、服务、价格可能会相差很大，带着完稿的 Rhino 数模，到几家手板厂进行洽谈，重点确认工期、模型质量（尤其是表面处理）、技术支撑以及价格。对于毕业设计或者课程作业，需要在答辩或展览之前完成手板制作，务必确认手板要在最后期限之前几天完成（通常有个三五天的提前量，万一手板制作有瑕疵还有机会补救，另外还可以对手板进行摄影摄像，进行更多的产品表达，好的手板有时比效果图更具表现力）。模型质量主要体现在表面处理上，比如喷漆、阳极氧化、电镀、表面印刷等的质量和质感，价格不是唯一衡量因素，在多比较后，从质量和可承受的价格中找到一个平衡。了解手板厂的制作工艺及流程，让厂家介绍你的手板会如何制作，以及在哪些节点需要你的确认。了解手板厂对你 Rhino 数模的要求，以及需要你提供哪些格式的数模或者其他文件，有哪里不明白的可以让手板厂展示其他案例相关文件。了解各方面的技术支撑，比如传感器、电路、电子元器件等是否能够实现。

2. 注重流程管理，确保手板制作质量。很多同学由于缺乏经验，把数模丢给手板厂之后就不主动盯流程，结果造成手板制作出来不是自己所要的效果，导致成绩受到影响。这里提出几个关键节点：（1）模型拆解图。手板厂会根据加工、装配及表面材质的需要，将你的 Rhino 数模进行分件处理，需要确认模型的尺寸、装配方式及表面处理。（2）CNC 加工后的粗模。当粗模从 CNC 中取出来之后，需要去现场确认加工后的模型是不是符合预期，如有问题及时调整。（3）粗模的打磨抛光。粗模有机加工痕迹，手板厂会将粗模打磨光滑，凹陷的地方会刮腻子处理，多余的地方会打磨掉；还可以通过刮腻子、打磨去除数模中的瑕疵，比如建模时没有建立小的圆角，曲面不够光滑等问题；可以通过视觉及触觉来进行检查，在手板厂喷底漆之后再检查一遍，确保打磨抛光的质量。（4）喷漆、阳极氧化、电镀及表面印刷等表面处理。表面处理通常通过色卡、样件提前确认好，在表面处理之后，检查表面处理的效果，比如喷漆是否均匀、光泽度如何。（5）装配。检查零部件是否平齐、装配是否牢固、是否留有胶水痕迹。（6）功能。对于具备“功能”的手板，检查功能否实现，比如活动、开关、灯光、声音、感应、显示等。

3. 合同的签订与执行。对于学生，CNC 手板制作是一笔不小的费用，也必须在一定期限内制作完毕，合同的签订与执行尤为重要。手板厂会报价、约定制作时间、制作工艺、付款方式（首付款、尾款等）以及违约责任等。这有助于规范双方的行为，确保手板制作的顺利进行。

下面通过一些案例来介绍 Rhino 数模如何进行 CNC 加工。

（一）概念车 CNC 手板制作

1. 背景

这是“2014 年第一届现代汽车设计大赛”金奖作品“流体 Fluid”（设计者：徐圣），提交了设计版面、Rhino 数字模型，并在主办方的统一安排下制作了 CNC 手板。我们于 2019 年再次制作了该方案的 CNC 手板。

从设计方案上可以看出，该产品比较复杂，曲面多、细节多、材质多、零件多，如果要制作一个高水平手板，需要找到经验丰富的手板厂来制作。

2. Rhino 数模分析

从设计者完成的方案来看，完稿的数模为曲面模型（未形成封闭的实体）且有曲面背面朝外的情形（图中所示淡红色曲面），模型的单位是毫米，长度约 1000mm，基本未建立小圆角，部分曲面不够光滑。本次 CNC 手板制作的尺寸设定在 600mm，需对数模做等比例缩放。我们找了一家技术比较好的手板厂，在 Rhino 数模没有改动的情况下，发给手板厂，由厂家进行缩放、评估和报价。

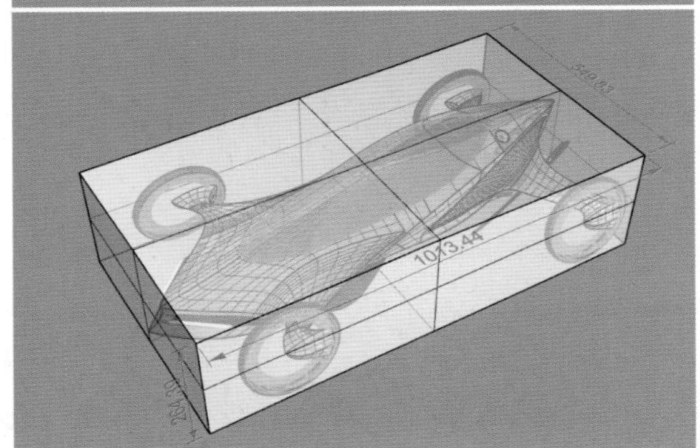

3. 材质说明

为了使手板制作符合预期，除了数模和效果图以外，最好有材质说明，以便厂家准确地进行表面处理。

4. 过程简述

这是一家业界较具经验的手板厂，技术非常好，成品质量也很高。在提交以上 Rhino 数模、效果图、材质说明并支付首付款后，手板厂对数模进行了缩放、分件、CNC 机加工、打磨、表面处理和组装的工作。这是一个高效且成熟的方式，对于有经验的设计师及合作手板厂适用，省去大量沟通的成本，期间，手板厂主动来沟通碳纤维贴纸的花纹的选型。

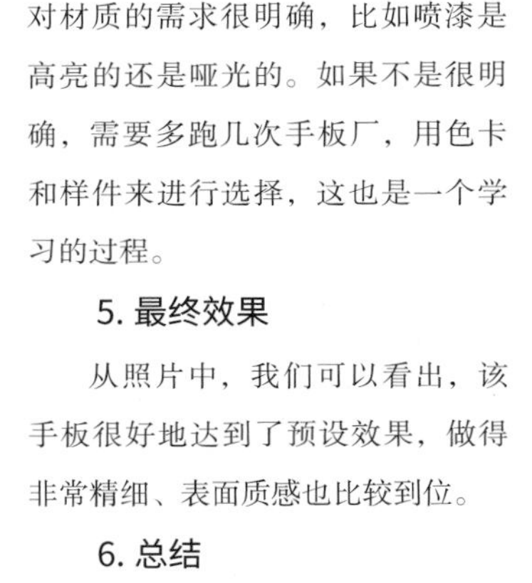

值得一提的是，这样的手板厂往往价格比较高，另外需要设计者对材质的需求很明确，比如喷漆是高亮的还是哑光的。如果不是很明确，需要多跑几次手板厂，用色卡和样件来进行选择，这也是一个学习的过程。

5. 最终效果

从照片中，我们可以看出，该手板很好地达到了预设效果，做得非常精细、表面质感也比较到位。

6. 总结

a. 找一家有经验有技术的手板厂，可以省去很多“麻烦”，也需要支付相应的成本。

b. CNC 手板的数模不一定需要很“完美”，允许存在不够光滑等瑕疵，通过刮腻子和打磨，可以将曲面做得很好；一些小的圆角也可以不用建立，在制作时会产生工艺圆角，也可以通过砂纸手工打造出圆角。

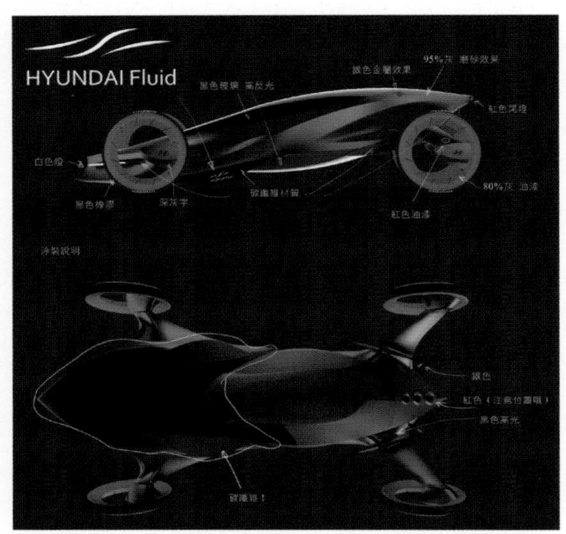

（二）"麦当劳环保充电单车"CNC 手板制作

1. 背景

我们于 2021 年 6 月承接了"麦当劳环保充电单车"设计任务，并于 9 月量产后投放麦当劳门店。最终的产品采用钣金和厚板吸塑的加工方式，本书 3.7.7 章节将介绍如何利用 Rhino 软件与生产衔接。本章节将介绍其 CNC 手板的制作过程。出于节省成本及对手板制作工艺探讨的考虑，我们将 CNC 加工的环节外包，打磨、喷漆、表面印刷的环节自行完成，有兴趣的读者也可以尝试自己动手。

2. Rhino 数模分析与处理

设计完稿的数模一方面用于与甲方沟通，另一方面也要用于批量制造，比如厚板吸塑的加工。数模的尺寸是 1 : 1 的，因为要做小比例的 CNC 手板，需要将数模进行缩放。我们自己做了一些分件，交给手板厂的是分开的零部件，便于后期按照自己的意愿进行表面处理和装配。

Rhino 数模处理的思路是：①将数模进行等比例缩放。②按照材质的不同进行分件，避免出现太小或者太薄的零件，分件的时候考虑装配。③如有必要，增加装配的限位结构，以便不同零件安装到位。④将曲面实体化，形成各个实体。⑤考虑零件装配的摩擦力，适当做拔模角或者增加配合缝隙。

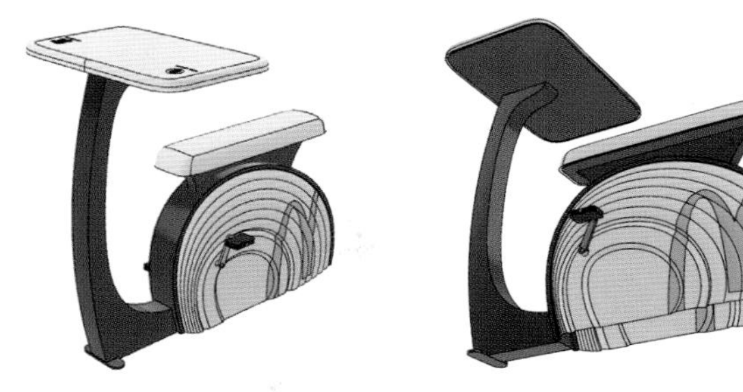

设计完稿的数模

在本例中，我们简化了材质的种类，CNC 手板上选择三种材质："钣金"部分的黑色、"厚板吸塑"部分的白色、"脚踏"部分的金属色。为避免"厚板吸塑"部分在缩放后变得太薄，我们将台面、坐垫、侧板做成了体块。为了零件之间的装配方便，做了带拔模角插接的结构。

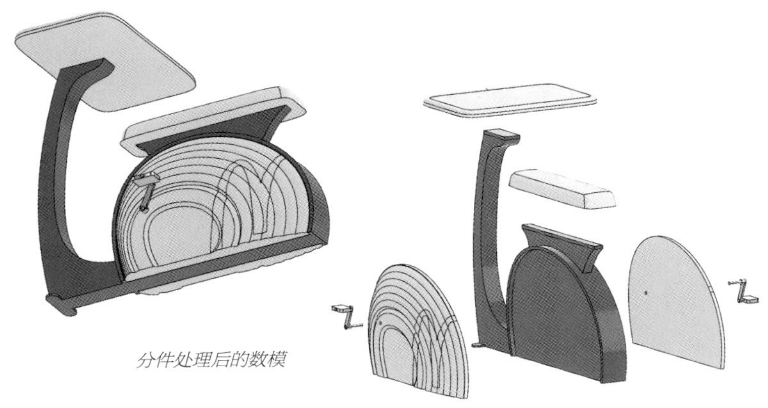

分件处理后的数模

3. CNC 机加工

根据手板厂的需求，将 Rhino 数模导出相应格式。不同手板厂机加工的精度会稍许有不一样，但因为后期要做打磨等表面处理，因此机加工显得不那么重要，可以选择一家性价比高的手板厂。

右图为 CNC 厂家寄来的模型，可以看到明显的机加工痕迹。

4）CNC 手板打磨

手板打磨是手板产品制作过程中必经的一个程序，一个零件在 CNC 的数控机床加工后 ，它的表层会产生很多的毛边和刀痕。此时就需要以手工来处理这些问题。通常我们会选择砂纸进行打磨，或用抛光膏进行抛光。

手板打磨的方法：

除客户有特殊要求轻打磨之外，手板打磨的方法一般可以分为机械打磨、干打磨和湿打磨三种。

1. 机械打磨：大面积施工时，为了提高工作效率，可采用机械打磨的方法，如圆盘式和振动式的电动打磨机。

2. 干打磨：采用砂纸进行打磨。适用于硬而脆的手板打磨，其缺点是操作过程中将产生很多粉尘，影响环境卫生。

3. 湿打磨：用水砂纸蘸水或肥皂水打磨。水磨能减少磨痕，提高涂层的平滑度，并且省砂纸、省力。但水磨后喷涂下层油漆时，应注意一定要等水磨层完全干透后才能涂下层油漆，否则漆层很容易泛白。另吸水性很强的底材也不宜水磨。

4. 轻打磨：涂装要求注明是“轻磨”的，例如对封闭漆、局部修补之后等，此时应选用较细砂纸及熟手进行，否则效果可能会适得其反。

手板打磨的作用：

1. 对于基材是清除底材表面上的毛刺、油污、灰尘等。

2. 对于刮过腻子的表面，一般表面较为粗糙，需要通过砂磨获得较平整的表面，因此打磨可以降低工件表面的粗糙度。

3. 增强涂层的附着力。喷涂新漆膜之前一般需对干透后的旧漆膜层进行打磨，因为涂料在过度平滑的表面附着力差，打磨后可增强涂层的附着力。

手板打磨时应注意的问题：

1. 先用很粗的砂纸进行粗加工打磨，去掉表面那层很粗的毛刺，之后再进行细的打磨 ，砂纸可以分为 800 目、1000 目等不同的等级。根据产品对表面的要求进行不同的程度的打磨 ；

2. 一次打磨完毕后，喷上一层原子灰，可以将产品表面的粗糙程度进行放大，达到用肉眼可以看到瑕疵的程度；

3. 有重点地进行局部修正，直到一件产品完成全部的打磨过程。

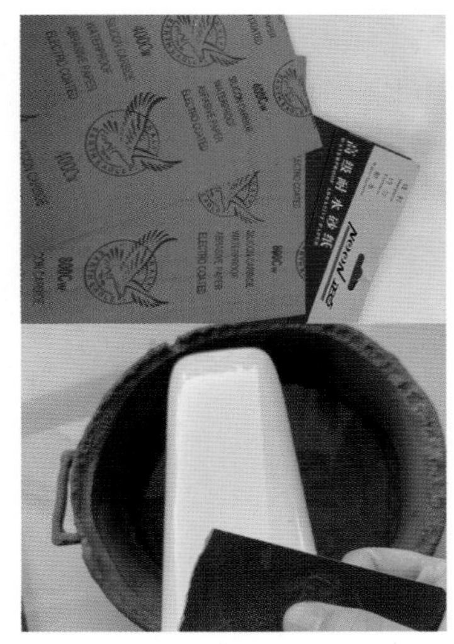

400目和800目水砂纸打磨

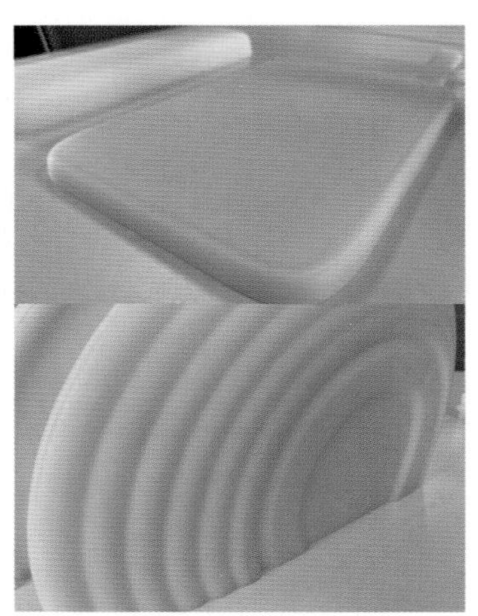

打磨后的模型表面

制作附件，将模型固定在杆子上，并插入底座（固定材料可以选择布基胶带、热熔胶或者快速强力胶等）。

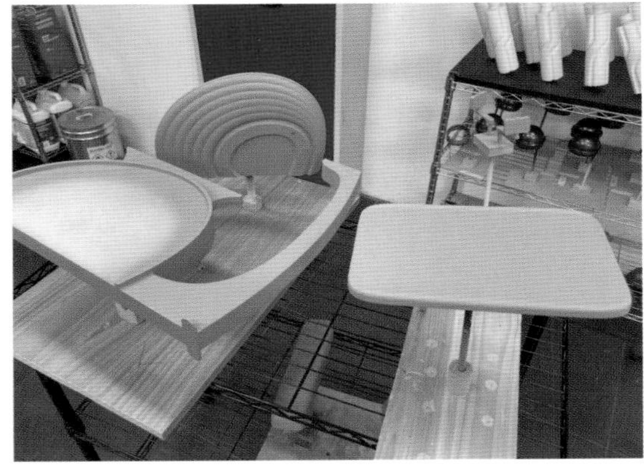

模型喷底漆，喷完放入底座晾干（注意喷漆需要均匀，可以先浅浅地喷一层，晾干后如果有地方没覆盖到，再喷一遍，务必不要出现挂流）。底漆晾干之后，如果发现表面不够细腻，或者有些瑕疵，可用水砂纸沾水轻轻打磨。

底漆喷完之后，喷面漆，要把底漆覆盖住，同时不要出现挂流的现象。

使用 AB 胶将模型部件黏合起来，待完全黏牢固（如果需要施加部件之间的压力，可以用美纹胶固定，或者使用其他外力）。

装配之后的模型，待做表面印刷。

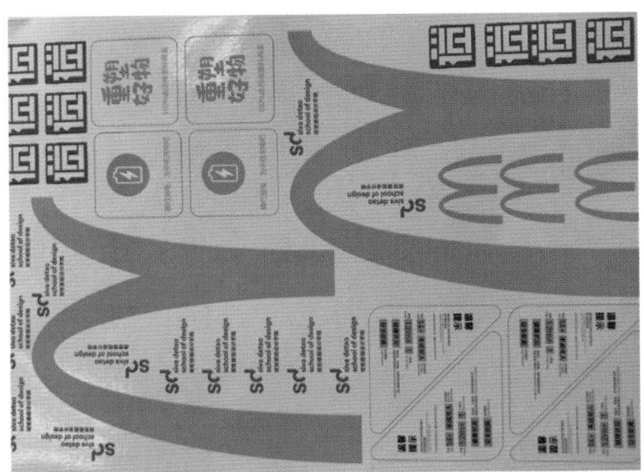

制作好的水贴。

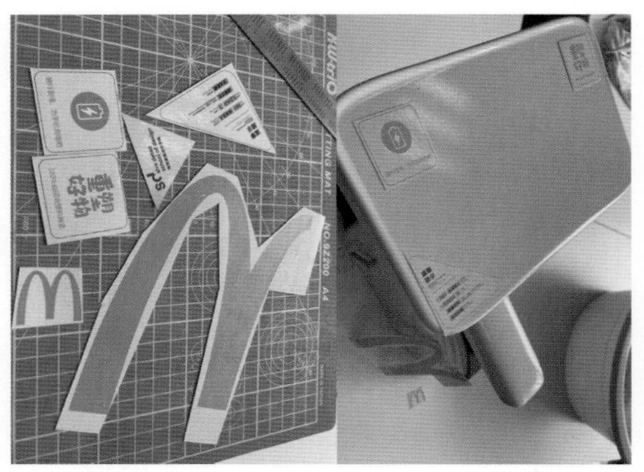

将水贴剪裁好。

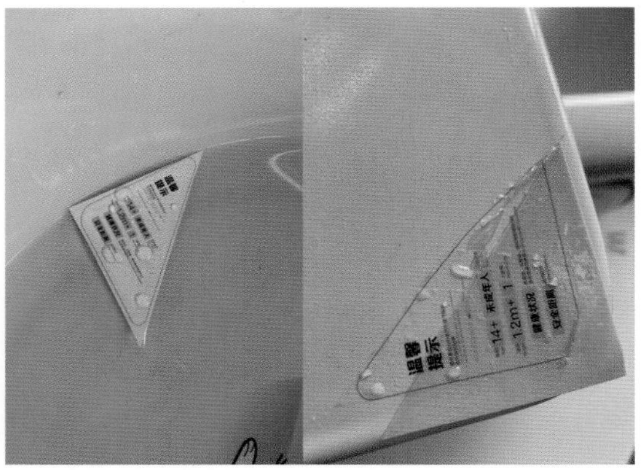

将水贴在温水中浸泡 30 秒左右，图案与底纸便可以分离，将部分图案转移至模型上并按住，抽掉底纸，完成转印。

适当调整图案的位置，可以通过棉签或者湿纸巾，将图案底下的气泡和多余的水排出。

继续完成其他部位的水贴转印。

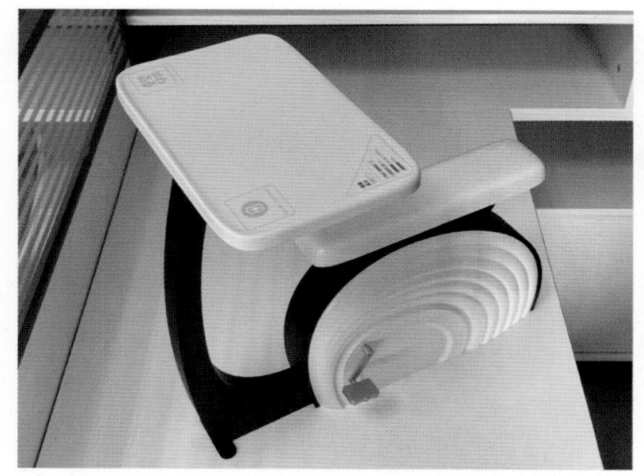

转印后静待 10 小时左右，水贴和模型黏合牢固。

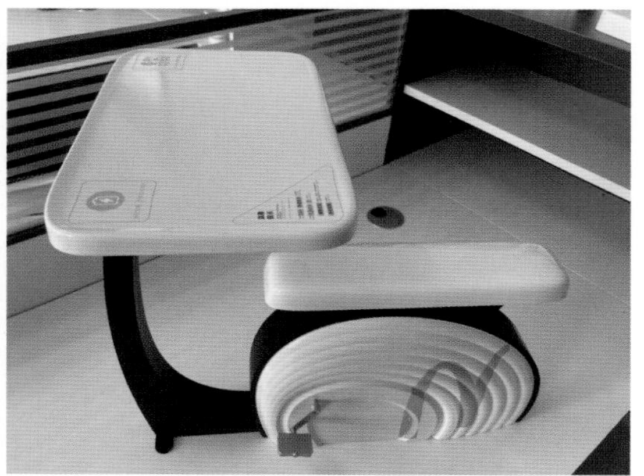

最终的实物模型效果。

2.7 建模与出图

在产品设计中，基于建模的有渲染图、尺寸图、专利图等几种出图类型，分别满足不同的需求。Rhino 和 Solidworks 软件自身也可出图，但通常情况下，会结合其他软件输出常见的文件格式。下面介绍几种常见的出图类型及相应的操作方法。

2.7.1 渲染图

渲染图，又称为 3D 效果图，是给三维模型赋予材质、照明等效果，通过渲染器的运算，来模拟产品的真实形态及质感。其输出的格式为位图。如果对模型中的物体设置了运动路径及摄影机路径，经渲染器连续输出位图，即形成三维动画的帧，可输出动画视频。

Rhino、Solidworks 软件自带有渲染器，在方案设计阶段，可用 Rhino 的渲染模式、Solidworks 的带边线上色模式，通过设置材质来初步模拟产品的材质效果。如果想输出高品质的效果图，目前常用的软件有 Keyshot、Cinema 4D 等。

Keyshot 因其“傻瓜化”的操作、高品质的效果、与建模软件的良好兼容性，大大缩短了学习软件的成本及渲染时间，几乎成为工业设计 / 产品设计领域的行业渲染软件。

Cinema 4D 有强大的功能，自身也有建模功能，渲染效果突出、插件丰富、动画制作能力强，是非常专业的建模及渲染软件，追求渲染效果及制作动画的，可以选择此软件。

本书仅介绍使用 Keyshot 渲染时的注意事项。

（一）如何将模型导入到 Keyshot

Keyshot 有 Rhino 和 Solidworks 的插件，安装时需要注意插件对应的软件版本，比如 keyshot11_rhino_1.0.rhi 对应的是 Keyshot11 和 Rhino6 和 7。

Rhino 可以直接打开 Solidworks 模型，在对模型编辑后，单击 Rhino 中的 Keyshot 插件，将模型导入 Keyshot 进行渲染。

Solidworks 也可安装 Keyshot 插件，调用 Keyshot 进行渲染。

● 在 Rhino 中将模型的方向摆放正确，将 Rhino 选项中的网格品质设置为“平滑、较慢”或者“自定义”，“自定义”中将相关设置改高（比如起始四角网格面的最小数目）。

Rhino 的曲面是 Nurbs 的，但我们看到的模型是经由转换的，更改以上设置，可改善 Rhino 中渲染网格的品质。经由插件导入 Keyshot 后，其网格面也是高精度的，比较光滑。

单击 Rhino 中“工具”菜单—工具列配置，可打开“Keyshot”面板。

（二）Keyshot 渲染

本书不再讲解 Keyshot 渲染知识及技巧，读者可自行从网络获得相关学习资源，比如 B 站博主“善良的峰哥哥”，https://space.bilibili.com/393219484/?spm_id_from=333.999.0.0。

渲染图主要用于 PPT 汇报和展板，涉及的软件有 PowerPoint、Keynote、WPS，Photoshp、Illustrator，为了适应设计表达的需求，效果图可以这样做：

（1）渲染之前，一定要调整好物体的位置及视角，相机的焦距要调整好。对于小物体，比如手机，可以适当拉长焦距，比如 100mm，以减少透视；对于大物体，比如汽车，如果想获得大透视，可以使用广角镜头，比如 24mm。总之，一定要根据表现的需要，去设置相应的焦距及视角。

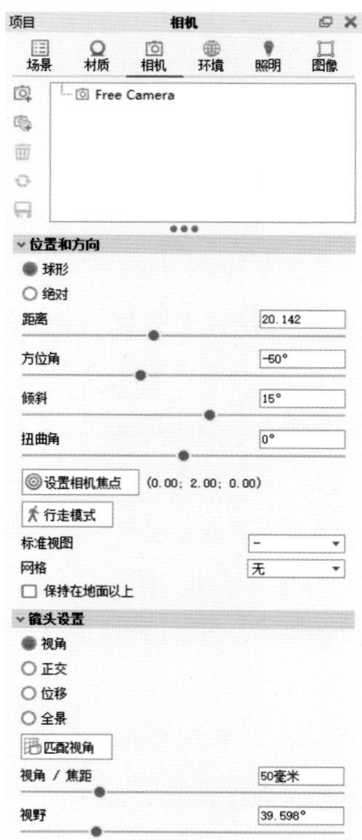

（2）环境的更改。很多新手同学，不太注意环境的使用，仅使用默认的环境，通常为了产品效果，可以选择对比度较大且较简单的环境，以使材质效果明暗对比强烈又不至于太花哨。同时，务必按下英文的“C”键，关掉环境的显示，以纯白背景呈现；根据设计表达的需要，选择是否开启“地面阴影”（设计表达时，通常需要图底关系明晰，如果图片上有不完全的地面阴影，则显示效果较差，常见的处理手段如下：①关闭地面阴影，以纯白底表现，产品有一种悬浮感觉；②渲染透明背景的图片，在后续的排版中，加上浅灰的背景，使图底清晰）。

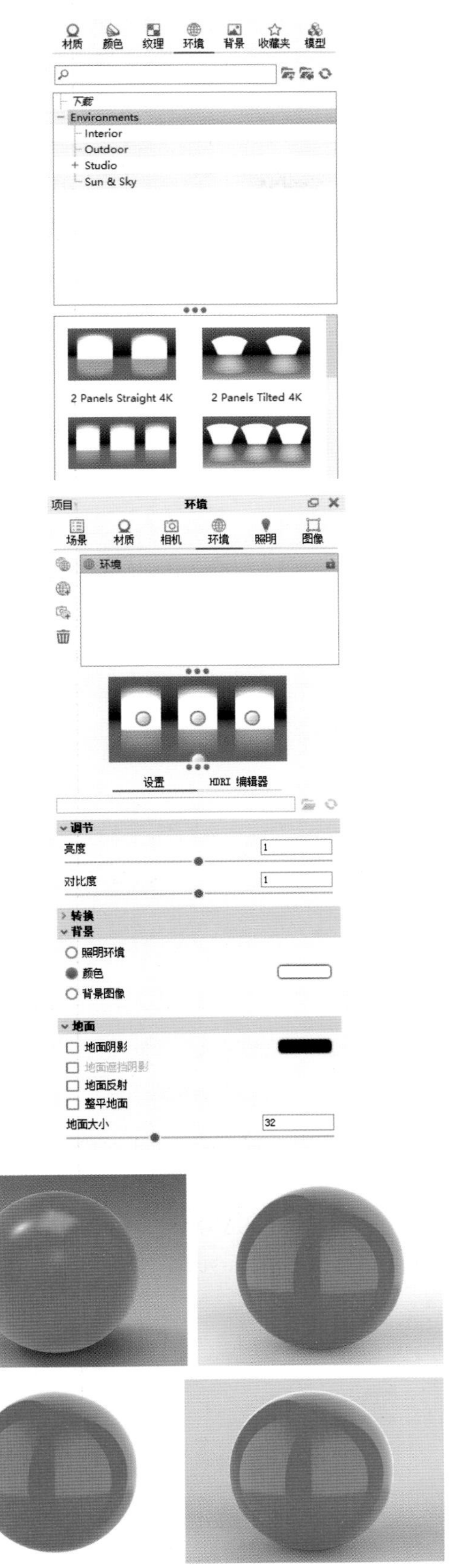

（3）渲染的输出。

文件格式上，可选择带 alpha（透明度）的 png（文件较小，主要用于屏幕显示）或者 tiff（文件较大，不压缩数据，主要用于高精度打印）格式，以方便在后续软件中设置背景。一般在课程汇报及展板设计中，png 格式完全可以满足使用需求。

分辨率可以选择稍微高一些。如果用于 PPT 演示，根据演示屏幕的长宽比（常见的有 16：9），1080P 全高清屏幕的分辨率为 1920×1080，2K 屏幕的分辨率为 2560×1440，4K 屏幕的分辨率为 4096×2160 或者 3840×2160，那么渲染图的分辨率建议 3840×2160，以与 PPT 的长宽比适配。

如果需要彩色打印或者印刷，可根据打印尺寸来确定分辨率，300DPI 的印刷稿，3840×2160 可打印出 32.5×18.3cm。

对于 KT 板喷绘，1m×1m（或 1m 以下）72 分辨率或最高可以用 100 分辨率；2m×2m（或 2m 以下）72 分辨率；3m×3m（或 3m 以下）72 分辨率（或者 60 分辨率）；4m×4m（或 4m 以下）60 分辨率（或者 50 分辨率）；4m×4m 以上 25–50 分辨率（喷绘的尺寸越大，分辨率就可以设置的越低）。

综上，常用的渲染分辨率可使用 3840×2160，“项目—图像”，将预设的分辨率改为 16：9 的长宽比。

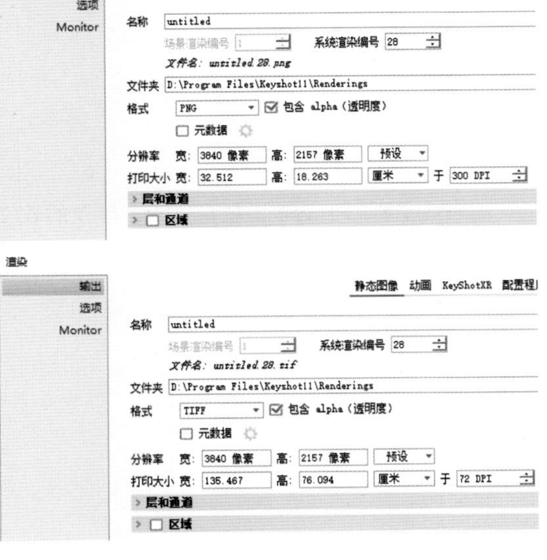

2.7.2 尺寸图

正确又美观地表达产品的尺寸，是设计师专业能力的体现。在设计交流当中，你可以给源文件（比如 Rhino 数模或者三视图，Solidworks 数模或者工程图）或者专业图纸格式（比如 DWG、AI 格式），但如果是给普通受众，就需要通用的文件格式了（比如 PDF、JPG、PNG 等）。

Solidworks 有工程图模块，可快速将数模转为图纸，导出 PDF 等格式，市面上有大量书籍介绍了其工程图模块，本书不再赘述。

Rhino 可以直接打开 Solidworks 数模，本书仅介绍两种 Rhino 中快速出图的方法。

使用第一角投影的国家有：中国、德国、法国，使用第三角投影的国家有：美国、英国、日本。

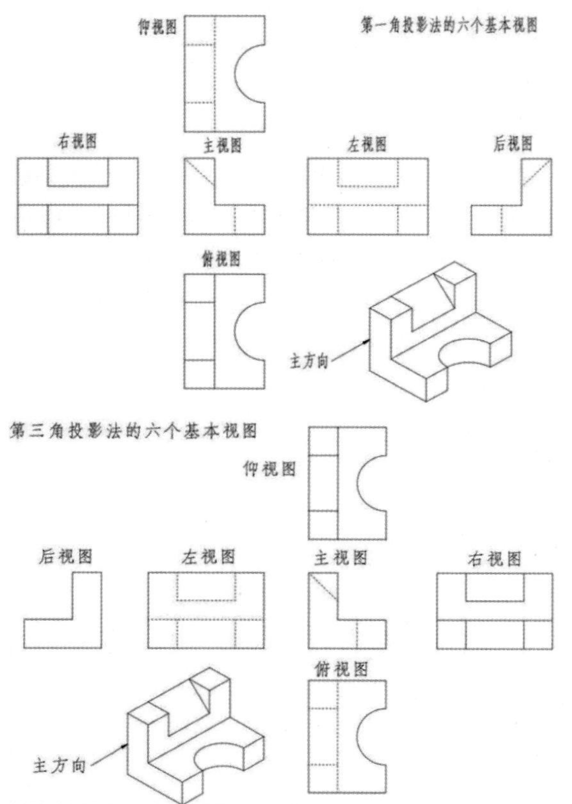

（一）直接利用 Rhino 的渲染模式

● “工具”—“选项”，展开视图—渲染模式，将背景改为单一颜色（白色），背面设置也使用单一颜色（粉红色）；展开渲染模式—物件—曲线，将曲线线宽改为 2 像素；曲面，将曲面边缘线宽改为 2 像素；关掉“阴影”。

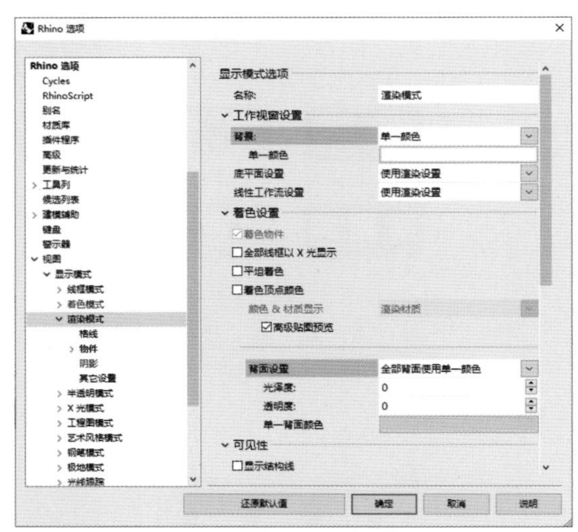

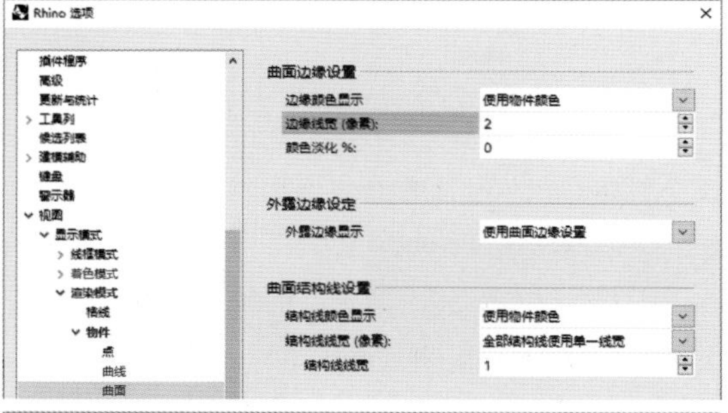

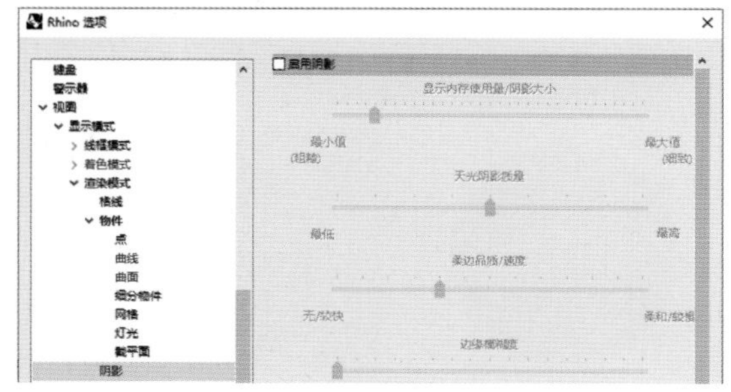

● 将TOP视图最大化，改为“渲染模式”，复制模型，排列为三视图；模型的材质全部设置为“默认材质”，显示颜色全部改为“黑色”。

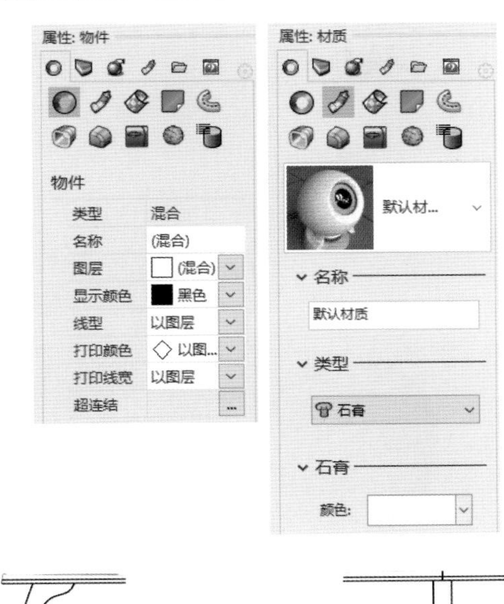

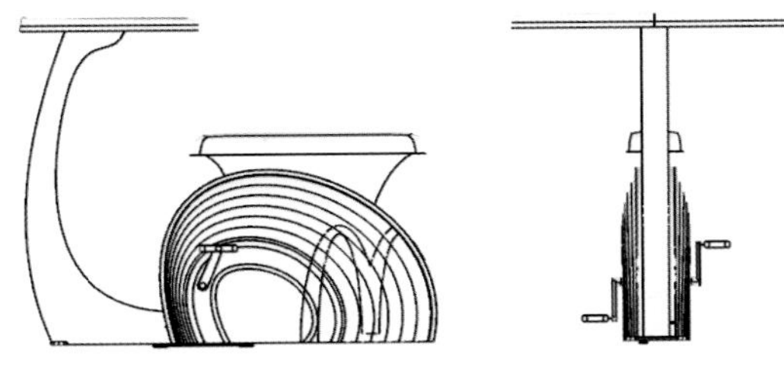

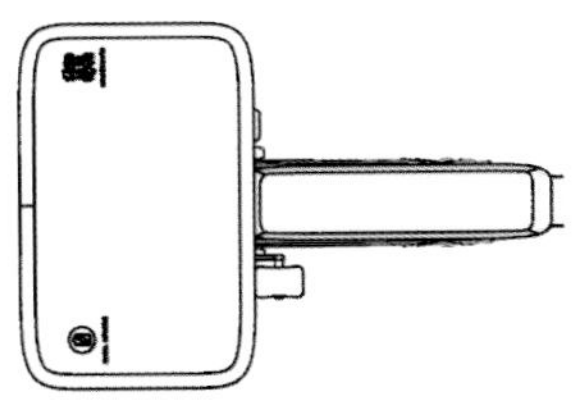

● Rhino选项—注解样式，选择当前文件的样式，先更改“缩放所有尺寸”，以使文字大小、箭头大小与幅面相匹配；再更改“长度单位”和“角度单位”，“线性分辨率”、“角分辨率”和“消零”。

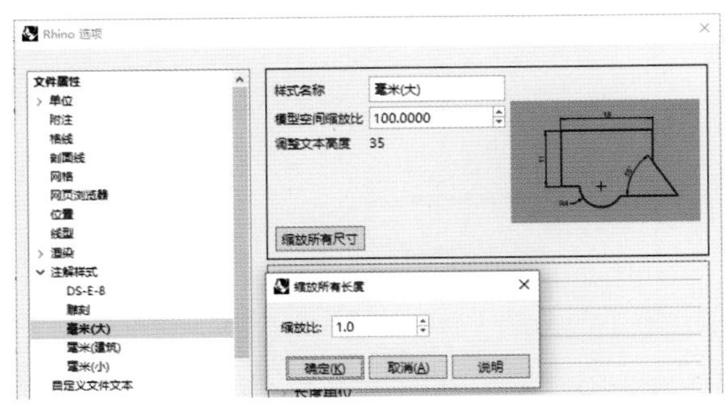

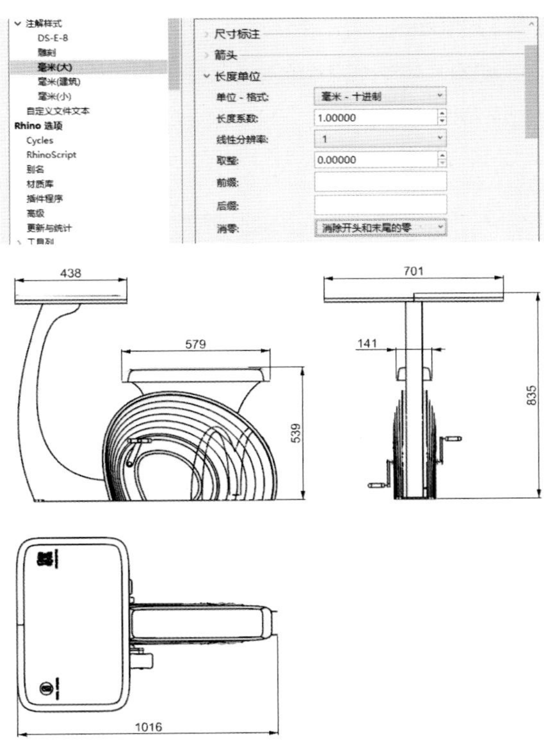

● 尺寸标注完毕并摆放整齐后，将画面“缩放至最大范围”，就可以导出尺寸图了。在TOP视图上右键—截取—至文件，设定分辨率，保存图片。

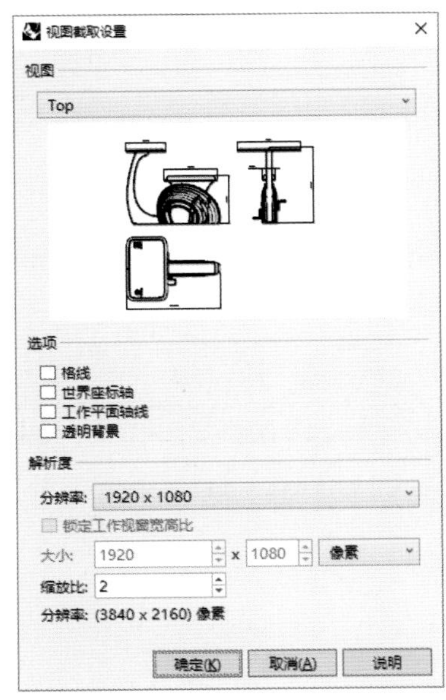

（二）Rhino 导出 AI 文件格式

● 隐藏曲线、尺寸标注等非曲面物体，选取要产生视图的物体，单击“曲线”—“从物件建立曲线”—“建立 2D 图面”，选择视图或者投影方式，其他设置如图。

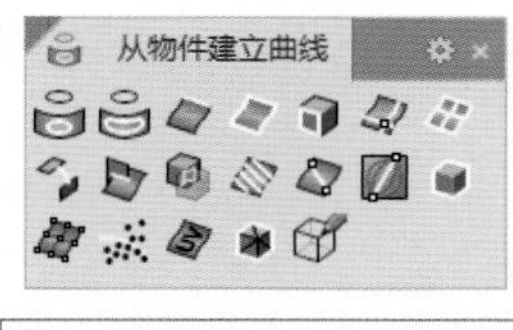

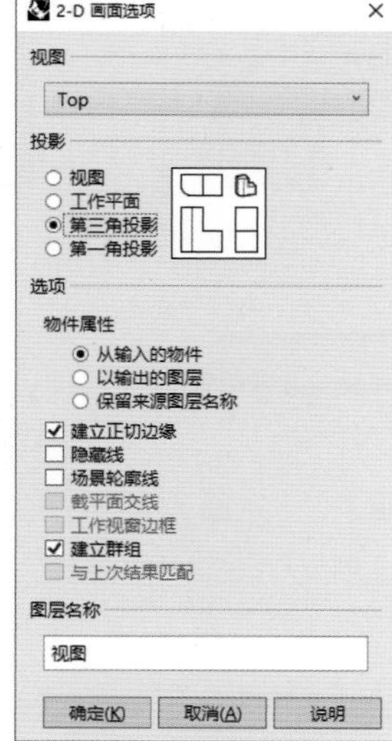

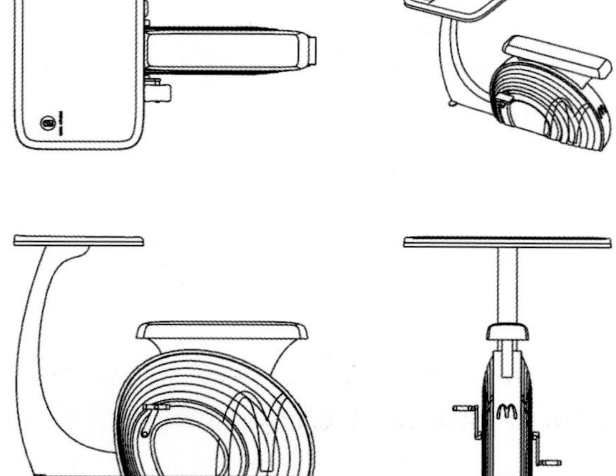

● 如果按照国标进行视图的布置，则还需补充左视图，并调整视图的位置。先将四个视图中的一个视窗改为 Left，并“建立 2D 图面”。

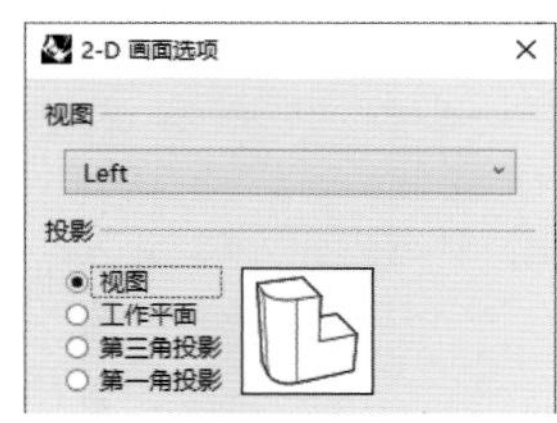

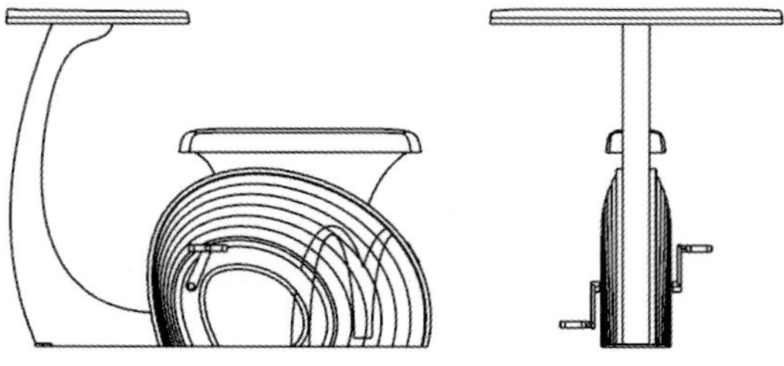

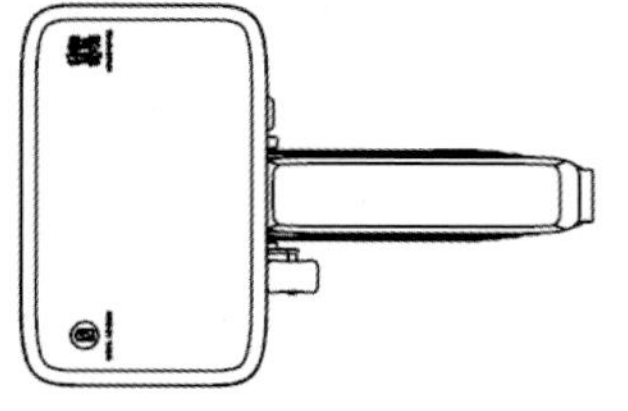

● 选择视图所在的图层，更改图层的颜色为黑色。

● 同样地，在 Rhino 中进行尺寸标注，更改标注样式。

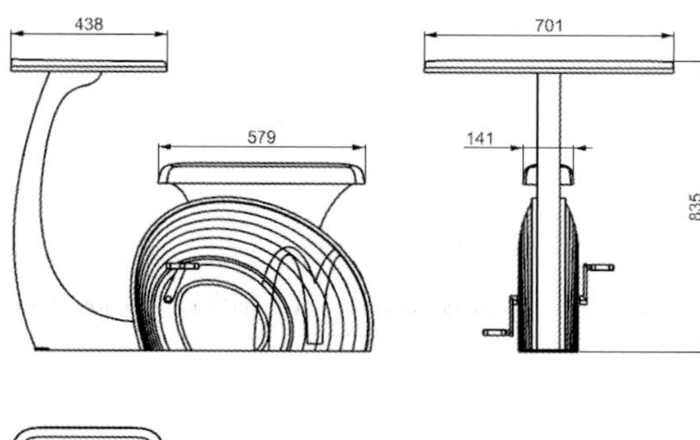

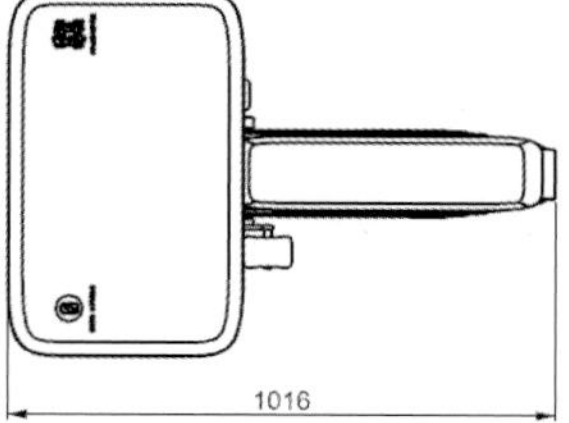

● 选择需要导出的物件（曲线与尺寸标注），最大化 Top 视图，导出为 AI 格式，其设置如下。

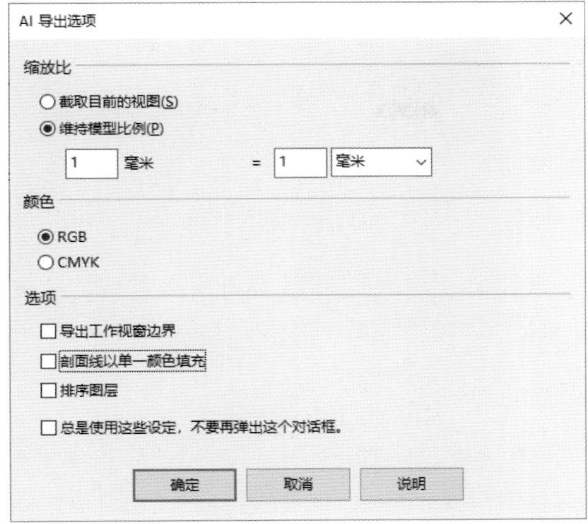

● 在 Illustrator 软件中打开文件，对图形进行缩放，调整位置。

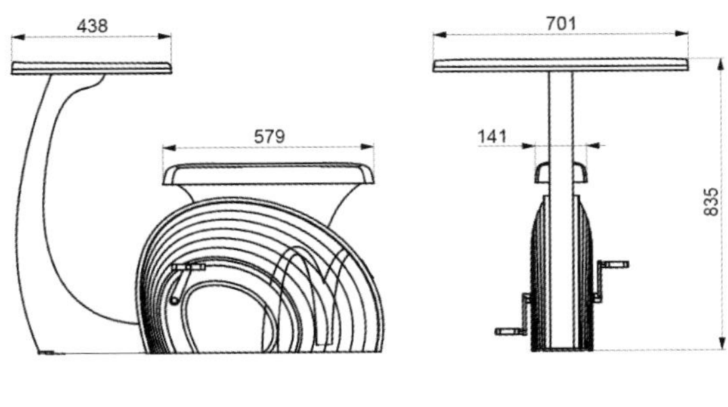

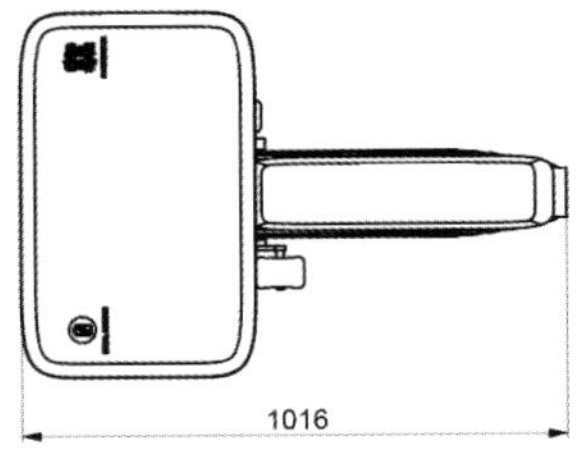

● 对曲线及尺寸线的线型进行设置，如图纸大小为 A3，曲线粗细可设置为 1pt，尺寸线粗细设置为 0.5pt。（可在图层面板快速选取不同图层的物体）

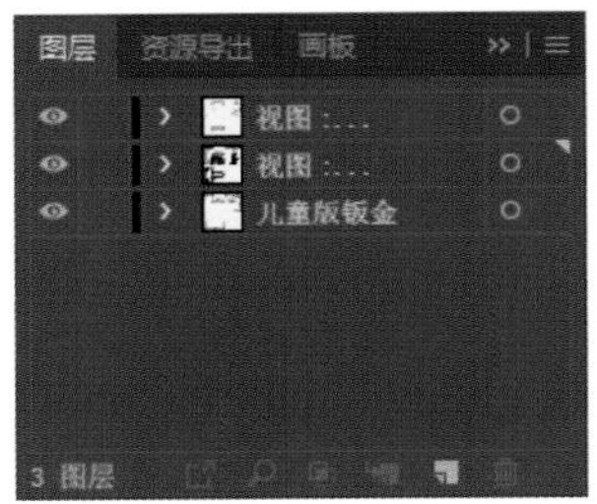

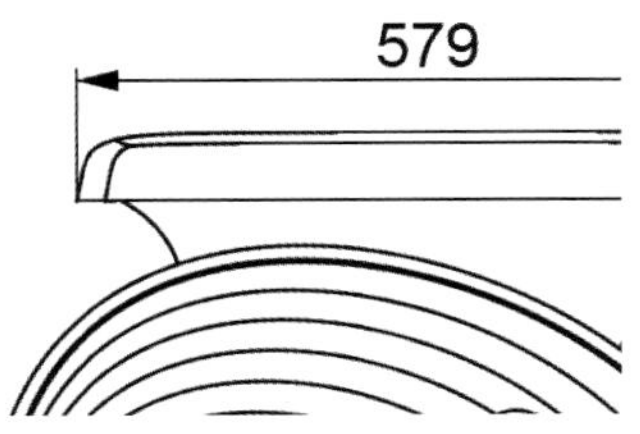

● 可将 AI 文件保存为 PDF 格式（按照默认设置），以便在不同平台传播浏览，同时又可以编辑文件。

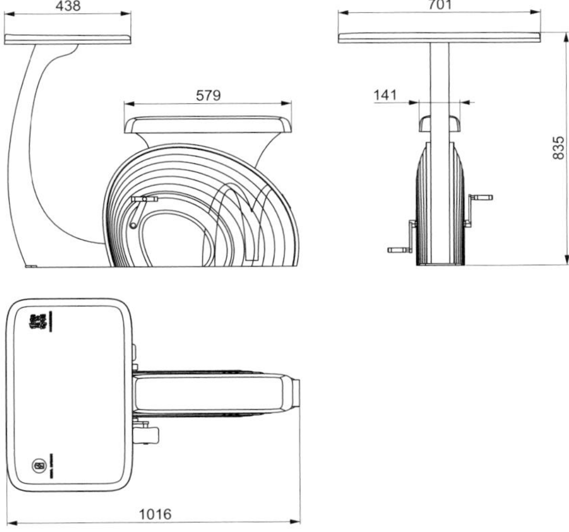

● 也可以导出图片格式，如 JPG、PNG、TIFF 等，以满足传播及排版等需要。

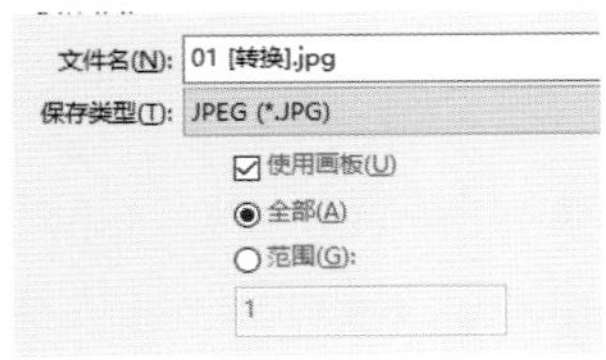

● 对于不同线型的物体，最好在 Rhino 中就分好图层，以便在 AI 中快速选定，比如粗实线、细实线、虚线等。另外尤其注意剖面线的导出（取消剖面线以单一颜色填充）。

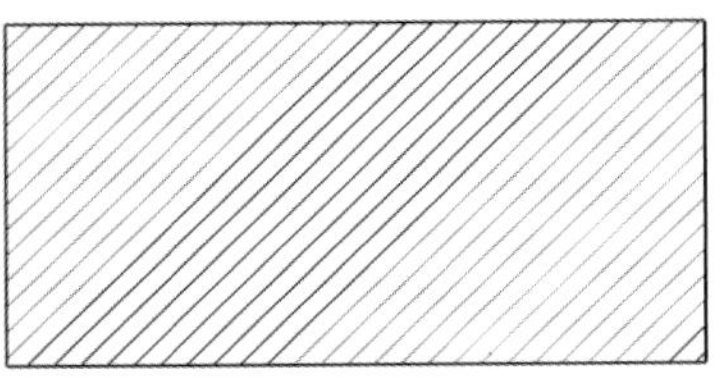

（三）通过渲染的方式出尺寸图

● 如果是在 Keyshot 中进行渲染，有几个注意事项：背景改为纯白，去掉地面阴影，选择一个标准视图，镜头设置选择正交。

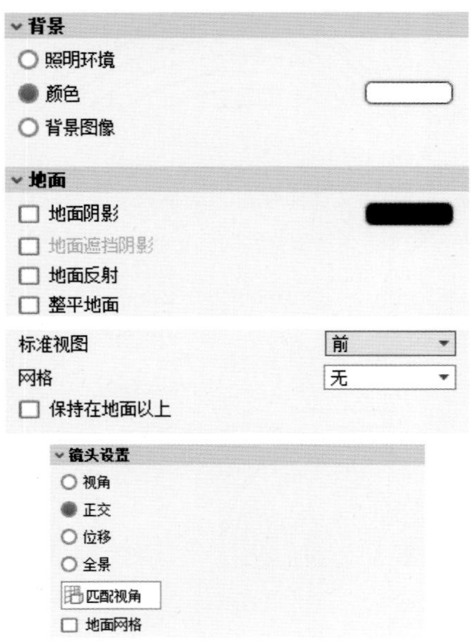

● 为了保证光照的统一，可以不改变相机，只对模型进行旋转。

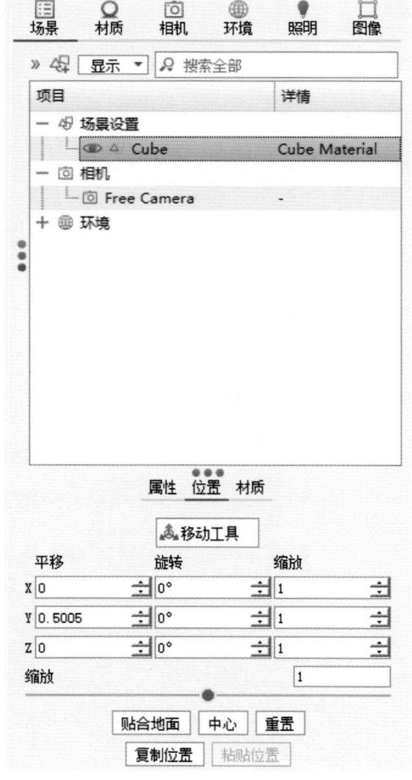

● 渲染好几个视图以后，可以在平面软件或者 PPT 中进行视图的布置，并进行尺寸标注。

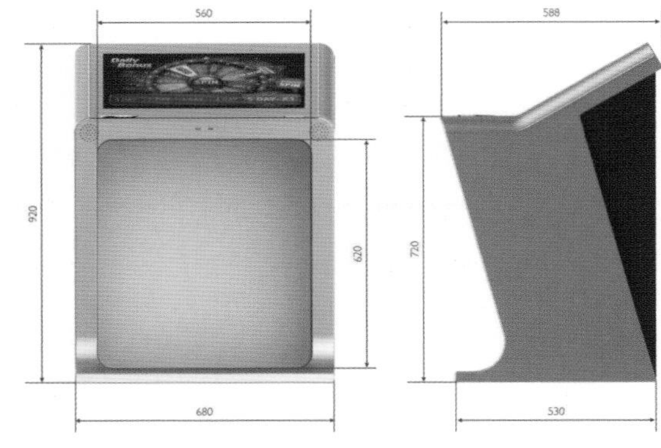

● 当然，也可以在立体图中进行简要标注，或者通过参照物体现产品尺度（环境、手等）。

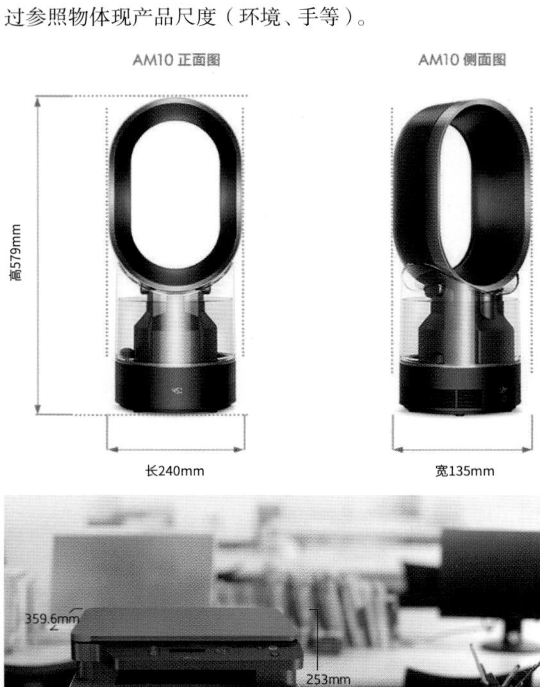

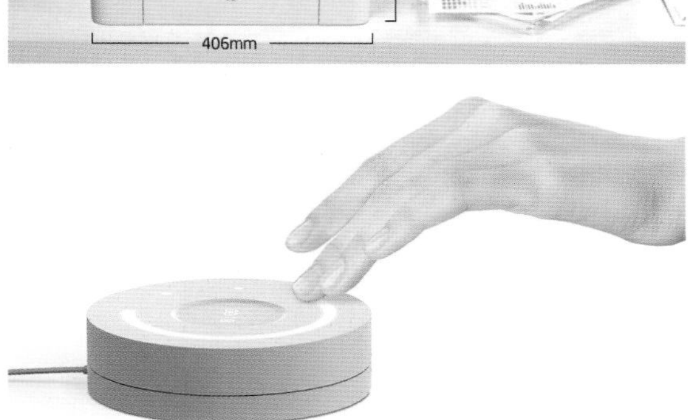

2.7.3 爆炸图

爆炸图，就是立体装配图，在生活中购买的各种日用品的使用说明书中都有装配示意图，它是图解说明各构件的。这个具有立体感的分解说明图就是最为简单的爆炸图。从设计的角度讲，爆炸图也能反映出产品的精密感、科技感，除了正确地去“炸开”产品，还需要考虑到构图、布局的美观。爆炸图可以是线框图，也可以是渲染图。

Solidworks 有装配体模块，可以按产品的装配关系来进行爆炸，并且有专业的书籍来讲解装配体，此处不再展开。

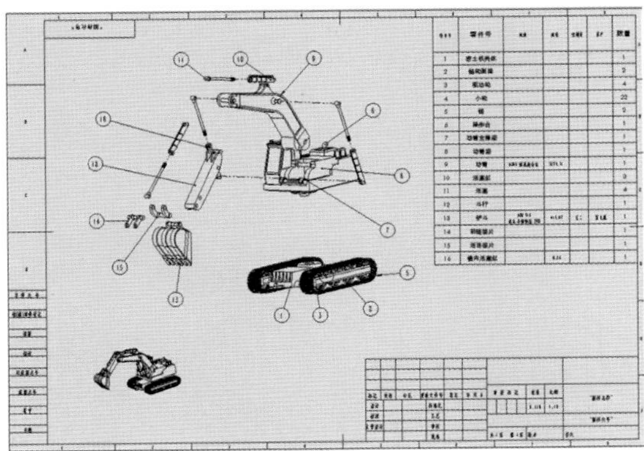

Rhino 中做爆炸，相对比较自由，可以将部件沿着装配关系平移开。炸开之后，再产生 2D 视图或者导入 Keyshot 进行渲染（方法同 2.7.2）。

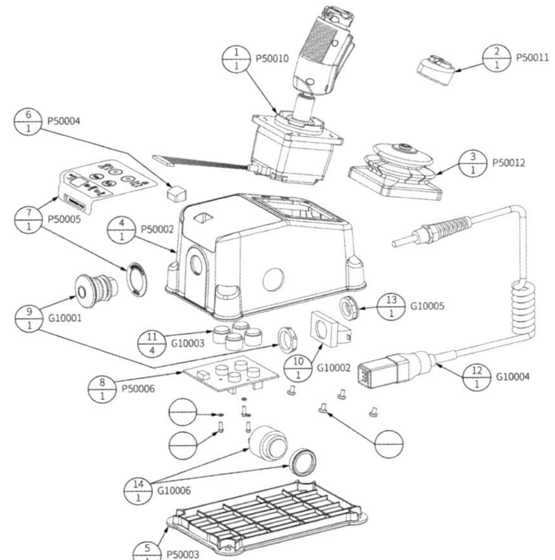

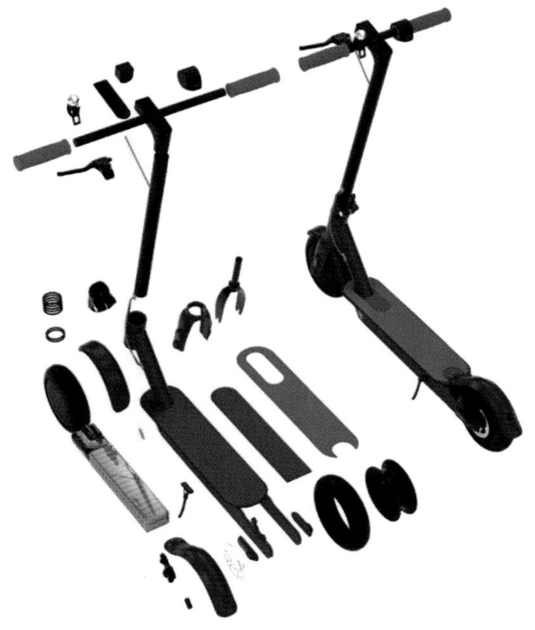

● 爆炸图设计制作时，首先要确保装配关系正确，让读者能看出产品是怎么装配的，同时需考虑构图的美观，尽可能地减少遮挡，可以选择平行视角（不带透视）或者相机焦距比较长（减少透视感）。

2.7.4 专利图

专利分为发明专利、实用新型专利和外观专利。

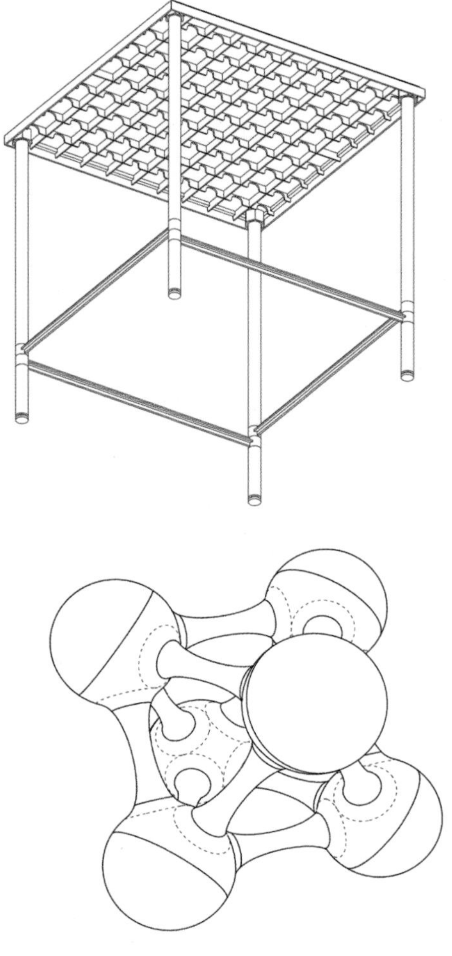

（一）发明专利、实用新型专利图

附图是用来补充说明书中的文字部分，是说明书的组成部分。说明书根据内容需要，可以有附图，也可以没有附图。但实用新型说明书必须有附图。附图和说明书中对附图的说明要图文相符。

附图的形式可以是基本视图、剖视图，也可以是示意图或流程图。附图只要能完整、准确地表达说明书的内容就可以。复杂的图表一般也可以作为附图处理。

对附图的具体要求有以下几点：（1）附图用纸规格与说明书一致，并应采用专利局统一制订的格式。（2）图形的大小要求其在缩小到三分之二时，仍能清楚地分辨出图中的各个细节。但为保证版心，图形不宜过大。如果一张纸画不下，可以用截断线分割后连续画在几张纸上。（3）附图要使用黑色绘图墨水和绘图工具绘制。不得用铅笔、钢笔、圆珠笔等绘制。不得着色，不得用照片、蓝图、油印件，但可以使用复印件。（4）图形线条要均匀清晰，适合复印要求。（5）图形应当尽量垂直布置，如要横向布置时，图的上部应当朝向图纸的左边。（6）附图中除少量简单的文字外，如水、汽、开、关、A–A 剖面等，不应有其他注释。物件的尺寸一般不必在附图中标出，除非该尺寸的大小涉及发明本身，需要在说明书中对该尺寸的大小作专门的阐述。

发明专利和实用新型专利图主要是线框图，可以借鉴 2.7.2 中的方法绘制。

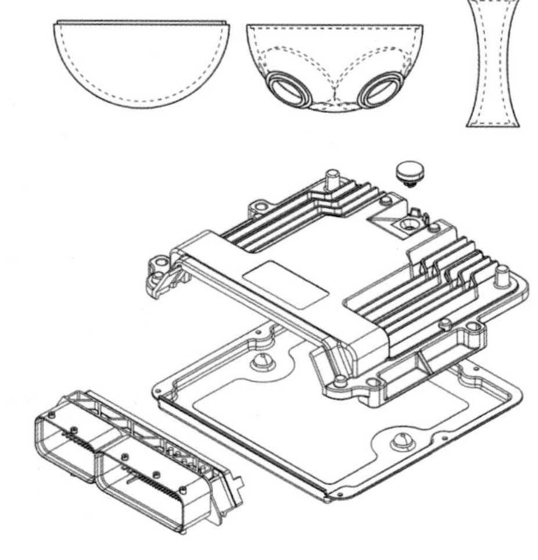

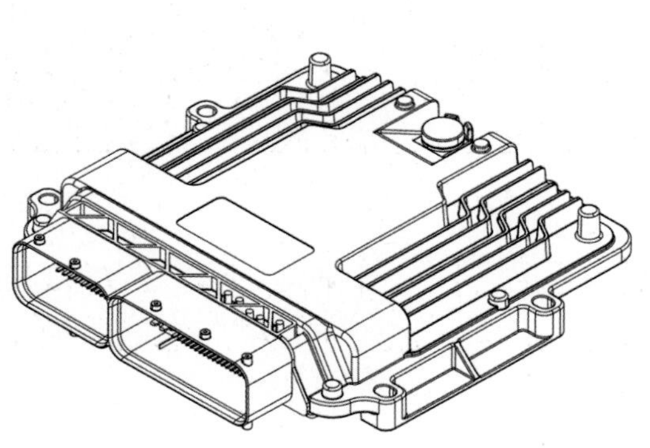

（二）外观专利图

外观设计专利的视图要求为：

1. 就立体产品的外观设计而言，产品设计要点涉及六个面的，应当提交六面正投影视图；产品设计要点仅涉及一个或几个面的，应当至少提交所涉及面的正投影视图和立体图，并应当在简要说明中写明省略视图的原因。

2. 就平面产品的外观设计而言，产品设计要点涉及一个面的，可以仅提交该面正投影视图；产品设计要点涉及两个面的，应当提交两面正投影视图。

3. 必要时，申请人还应当提交该外观设计产品的展开图、剖视图、剖面图、放大图以及变化状态图。

4. 此外，申请人可以提交参考图，参考图通常用于表明使用外观设计的产品的用途、使用方法或者使用场所等。

5. 外观专利的申请图可以是线框图（不含中心线、尺寸线、阴影线、指示线、虚线等）、渲染图或者产品照片（轮廓应当清晰，避免强光、阴影、衬托物，背景无图案）。

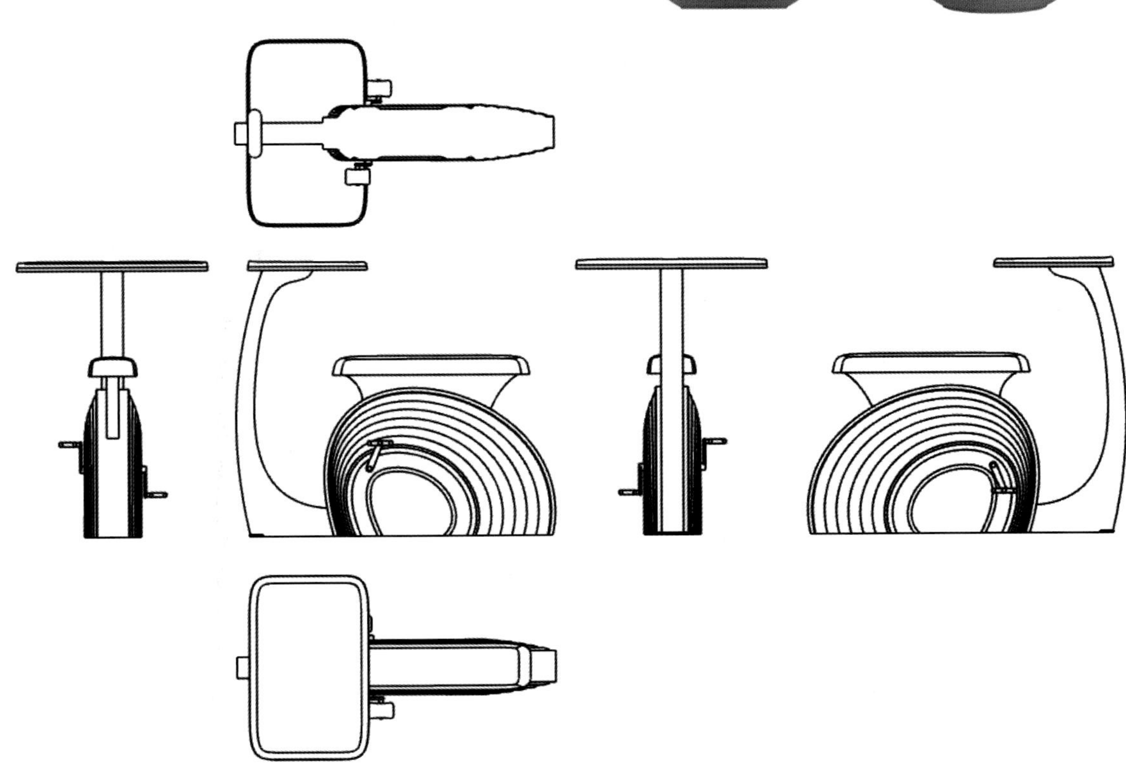

课后思考题

1. 数模在设计流程中的地位和作用?

2. Rhino 与 Solidworks 建模的优点有哪些?

3. 什么是 3D 打印? 常见的 3D 打印技术有哪些?

4. 如何将 Rhino 数模和 Solidworks 数模进行 3D 打印?

5. 如何将光敏树脂 3D 打印模型做成高保真手板? 详细描述打磨的材料与工艺、喷漆的材料与工艺、黏合剂和表面印刷。

6. 描述手板的定义、分类、作用,手板厂进行 CNC 加工的主要流程。如何将数模进行 CNC 手板的制作?

7. 基于建模的出图类型有渲染图、尺寸图、爆炸图、专利图,各类出图的要求和要点有哪些?

3

实训篇

PRODUCT 3D MODELING & DESIGN APPLICATIONS

项目课题1——卡通造型设计

项目课题2——文创产品设计

项目课题3——日用产品设计

项目课题4——概念产品设计

项目课题5——产品拆解与重建

项目课题6——面向制造及装配的产品设计

项目课题7——基于真实课题的设计

软件学习，应当以学为主，以教为辅。学生可以通过网络获取大量教程（本书也提供了在线学习资源）；教师主要针对难点重点问题进行讲解，辅导学生完成作业，并结合设计课题，让学生学以致用。

本书列举了本校近年来在“计算机辅助工业设计”类课程教学中植入的一些课题，将我们在教学上的尝试与读者分享，以期将课程从单纯的软件教学变为真正的“辅助设计”。

3.1 项目课题1：卡通造型设计

2022 年北京冬奥会吉祥物“冰墩墩”彻底火了，竟出现了一“墩”难求的局面。作为工业设计、产品设计专业的同学，完全有能力去设计吉祥物及其衍生产品。近些年，文创产品遍地开花，各种 IP 形象层出不穷，盲盒产品如火如荼，这都意味着设计师有了新的方向和机会。

与 3ds max、Cinema 4D、Maya 等网格建模工具相比，Rhino 的 Nurbs 建模符合工业标准、精度极高、与后续的生产配合紧密；与 Solidworks、Creo、UG NX、Catia 等工程软件相比，Rhino 又具有极高的自由度，可以快速建立和编辑曲面，并且随着集成细分建模模块的成熟应用，做自由形的时候会更加方便；同时 Rhino 也是经典造型软件，性能强大、运行稳定、操作方便，不需要耗费太多的学习成本。因此，Rhino 非常适合做卡通造型的建模，尤其在设计的前端部分。

在 Rhino 官方训练手册 Level 1 中，玩具鸭的建模是个经典案例，我们可以触类旁通，建立更加复杂的卡通造型。

3.1.1 训练目的

掌握 Rhino 中自由形的建模，通过调整控制点改变曲面的形状，掌握 Rhino 中建立卡通造型的思路与方法。此作业可在学习 Rhino Level 1 时进行。

3.1.2 训练要求

通过对基本几何体（通常为球体）控制点的编辑，调成预定的造型，再通过 Rhino 曲面建模的方法建立更多细节，并对曲面进行分割、组合等编辑以形成最终的卡通造型。

也可通过 Rhino7 细分建模工具快速地“捏”出所需的卡通造型，再通过 Nurbs 建模的方法对曲面进行编辑，形成最终的形态。

3.1.3 知识要点

对于球体这种 2 阶曲面，在进行控制点编辑前，需要对曲面进行重建，使之在 U、V 方向上均升到 3 阶。

可参考《Rhino Level 1 训练手册》中玩具鸭的建模案例。

3.1.4 实训程序

可从网络中搜集卡通素材，素材可以是二维图形，也可以是三维效果图；亦可自行设计卡通造型，通过手绘的方式进行表达。这些素材应尽可能多角度地展示卡通造型，以便更好地理解其三维形态。如果素材是三视图，则可以直接作为 Rhino 的图像或者背景，进行建模的参照。

在不改变卡通造型主要特征的前提下，可适当自由发挥，训练自己的创新及造型能力。

在 Rhino 建模完成之后，导入 Keyshot 进行渲染。

3.1.5 使用软件

Rhino、Keyshot、Photoshop 等。

绘制：田池 李昱婷 干霖 黄雅珺 姜媛媛 施佳莹 马思媛

绘制：贺丽迪 陈洁 戴菲鸿 丁艾翎 王清玉 唐佳媛

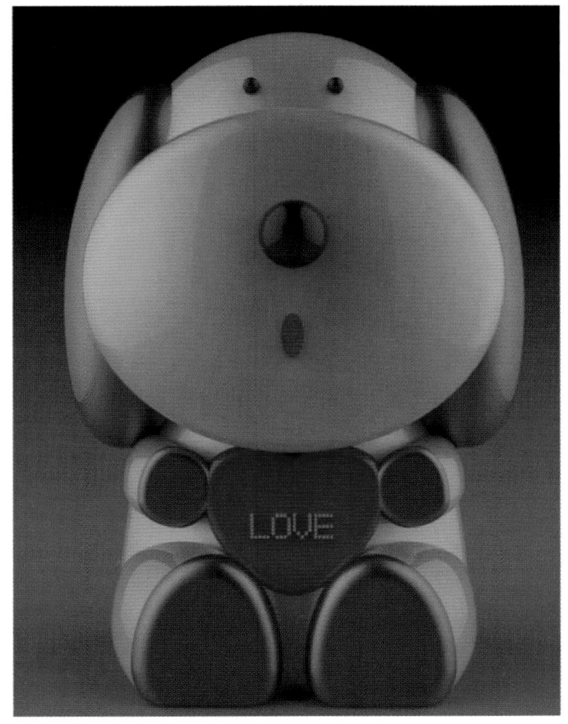

绘制：罗黛兮

绘制：夏婧

3.1.6 建模案例（机器猫）

本案例演示通过调整单一曲面控制点的方法改变曲面的形状，并通过投影、分割、缩放、旋转等操作对物体进行编辑，也讲述了双轨扫掠、网线等曲面工具的应用。通过此案例的研习，读者可以了解以 Nurbs 的方式建立常见卡通造型的方法。

扫码观看视频

扫码下载资料

● 步骤 1：在 Front 视图从原点向上绘制 200mm 的直线，插入参考图，通过移动、缩放工具调整图片的位置和大小。

● 步骤 2：实体—球体—中心点、半径，绘制如下球体（注意按住 Shift 键，确保球体半径水平往右）。

● 步骤 3：编辑—重建，设置如下（凡是对球体的控制点进行编辑，必须先重建曲面）。

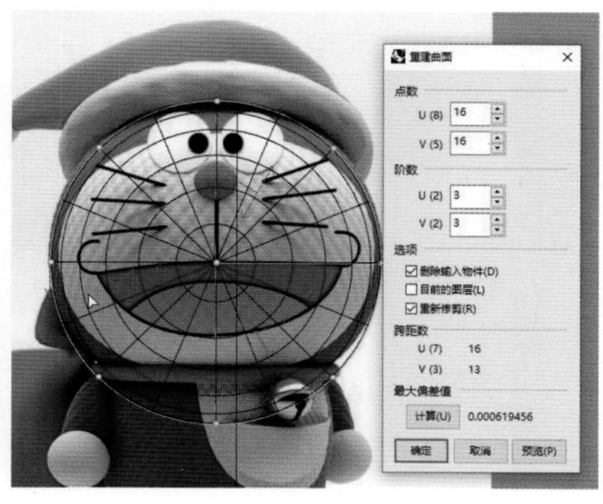

● 步骤 4：通过调整控制点的位置（框选，选择曲面前后的控制点），配合操作轴缩放，将球体形状改变如下。

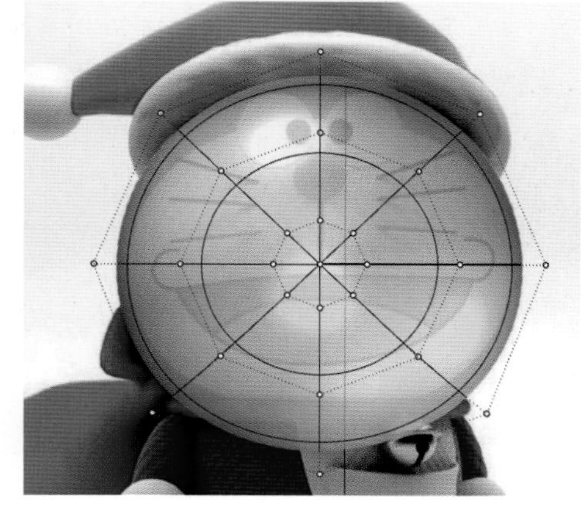

● 步骤 5：选择“脑袋”，按住 Alt 键，通过操作轴复制出“身体”并进行缩放。

● 步骤 6：开启控制点，进行调整，得到如下曲面。

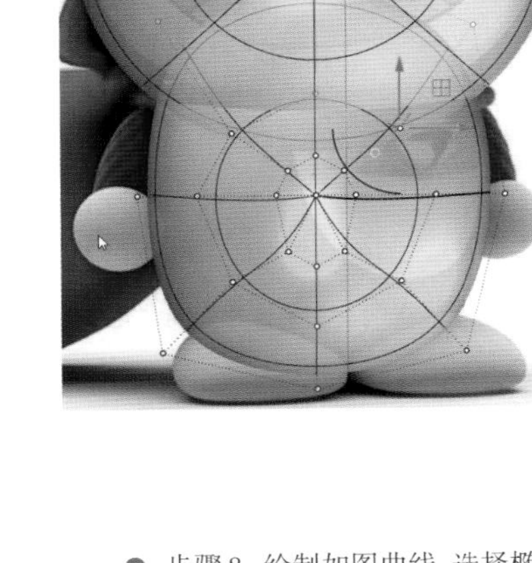

● 步骤 7：通过旋转，将“脑袋”沿铅垂线旋转 90°，将曲面接缝改到背后；曲面—曲面编辑工具—调整封闭曲面的接缝，将“身体”的接缝改到垂直向下。（此步骤的目的是后面分割曲面时，避开接缝，从而得到整体的面）

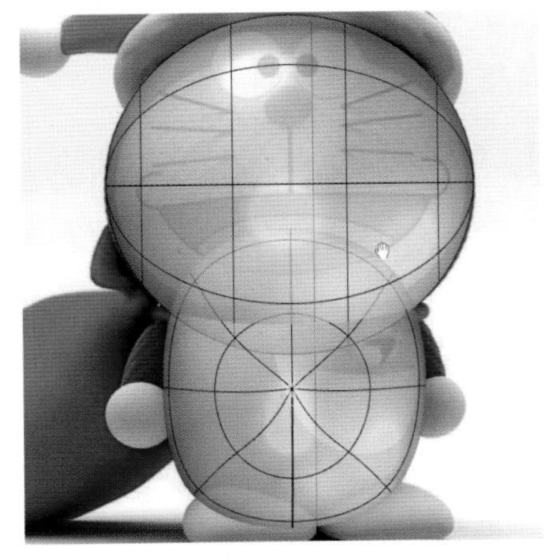

● 步骤 8：绘制如图曲线，选择椭圆，并投影到“脑袋”上，通过分割工具，分割出“脸”。（为了得到正确的投影，最好将 Front 视图最大化，再做投影）

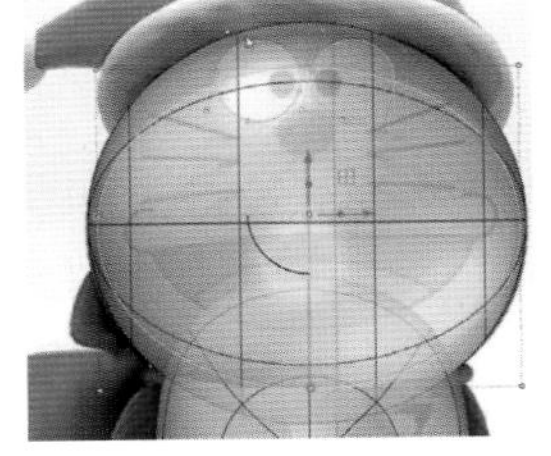

● 步骤 9：绘制如图曲线，并投影到“脸”上，通过分割工具，分割出“嘴巴”。（此处的曲线必须是首尾相接的封闭曲线）

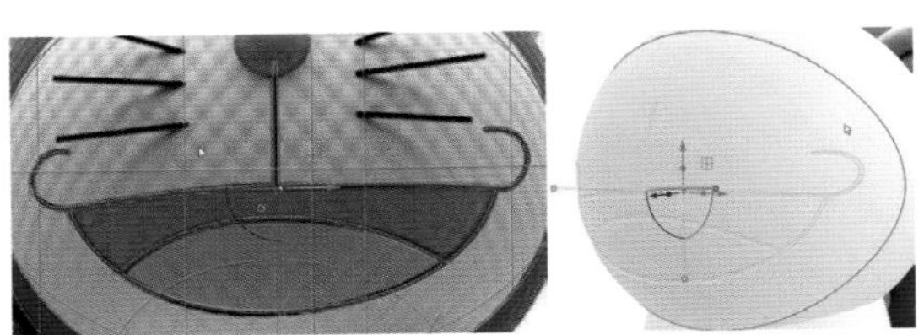

● 步骤 10：将透视图改为渲染模式，设置材质；绘制球体的“鼻子”，并移动到合适的位置。

● 步骤 11：绘制点物件，并将点投影到“脸”上；通过投影后的点，绘制直线段如下，绘制完之后调整其控制点位置。

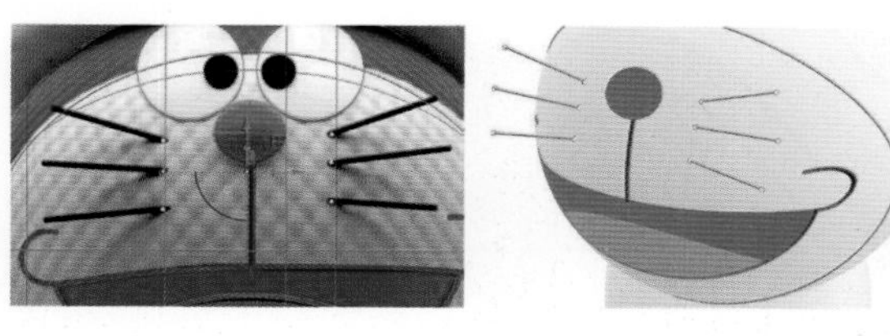

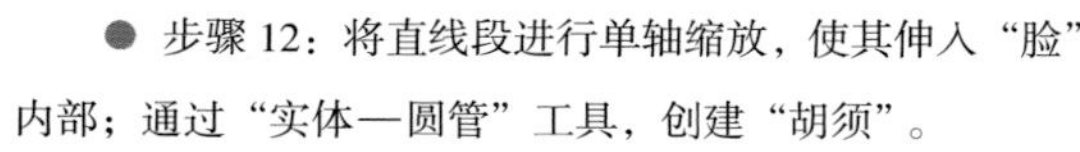

● 步骤 12：将直线段进行单轴缩放，使其伸入“脸”内部；通过“实体—圆管”工具，创建“胡须”。

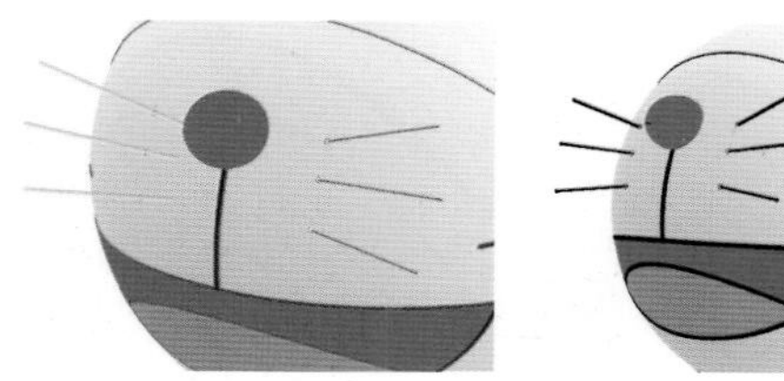

● 步骤 13：通过“脑袋”，将“身体”分割成上下两块，并删掉上面一块；在 Front 视图绘制控制点曲线如下。

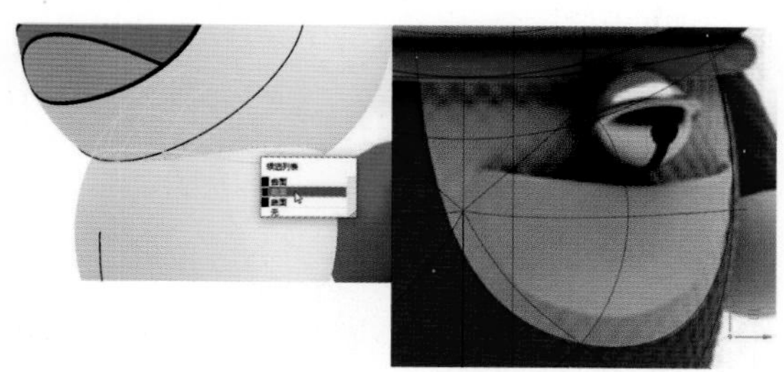

● 步骤 14：同样地，将曲线投影到“身体”上（在 Front 视图投影），并分割，对物体设置材质，其结果如下。

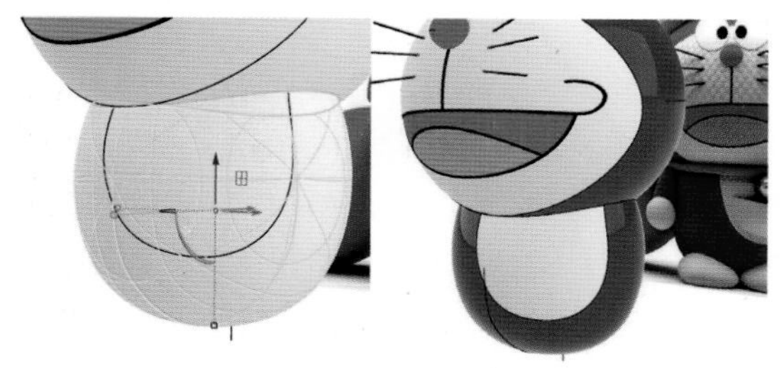

● 步骤 15：绘制“口袋”下方的曲线并投影，再将投影的曲线一分为二（通过曲线上的点进行分割）；绘制口袋上边缘，调整其控制点，使其凸出“身体”。

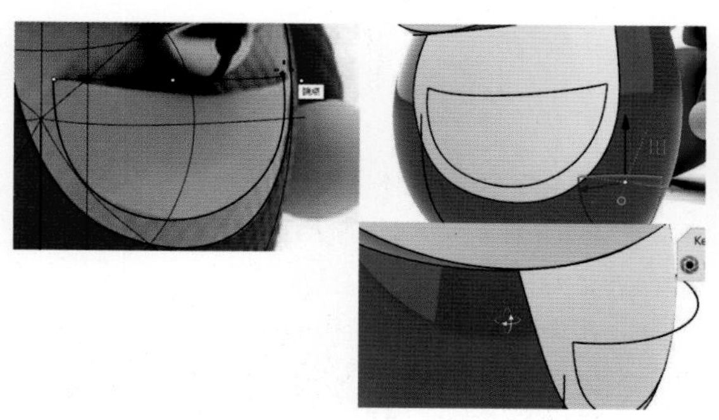

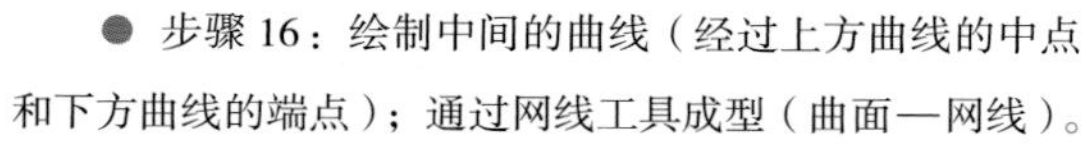

● 步骤 16：绘制中间的曲线（经过上方曲线的中点和下方曲线的端点）；通过网线工具成型（曲面—网线）。

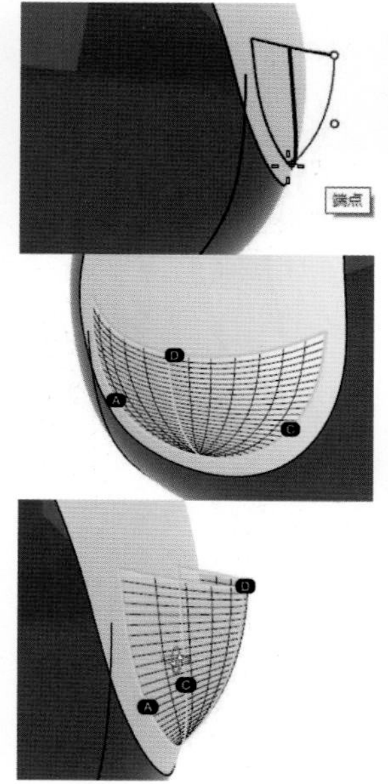

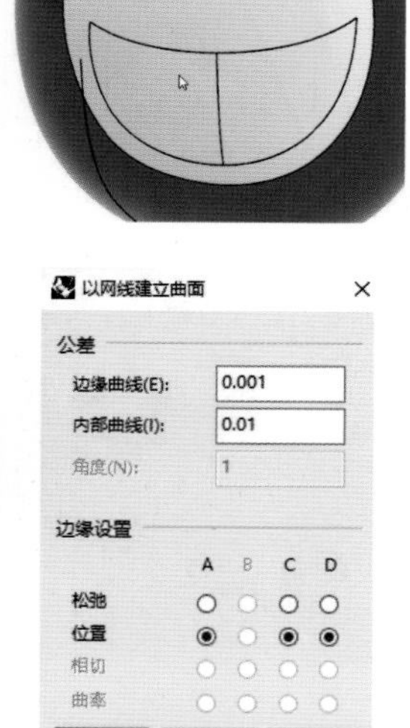

● 步骤 17：在 Front 绘制控制点曲线如下，并通过曲线上的点将曲线一分为二。

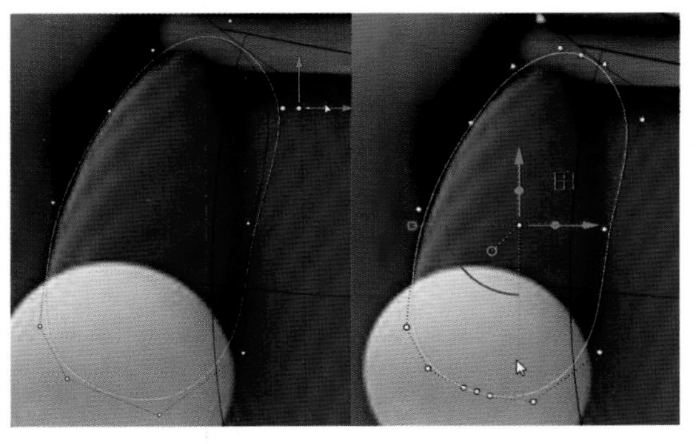

● 步骤 18：绘制与工作平面垂直的圆，圆的直径经过两曲线，通过双轨扫掠建立“手臂”曲面（曲面—双轨扫掠，断面分别选择点—圆—点）。

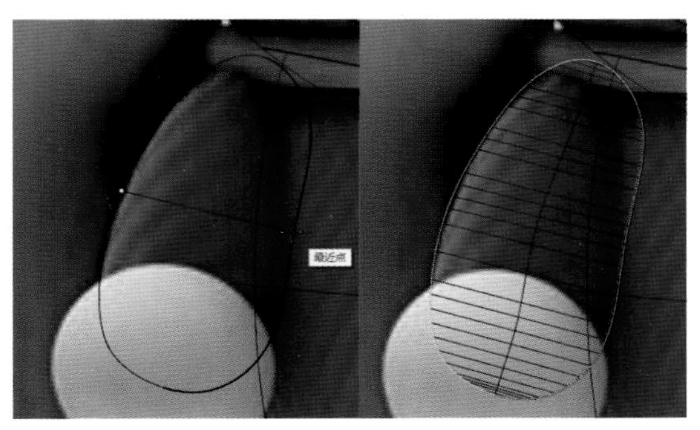

● 步骤 19：通过移动、旋转将“手臂”放在合适的位置；通过镜像，得到另一手臂，并调整位置；创建“手”球体并放在合适的位置。

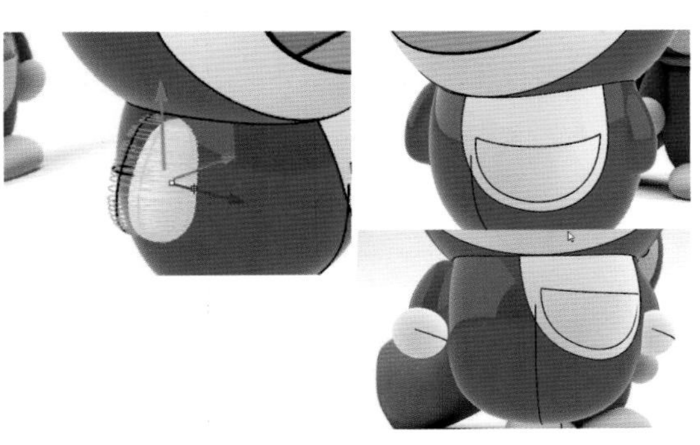

● 步骤 20：绘制与工作平面垂直的圆，按下图对圆进行重建（编辑—重建）。

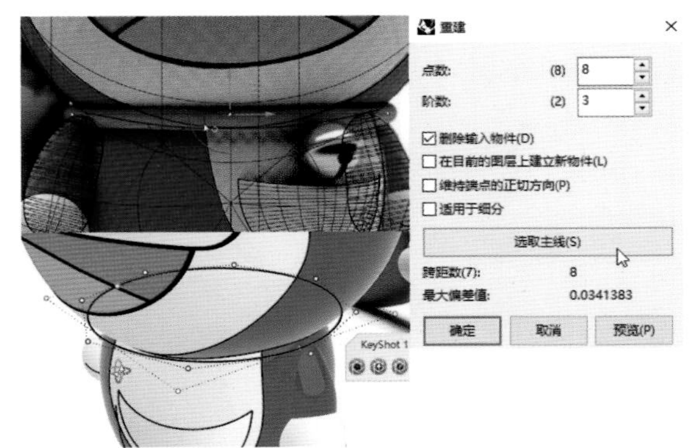

● 步骤 21：调整曲线的控制点，并通过圆管工具建立“项圈”。

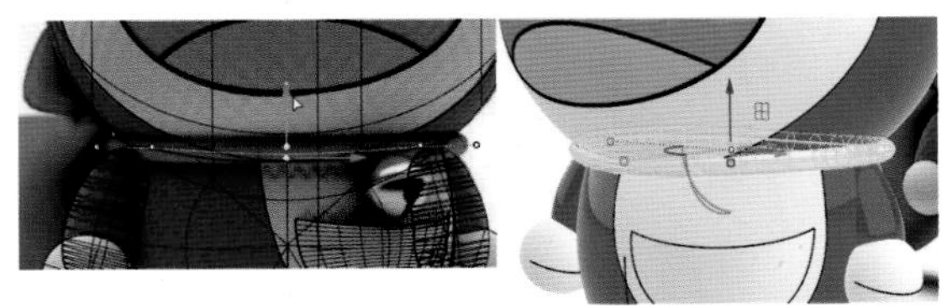

● 步骤 22：通过实体—挤出平面曲线—直线，得到如下“眼睛”；通过变动—倾斜，将“眼睛”倾斜，并调整其位置。

● 步骤 23：在 Front 视图绘制曲线如下，并旋转 360°（曲面—旋转），通过移动和旋转将“铃铛”放在合适的位置。

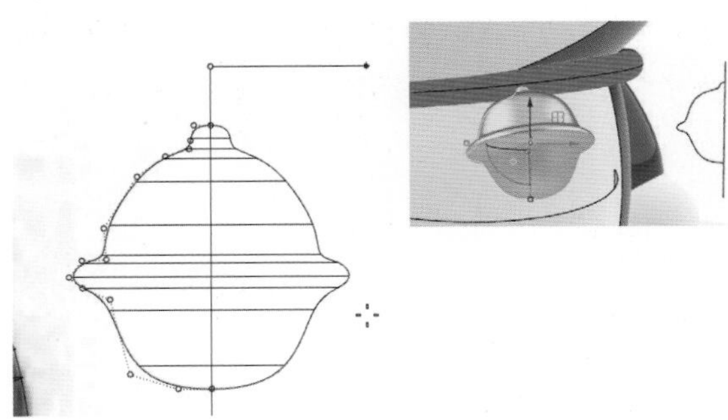

● 步骤 24：绘制“左脚”的球体，并重建、缩放、调整控制点位置，移动、旋转，将“左脚”放在合适的位置。

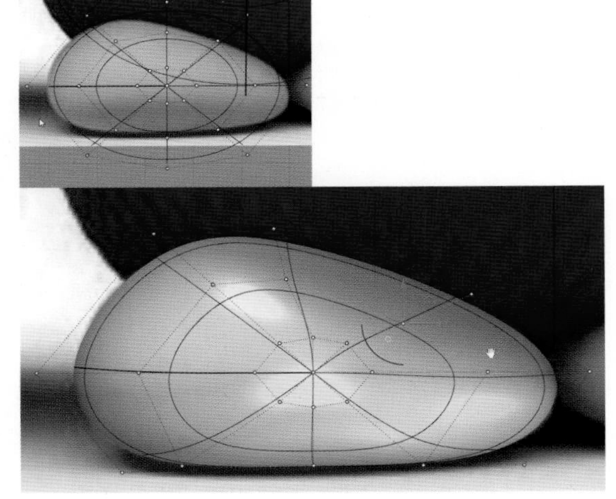

● 步骤 25：镜像“左脚”，并调整“右脚”控制点，移动、旋转，将“右脚”放在合适的位置。

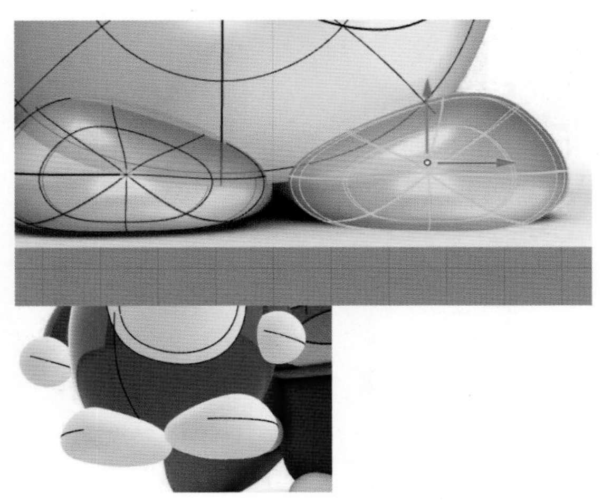

● 步骤 26：选择“曲线”、“点”，将其放在另一图层，并隐藏该图层。调整材质、视角，最终数模如下。

3.2 项目课题2：文创产品设计

近些年，各地的文创产品如雨后春笋般的涌现，行业中对文创产品的设计有着大量需求，再加上各类文创产品设计大赛的举办，使得学设计的同学有了很好的实践课题。站在产品设计的角度，文创产品设计不是单纯的图案、色彩的设计，更是产品的创新设计，包含了概念、造型、功能、材料与工艺等。相对而言，文创产品的设计难度并不大，非常适合新手去尝试的。

3.2.1 训练目的

通过此课题的展开，将建模应用到文创产品设计当中。“即学即用、立竿见影”，产品虽小，却能使同学们将计算机建模与设计流程相结合，从而理解建模对设计的作用，明确建模学习的目的，提高学习的兴趣。

3.2.2 训练要求

根据文创设计大赛的具体要求，或者从特定的文创产品出发，展开设计研究、创新设计，再通过计算机建模、效果图渲染及版面设计进行方案设计及设计表达。

3.2.3 知识要点

文创产品的设计流程与方法、设计中的创新思维请自行参考相关书籍资料，此处不再展开。此课题重在训练建模及渲染表达。

3.2.4 使用软件

Rhino

Keyshot

Photoshop

Illustrator 等。

3.2.5 作业提交

Rhino 数模、渲染效果图、版面设计。

3.2.6 作业纪要

本大作业可安排在学习 Rhino Level 1 时进行。在学完 Level 1 之后，学生具备了建模的基础能力，能建立相对简单的产品造型，通过案例的训练，可以对软件有进一步的认识。如结合设计课题，可加深了解建模与设计的关系，提升建模的实操能力。

具体进度安排如下：

第 1 周：课题发布，明确设计任务及目标，分组。

第 2 周：初步调研，寻找设计方向及灵感来源。

第 3 周：确立设计方向，形成设计概念。

第 4 周：初步设计，采用手绘的方式进行思维发散（每人 2–3 个方案）。

第 5 周：深化设计，每人选择 1 个方向进行建模。

第 6 周：深化设计，教师评图改图，学生完善设计方案（此过程中教师除了讲解建模内容之外，需对学生的设计方案进行指导）。

第 7 周：建模定稿，教师指导学生完成渲染。

第 8 周：版面编排，教师指导学生进行设计表达。

第 9 周：课程作业汇报。

此作业中，建模的难度不宜太大，只要对学生既有技能有所提升即可。通过此课题的开展，使学生能了解简要的设计流程，了解调研分析、手绘、建模、渲染、排版的作用及关系。

3.2.7 参考作业

齿轮笔筒

Gear pen container

齿轮拥有一种秩序美，齿轮的轮齿各自的宽度，每个轮齿之间的角度，运转的速度，都是一种秩序。并且一看见齿轮，就会自然的联想到动力，工业，科技。齿轮笔筒，是由齿轮和笔筒两个元素相结合而成。既富有了齿轮特殊的美感，也拥有了笔筒的使用感。

Gear has a kind of order beauty, the width of the gear tooth, the Angle between each tooth, the speed of operation, is a kind of order. And when you see gears, you will naturally associate them with power, industry and technology. Gear pen holder is composed of two elements: gear and pen holder. It not only has the special aesthetic feeling of gear, but also has the sense of use of pen holder.

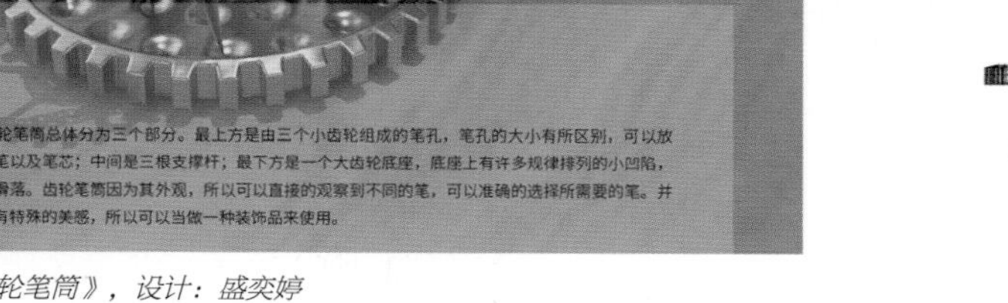

细节展示

Details

齿轮笔筒总体分为三个部分。最上方是由三个小齿轮组成的笔孔，笔孔的大小有所区别，可以放不同的笔以及笔芯；中间是三根支撑杆；最下方是一个大齿轮底座，底座上有许多规律排列的小凹陷，防止笔滑落。齿轮笔筒因为其外观，所以可以直接的观察到不同的笔，可以准确的选择所需要的笔。并且其拥有特殊的美感，所以可以当做一种装饰品来使用。

笔孔

底座

产品尺寸

118(L)*118(W)*105(H)mm

《齿轮笔筒》，设计：盛奕婷

黑夜与白天的使用转换，黑夜作为一个夜灯，白天作为一个桌面小型雕塑。

大水法遗址是北京圆明园中西洋楼景区的一部分。西洋楼景区的主景就是人工喷泉，时称“水法”，特点是数量多、气势大、构思奇特。主要形成谐奇趣、海晏堂和大水法三处大型喷泉群，颇具殊趣，是中西方文化的精髓。大水法西邻海晏堂，在长春园南北主轴线与西洋楼东西轴线交会处，是园内最为壮观的欧式喷泉景观。

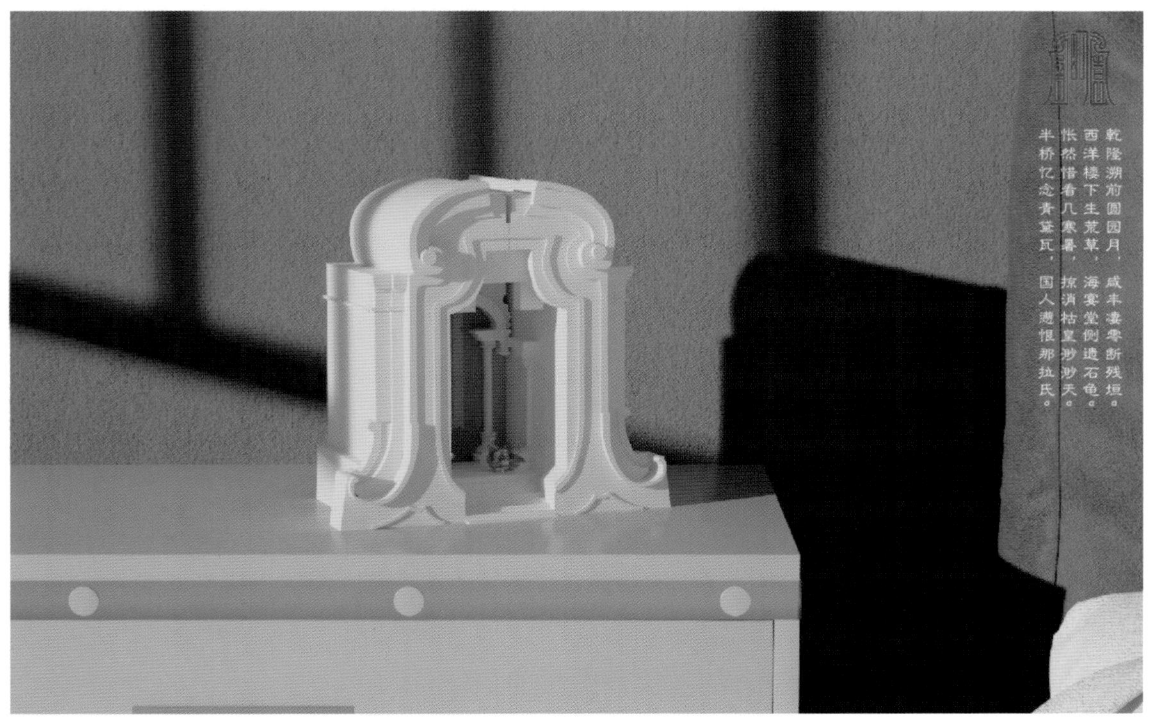

《圆明重光（水法夜灯）》，设计：孔亦夫、李凌峰、陆震宇

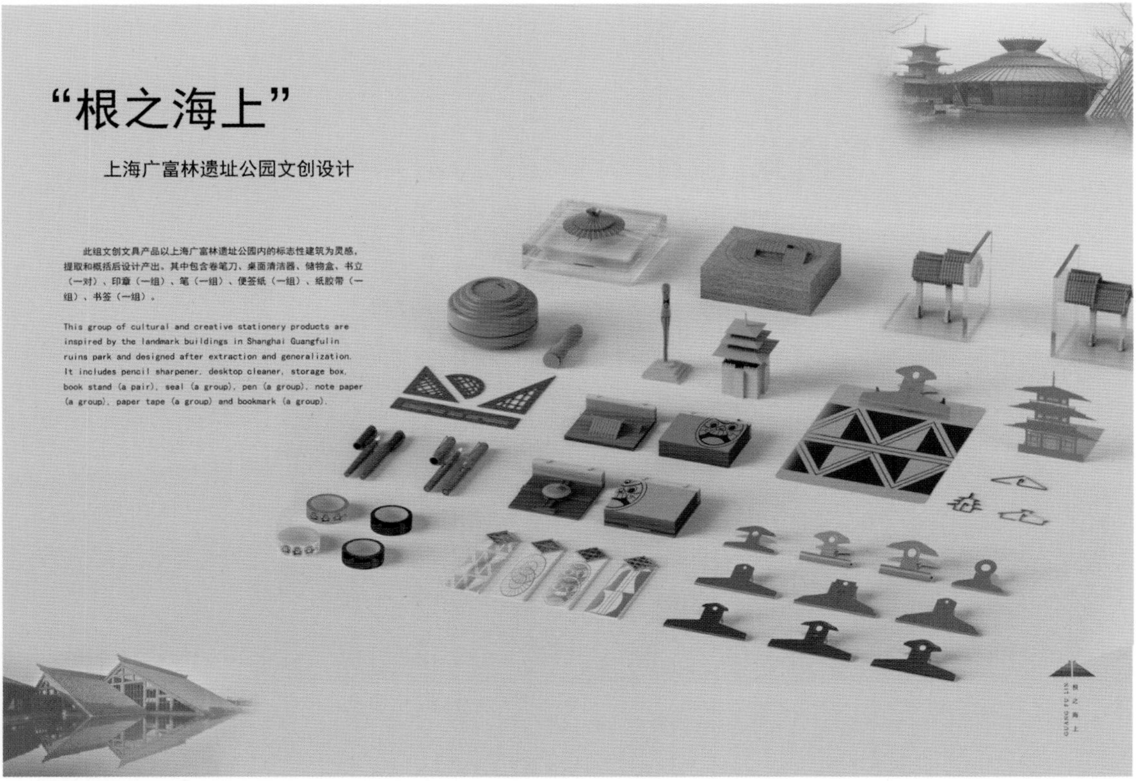

“根之海上”
上海广富林遗址公园文创设计
此组文创文具产品以上海广富林遗址公园内的标志性建筑为灵感，提取和概括后设计产出。其中包含卷笔刀、桌面清洁器、储物盒、书立（一对）、印章（一组）、笔（一组）、便签纸（一组）、纸胶带（一组）、书签（一组）。
This group of cultural and creative stationery products are inspired by the landmark buildings in Shanghai Guangfulin ruins park and designed after extraction and generalization. It includes pencil sharpener, desktop cleaner, storage box, book stand (a pair), seal (a group), pen (a group), note paper (a group), paper tape (a group) and bookmark (a group).
根之海上
GUANG FU LIN

广富林文化展示馆——卷笔刀

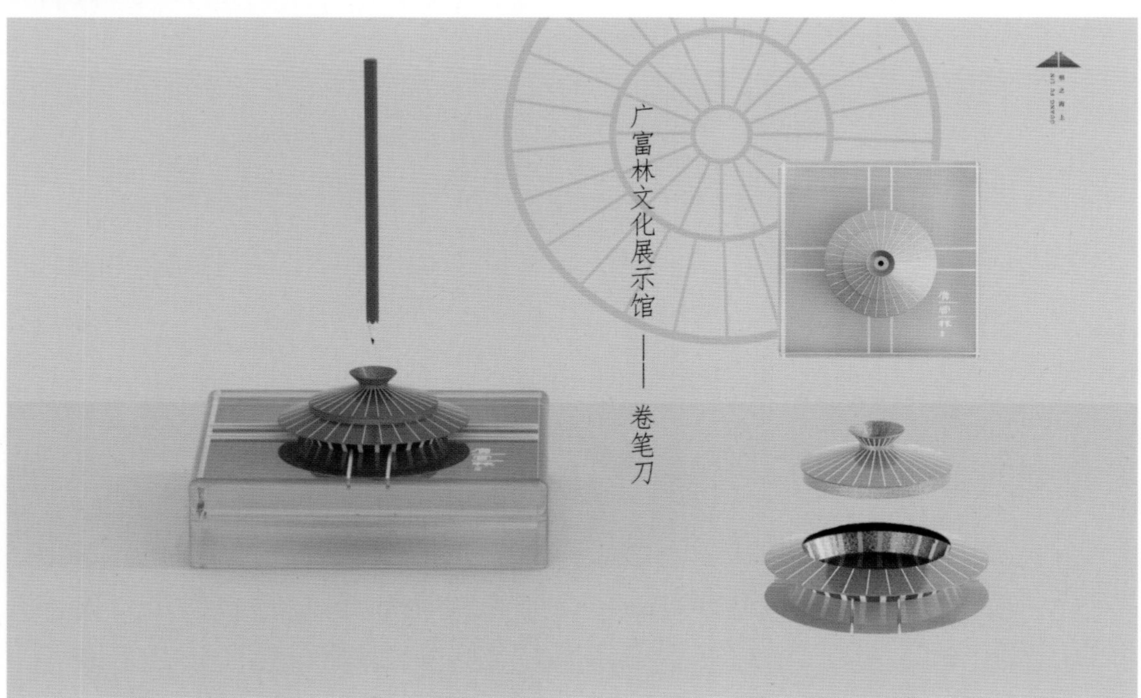

《上海广富林公园文创设计》，设计：陆震宇、邓一帆、沈毅杰

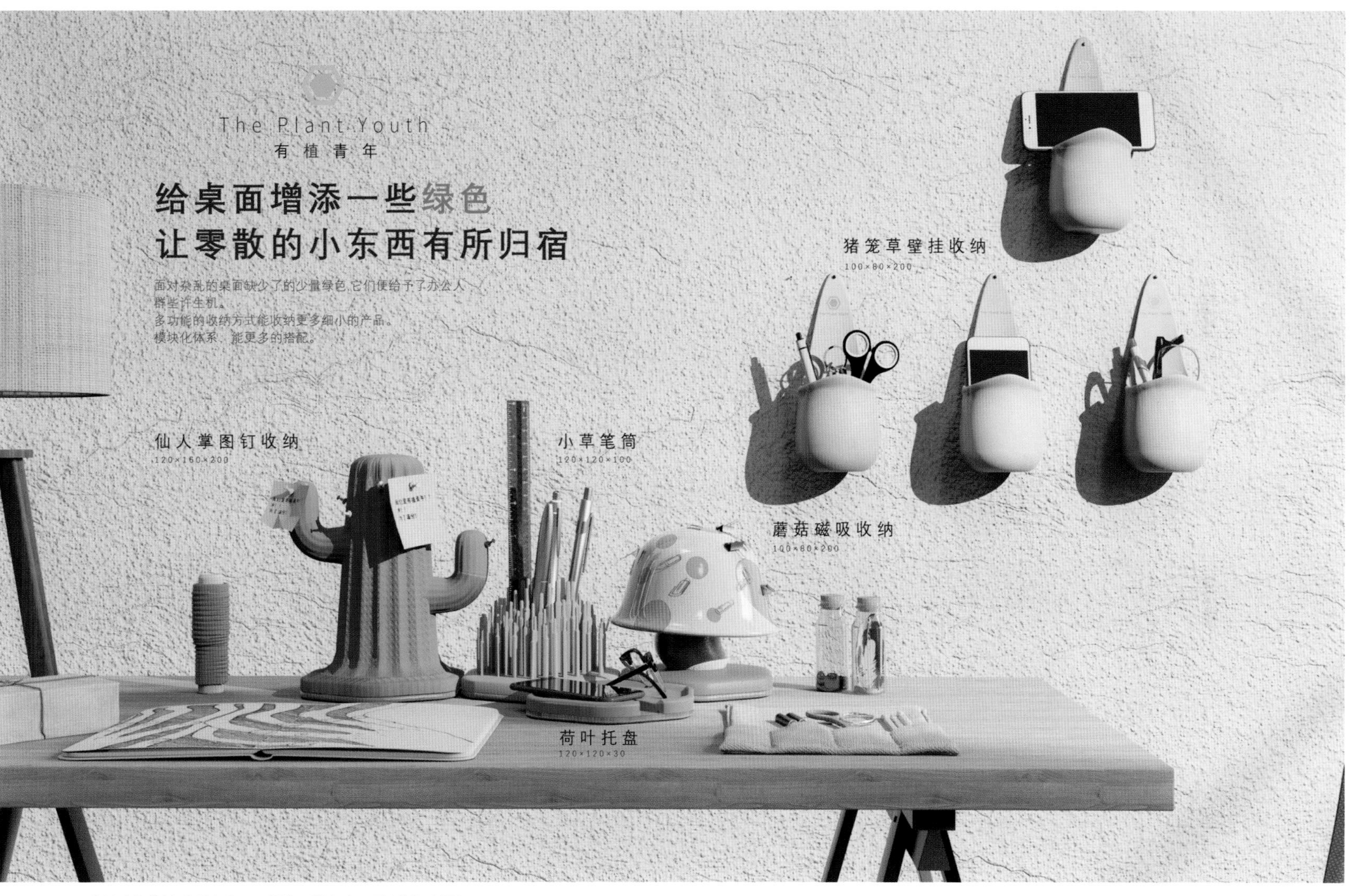

《有植青年收纳系列产品》，设计：孔亦夫、马新源、周鹏

3.2.8 建模案例（花瓶 1）

本案例演示通过一系列曲面成型的方法建立产品的数模，遵循了从“点—线—面—体”的建模思路。分别使用了旋转成型、双规扫掠、混接曲面等曲面工具，也用到了环形阵列、布尔运算、抽壳等工具。如何正确地画线很重要，它决定了后续曲面的建立方法及质量。

扫码观看视频

扫码下载资料

● 步骤 1：调整好参考图片，在 Front 视图绘制中心线和轮廓线。

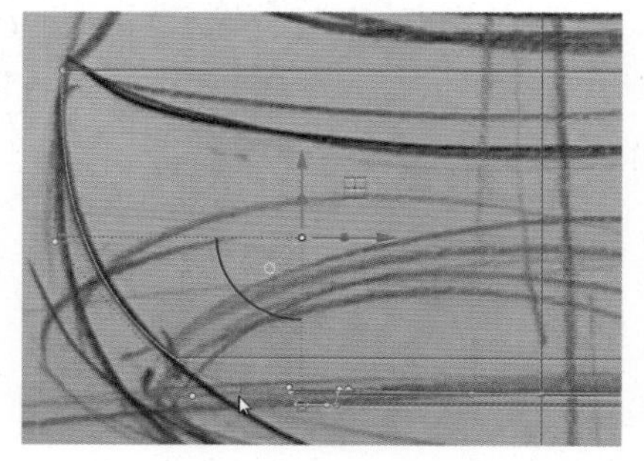

● 步骤 2：将轮廓线绕着中心线旋转成型（曲面—旋转）。

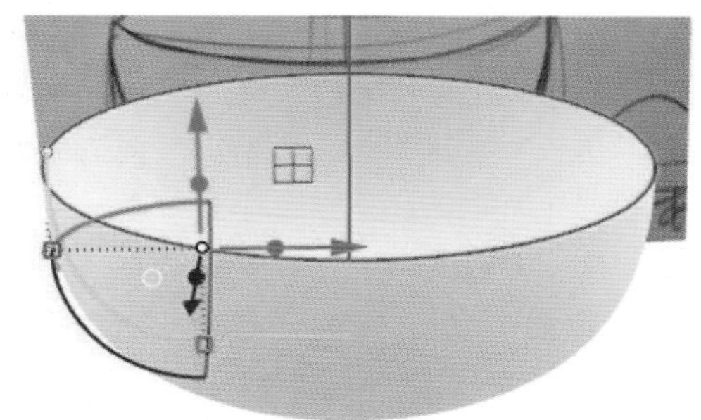

● 步骤 3：在 Front 视图绘制如图控制点曲线。

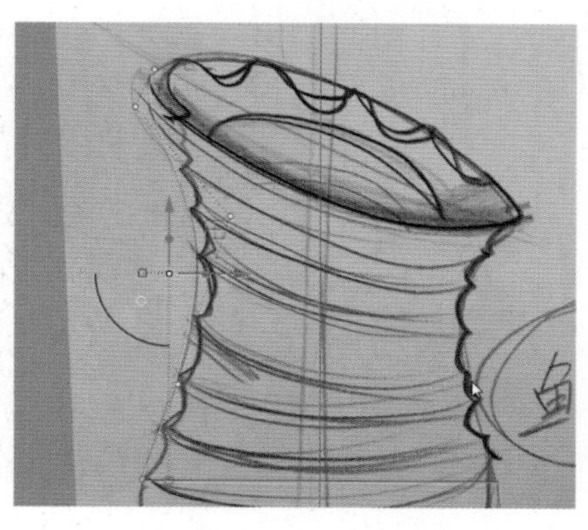

● 步骤 4：在 Front 视图绘制如图控制点曲线。

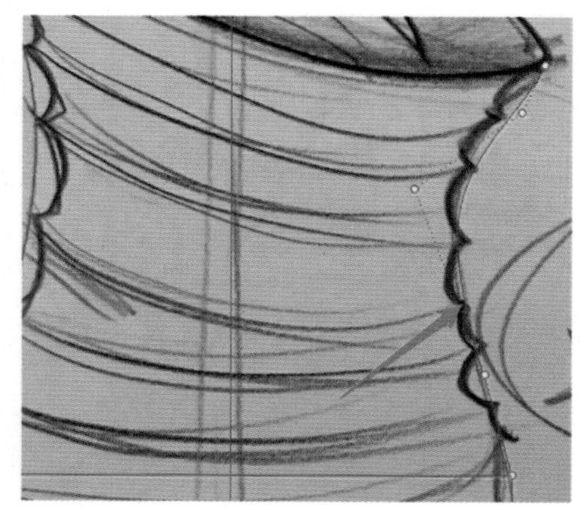

● 步骤5：以两条控制点曲线为路径，曲面边缘的圆为截面，创建曲面（曲面—双轨扫掠）。

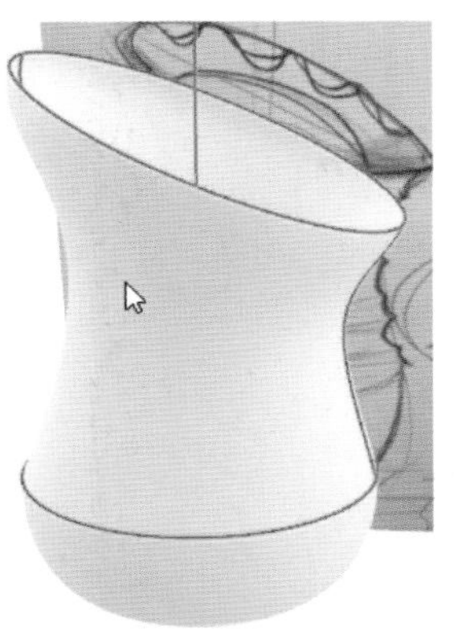

● 步骤6：开启物件锁点中的“投影”，绘制如下两条直线。

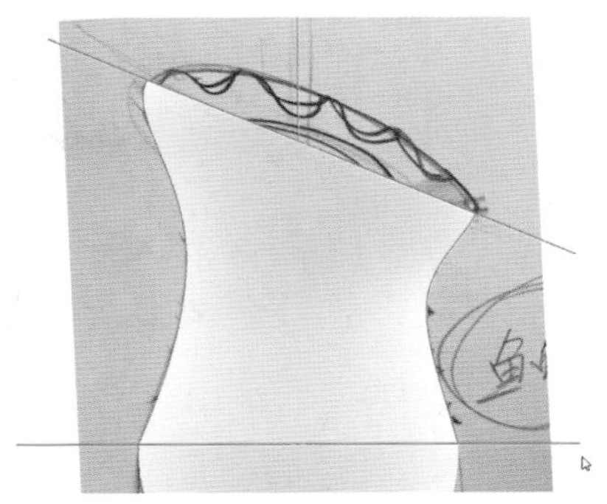

● 步骤7：从两条直线建立均分曲线（曲线—均分曲线，数量设置为7）。

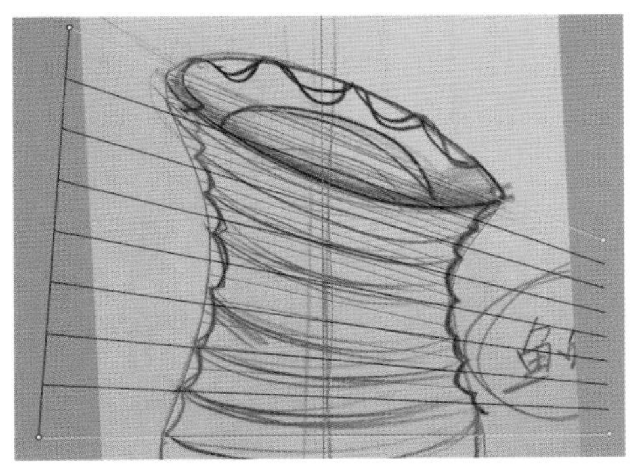

● 步骤8：将步骤7中的7条直线向两侧同时偏移1.5mm（曲线—偏移—偏移曲线）。

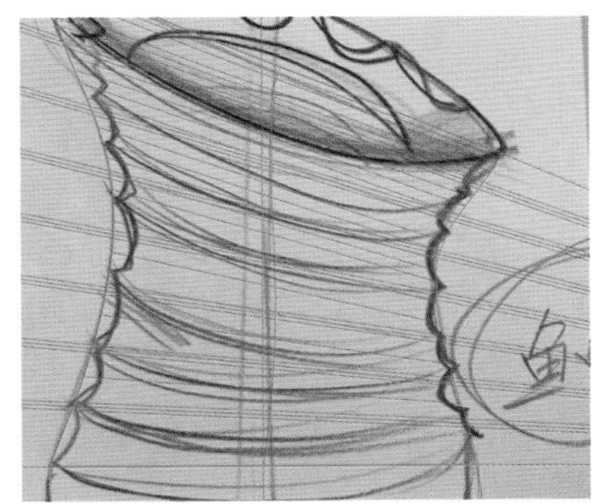

● 步骤9：删除步骤7中建立的7条曲线；选择步骤5建立的曲面，用步骤8中建立的曲线进行分割。

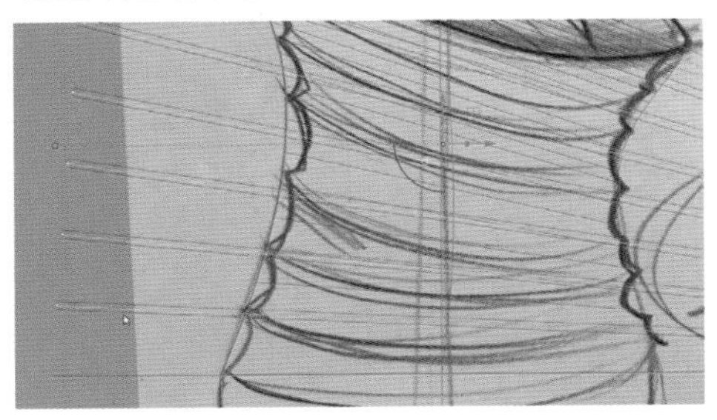

● 步骤10：删除如图8个曲面，在Front视图中绘制如图中的8条曲线。

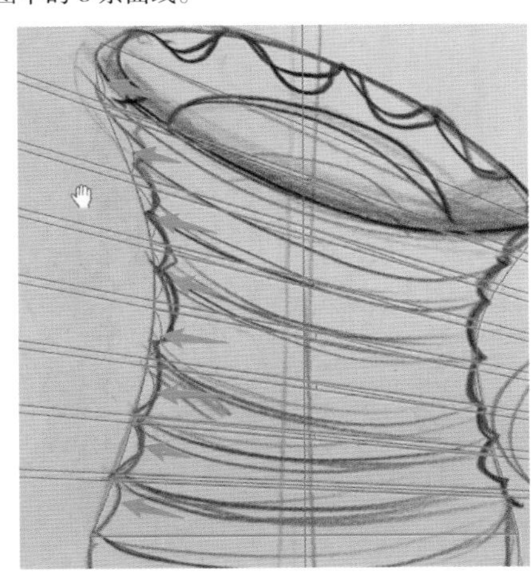

● 步骤 11：依次通过双轨扫掠建立曲面，并将所有的曲面进行组合。

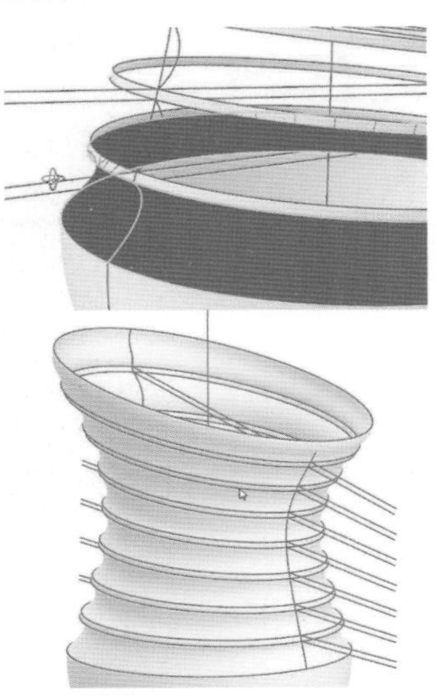

● 步骤 12：加盖形成实体（实体—将平面洞加盖），并将工作平面设置到顶面上（查看—设置工作平面—至物件）。

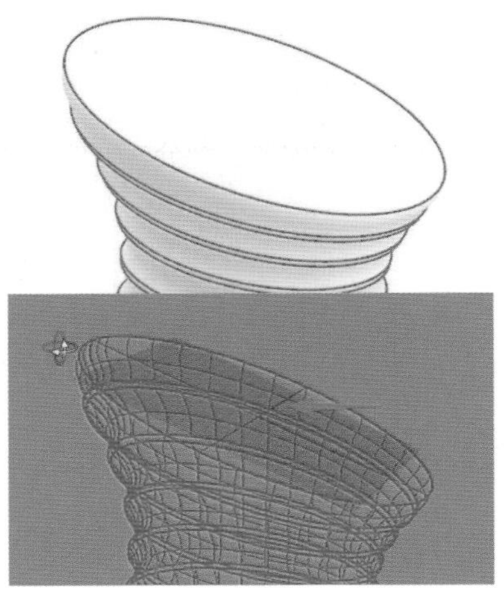

● 步骤 13：抽壳 5mm（输入“Shell”指令）。

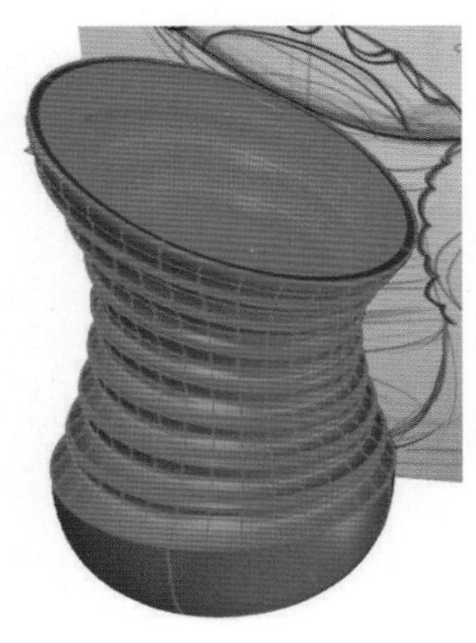

● 步骤 14：在透视图的工作平面上建立圆柱，并缩放、旋转至合适大小及位置，以原点为中心环形阵列 8 个。

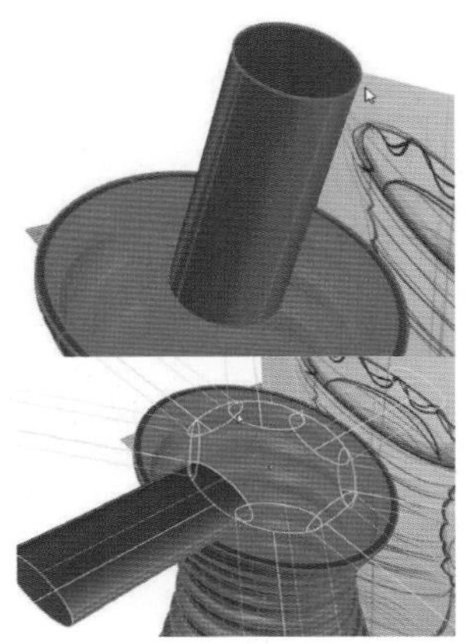

● 步骤 15：布尔差集运算，并对如图所示边缘倒圆角。

● 步骤 16：抽离曲面并删除，通过混接曲面连接内外面，组合所有的面，完成花瓶的建模。

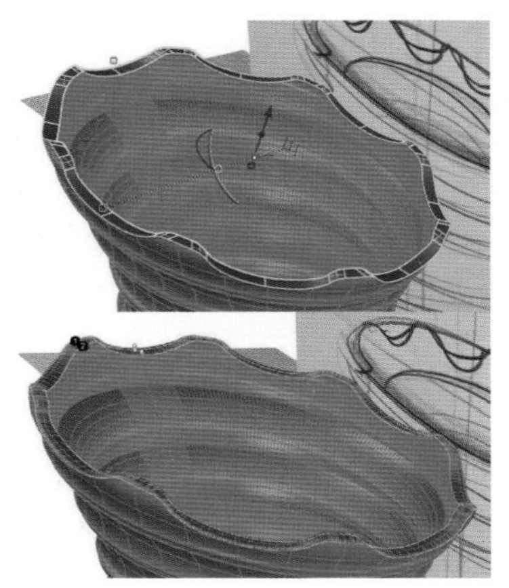

3.2.9 建模案例（花瓶 2）

本案例演示通过细分工具建立产品造型，陶瓷成品效果见 4.3 章节。在 Rhino7 版本里面集成的细分建模工具（SubD），它是介于 Nurbs 和 Mesh 之间的一种曲面形式，可以很好地将 Nurbs 和 Mesh 统一起来。细分建模的自由度非常高，可以快速“捏”成各种造型，是一种高质量的曲面，可以任意缩放。细分建模的模型通常呈现一种“圆润”的造型。

扫码观看视频

扫码下载资料

● 步骤 1：创建细分圆柱如图所示（细分物件—基础元素—圆柱体），垂直面数 6，环绕面数 16。

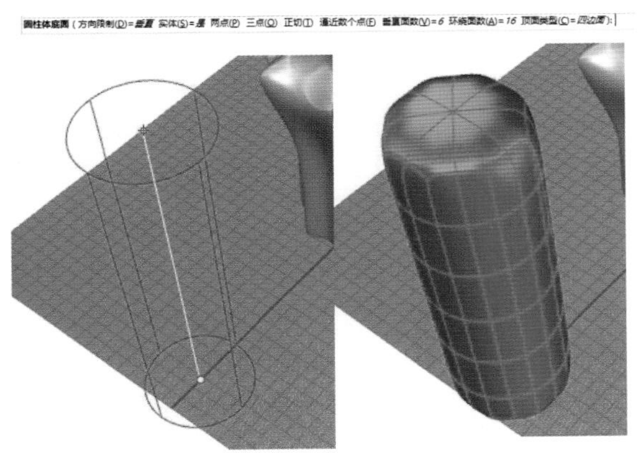

● 步骤 2：选择上下端面，并删除（需开启选取过滤器：曲面 / 面，按住 Shift 进行多选）。

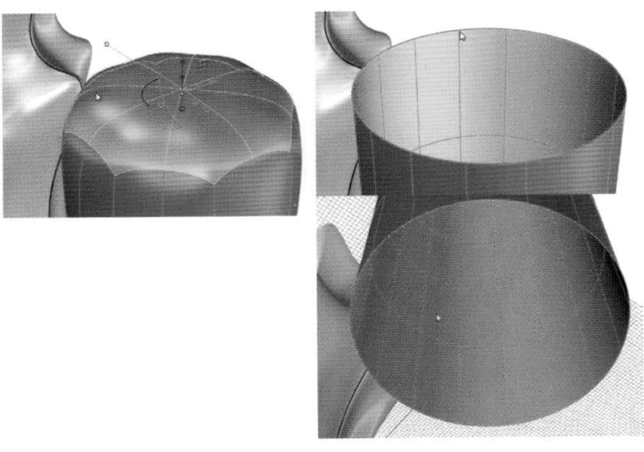

● 步骤 3：选取如图所示边缘，在 Top 视图进行二轴缩放（需开启选取过滤器：曲线 / 边缘，双击边缘选取整条边缘线）。

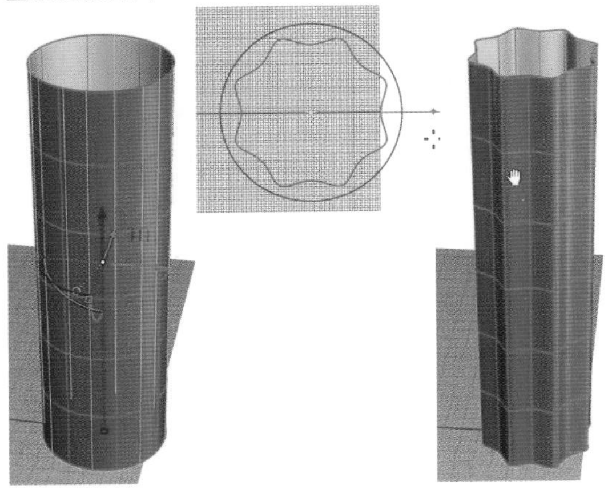

● 步骤 4：通过调整点 / 边缘 / 面，改变细分物件的形状。

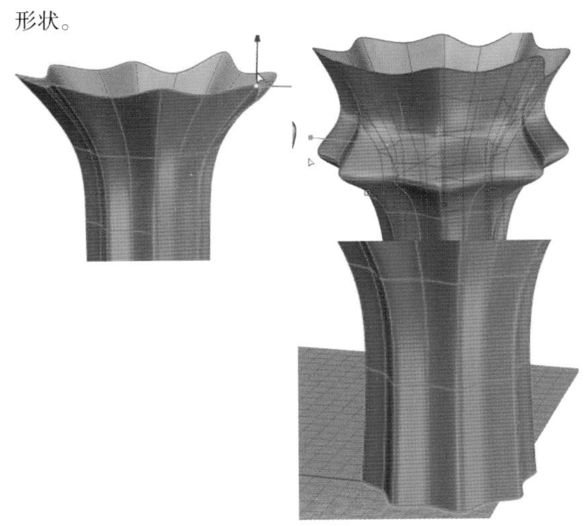

● 步骤 5：插入边缘（细分物件—插入边缘）以进一步调整造型。

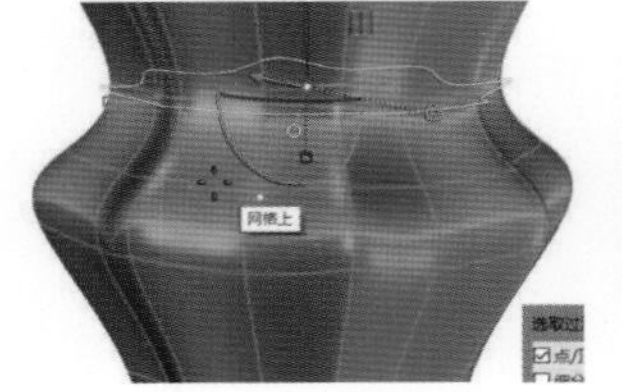

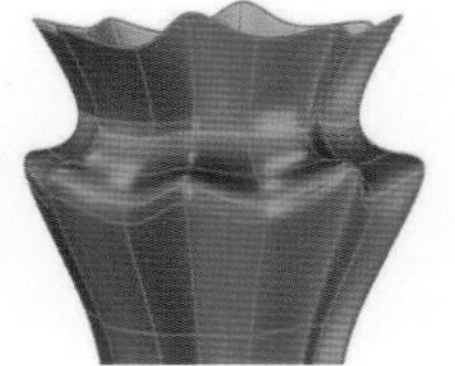

● 步骤 6：将物体底部边缘进行填补（细分物件—填补：三角扇形），并插入边缘以进一步调整造型。

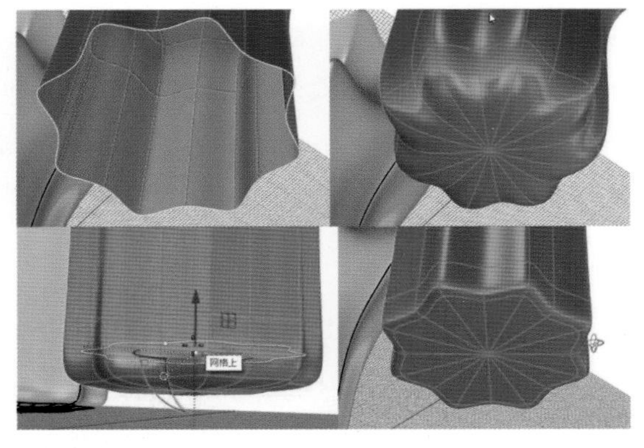

● 步骤 7：将细分物件向内偏移 4mm（实体 = 是）；选择上方锐角边缘，移除锐边；选取上方一圈曲面，单击操作轴的圆点向上拖动。

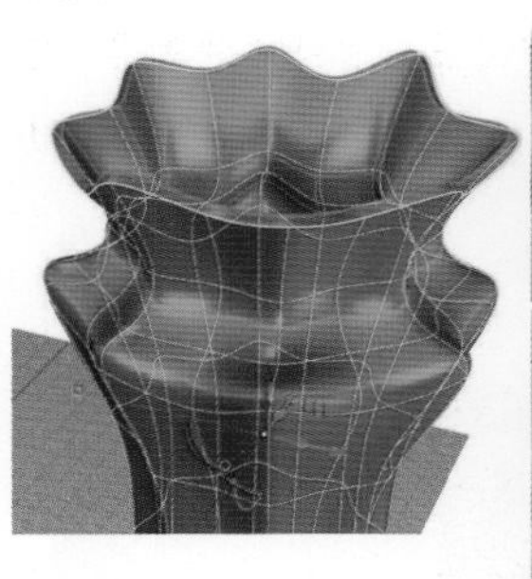
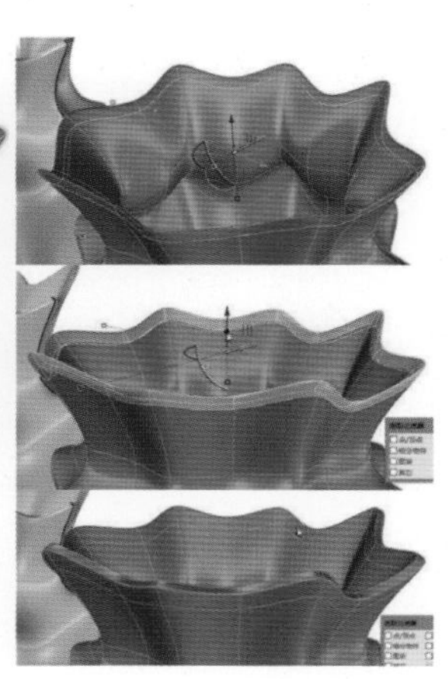

● 步骤 8：完成细分建模。

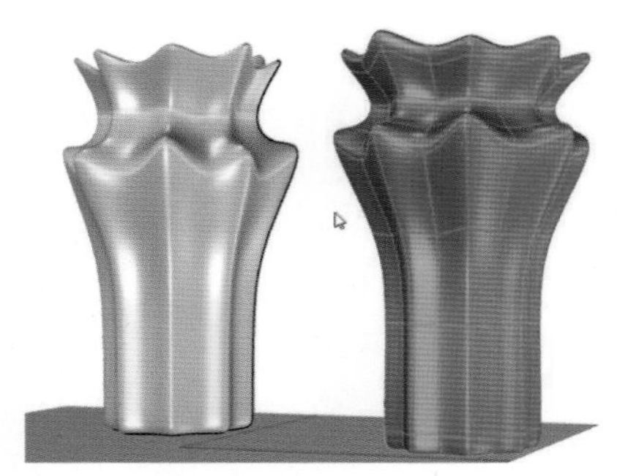

● 步骤 9：将细分物件转化为 Nurbs。

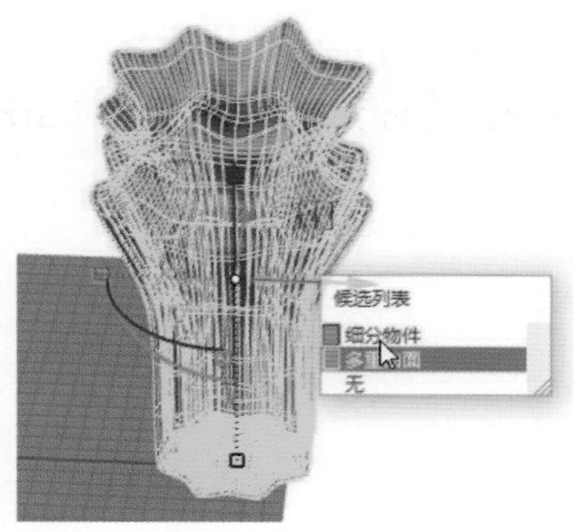

● 步骤 10：设置物体的材质，查看模型效果。

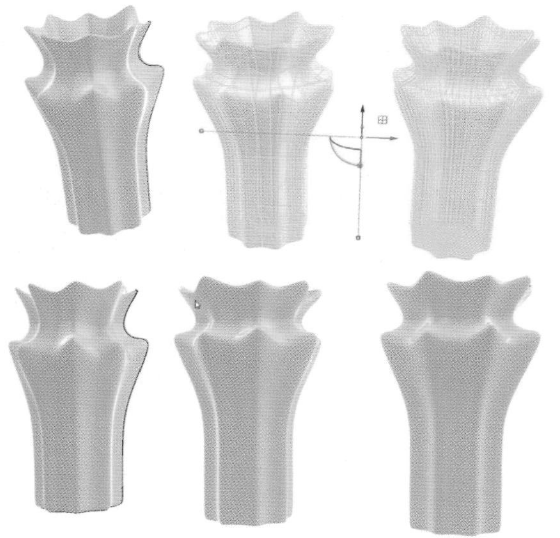

3.3 项目课题3：日用产品设计

日用产品是一个相对宽泛的范畴，它包含了家电、家具、日用生活品等。此课题的设置让学生有更大的自由度，可以从他们的兴趣出发选择设计对象。

3.3.1 训练目的

培养学生从日常生活中发现问题，并努力通过设计解决问题的能力。设计上有创新性、造型新颖有现代感、有一定的落地性，注重设计思维、建立高品质的数模及逼真的视觉效果。

3.3.2 训练要求

对日用产品展开调查研究，寻找问题点及机会点，寻求创新解决方案。要求概念创新、造型新颖、能考虑产品设计的各个要素，设计表现逼真。

3.3.3 知识要点

简要的设计流程与方法，本课程并不是设计课，可选取设计中的关键节点，比如调研、分析、概念、创意等。在设计草案确立后，应花大量时间来解决建模品质、渲染品质。教师指导学生完成此项工作，包括具体的设计问题、建模思路与方法、渲染技巧与方法等。

3.3.4 使用软件

Rhino、Keyshot、Photoshop 等。

3.3.5 作业提交

Rhino 数模、渲染效果图。

3.3.6 作业纪要

大作业可安排在学习 Rhino Level 2 时进行。在学完 Level 2 之后，学生对建模有了进一步的认识，能够建立相对复杂的模型，包括高质量的曲面。另外，学生对软件的综合使用能力得以加强，比如 Keyshot 渲染、Illustrator 排版、Photoshop 图像处理，因此在“设计”工作上显得更加专业。再加上其他课程的学习，比如工程相关的课程、设计理论相关的课程、设计思维课程，以及工作坊课程、项目制课程等，学生已具备一定的系统性设计思维。通过课题，可以将这些知识、能力综合起来。

具体进度安排如下：

第一周：课题发布，明确目标与任务，分组。

第二周：初步调研，寻找机会点，可使用相关的调研分析方法，比如问卷、访谈、田野调查、坐标法、KJ 法等等。

第三周：深化调研，进行目标人群分析、进行竞品分析，可使用用户角色、场景、用户体验流程图、思维导图等工具。

第四周：确立产品概念，进行初步方案探讨。可使用手绘、草模的方式，探究产品的概念、造型、功能、人机等。

第五周：深化设计，建立 1 : 1 的三维模型（大型）。

第六周：模型修改与完善（从设计及模型质量的角度进行）。

第七周：完善模型，进行细部设计并定稿。

第八周：渲染高品质效果图，并做后期处理，进行版面设计、汇报 PPT 制作。

第九周：设计汇报、展览。

3.3.7 参考作业

《蒸煮饭煲》，设计：张说演

《LAVA香薰音箱》，设计：罗嘉莉

《白领美食烹调机》，设计：邹文佳

《拿铁毕加索》，设计：李论

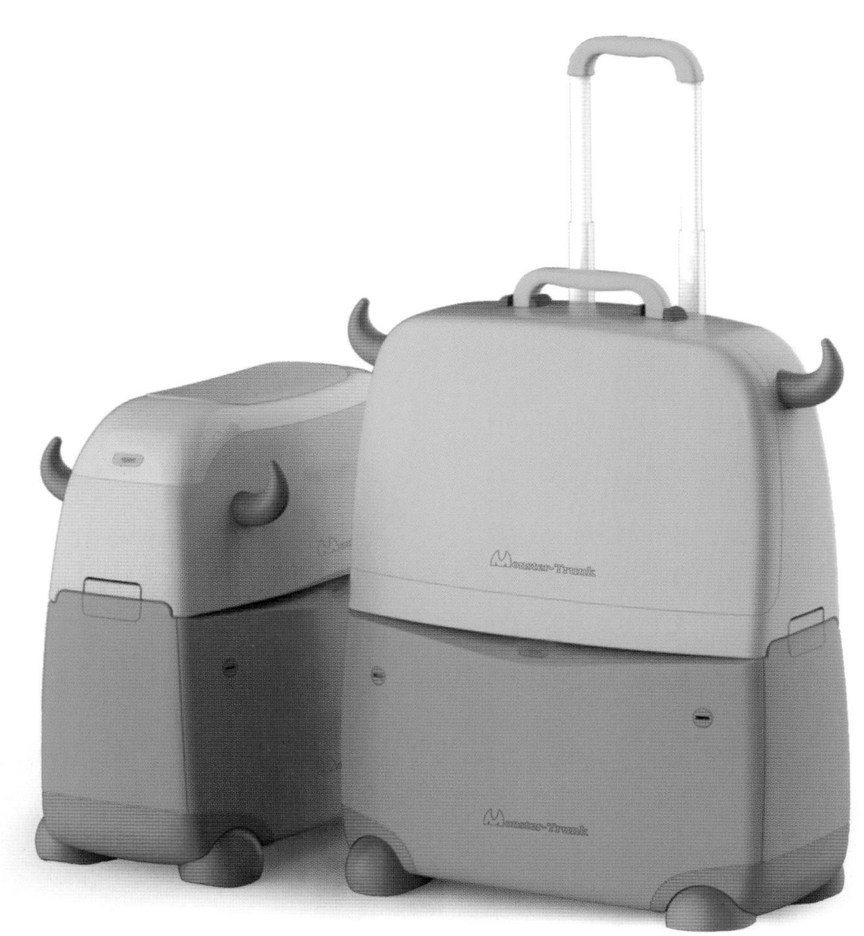

《成长式儿童行李箱》，设计：伍慧玲

3.3.8 建模案例（咖啡机）

本案例演示遵循由点到线—由线到面—由面到体的建模思路与方法，是 Nurbs 建模的典型。产品造型简单，多为几何体，曲面建模的方法也比较简单，比如旋转、挤出、放样等；更多的是通过投影、分割、组合、加盖、偏移、布尔运算等方式对曲面进行编辑，将各部分做成实体，另外通过圆角的方式产生细节；此外，本案例中也演示了如何设置工作平面及其用法。通过此案例的研习，读者可以了解以 Nurbs 的方式建立简单造型的产品。

扫码观看视频

扫码下载资料

● 步骤 1：创建 232 × 170 × 340mm 的长方体，并在 Top 视图将长方体移到原点。

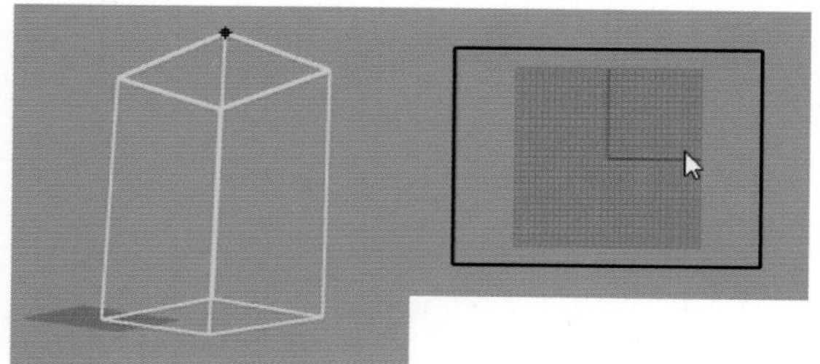

● 步骤 2：将图片从文件夹拖入 Front 视图中作为“图像”，通过移动和缩放与长方体匹配。

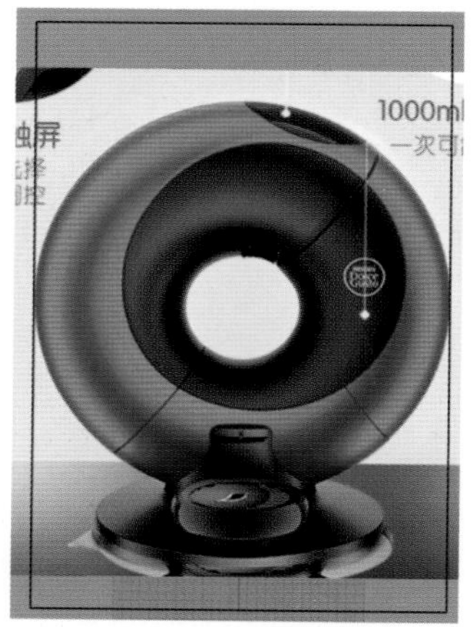

● 步骤 3：在 Front 视图中绘制 2 个同心圆如图所示（大圆与两侧的边线相切，需开启“投影”捕捉选项）。

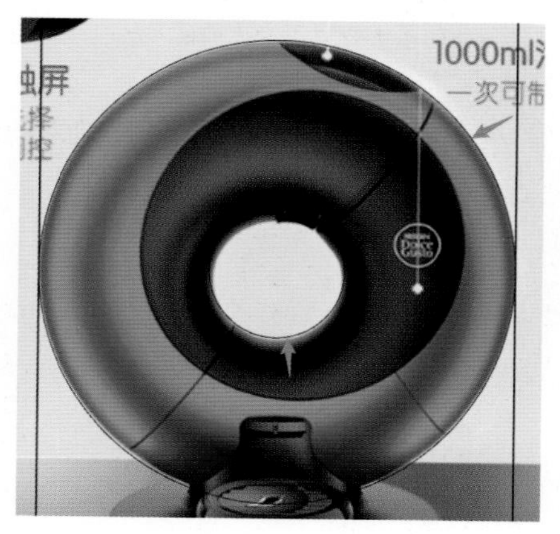

● 步骤 4：在 Front 视图中绘制与工作平面垂直的圆（直径经过 2 个同心圆的四分点）。

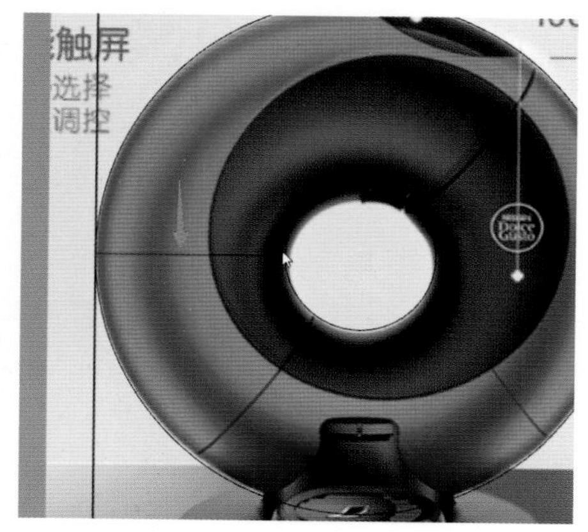

● 步骤 5：将步骤 4 绘制的圆旋转 360°，得到 1 环状体（曲面—旋转）。

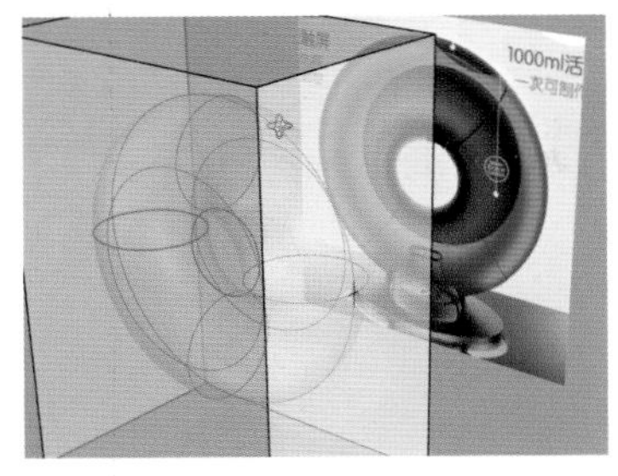

● 步骤 6：在 Top 视图中绘制直径 170mm 的圆，向上挤出 10mm（向内锥度 3°，实体—挤出平面曲面—锥状）；将实体的上表面抽离并删除（实体—抽离曲面）。

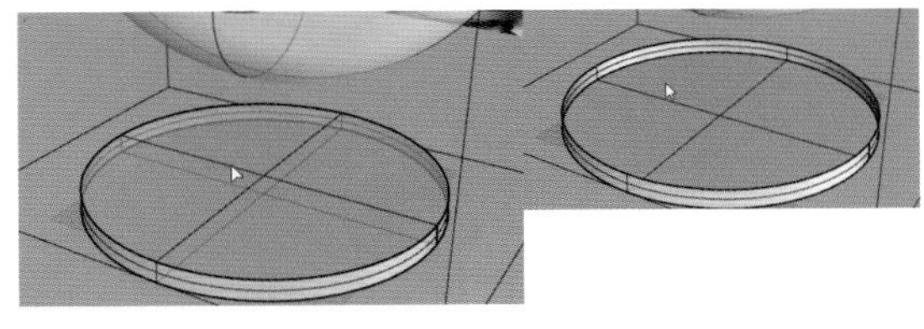

● 步骤 7：在 Front 视图中绘制如图圆弧（曲线—圆弧—起点、终点、方向），并旋转 360° 成型，与下方的曲面组合形成实体。

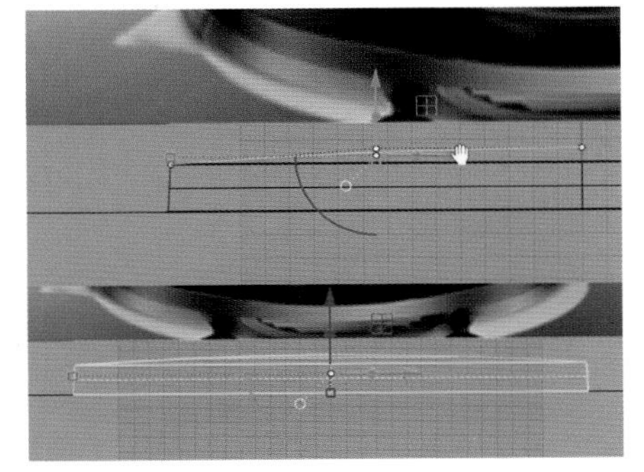

● 步骤 8：在 Front 视图中绘制如图曲线，并旋转 360° 成型；将曲面加盖得到 1 个实体（实体—将平面洞加盖）。

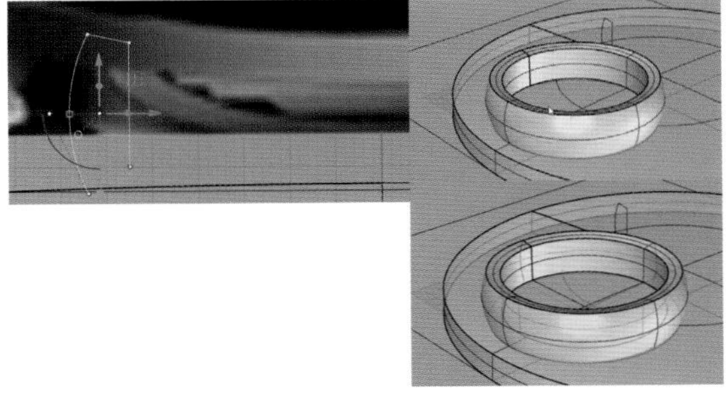

● 步骤 9：如图所示，倒圆角。

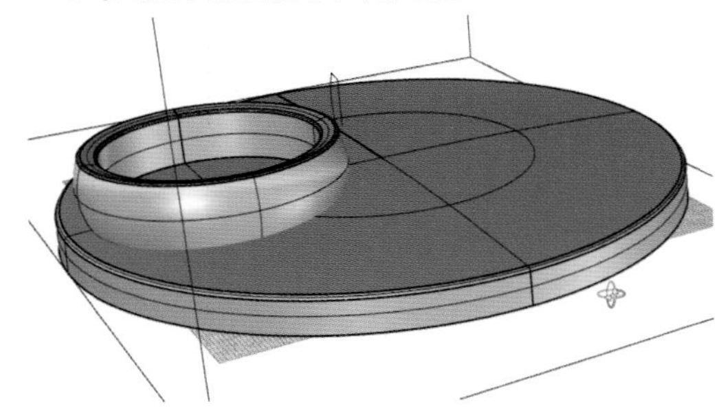

● 步骤 10：在 Front 视图绘制圆（曲线—圆—三点）。

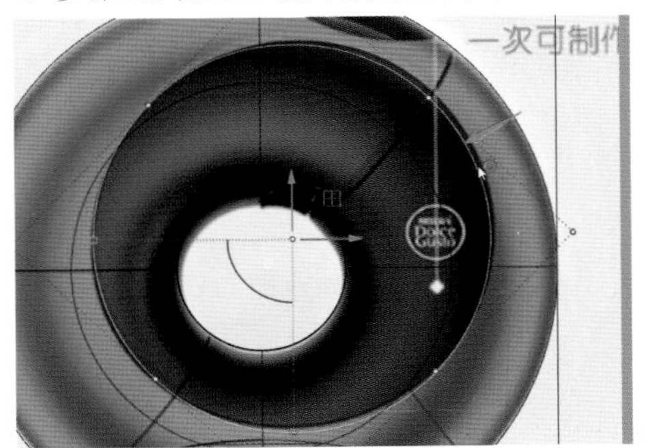

● 步骤 11：将步骤 10 绘制的圆向两侧挤出，超出环状体。

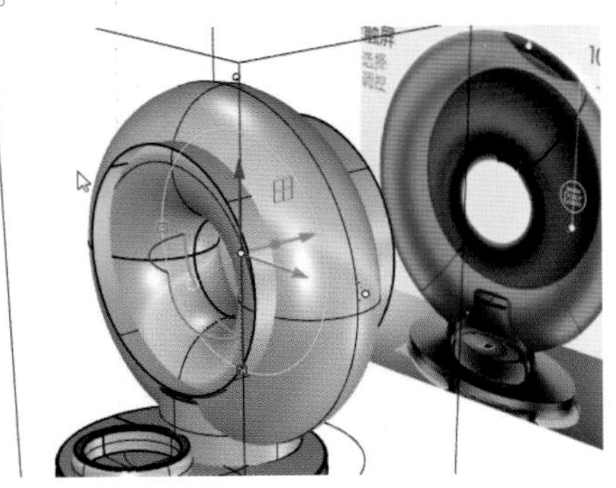

● 步骤 12：将环状体与挤出曲面互相进行分割。

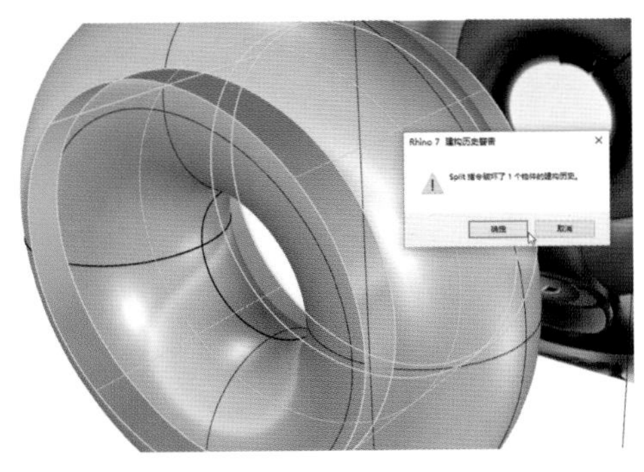

● 步骤 13：删掉两侧的曲面，将中间的曲面原地复制（Ctrl+C—Ctrl+V）；将中间的两个面分别与内外的环状面组合，得到 2 个实体。

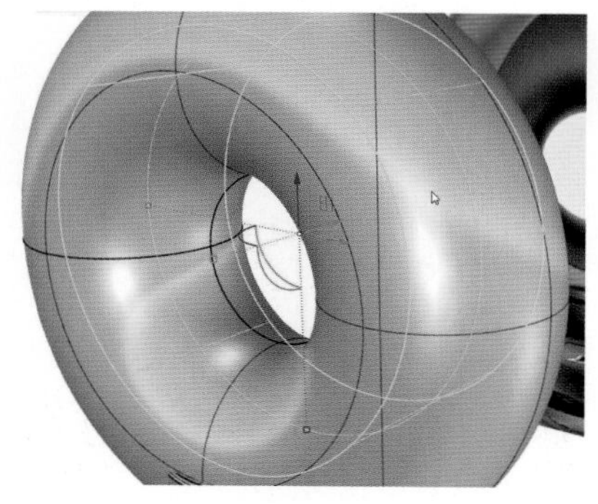

● 步骤 14：在 Front 视图中绘制如图所示直线（经过圆心，并与水平方向夹角 50°）；通过直线将 2 个实体分割为 4 个部分，并将平面洞加盖得到 4 个实体。

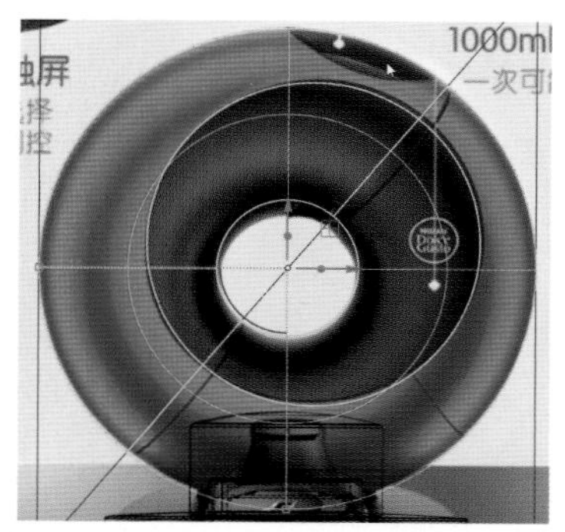

● 步骤 15：在 Front 视图中绘制如图所示直线（经过圆心，并与水平方向夹角成 40°）；通过直线将所示实体分割为 2 部分，并将平面洞加盖得到 2 个实体。

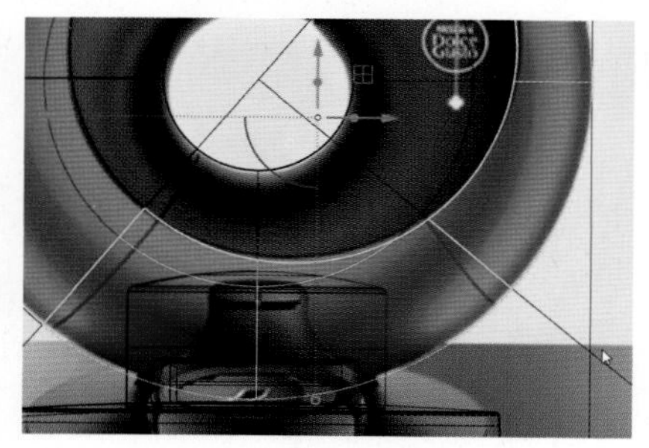

● 步骤 16：在 Front 视图中绘制如图所示圆弧（曲线——圆弧——三点）；通过圆弧将所示实体分割为 2 部分。

● 步骤 17：将所示曲面向内偏移 5mm 得到 1 个实体（曲面—偏移曲面）并原地复制；将其中 1 个实体的外表面抽离，剩余的曲面与周边的曲面组合形成实体。

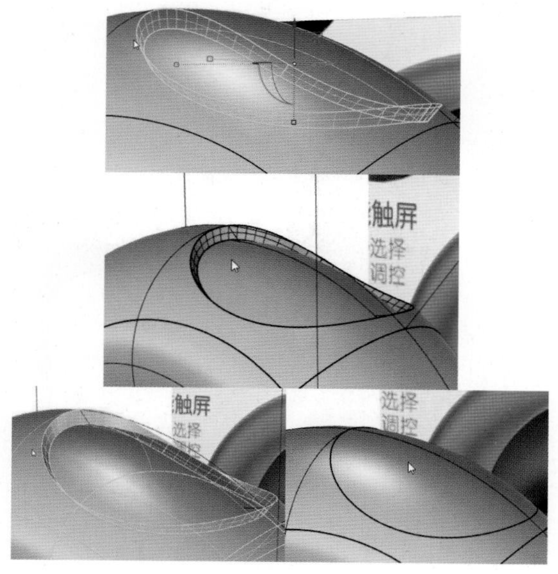

● 步骤 18：在 Front 视图中绘制如图所示曲面，并旋转 360°成型，并将平面洞加盖得到 1 个实体。

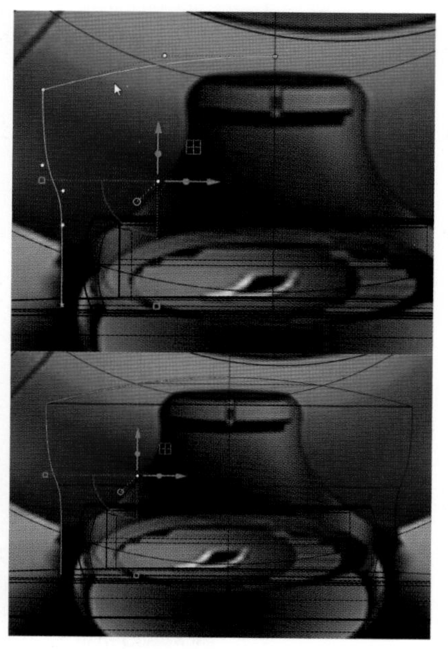

● 步骤 19：将各个实体调整到合适的位置，进行布尔运算，并创建圆角（圆角能使产品细节丰富，渲染会有高光效果）。

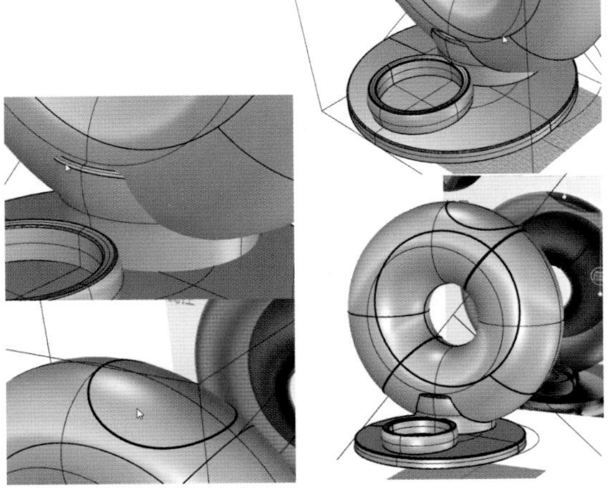

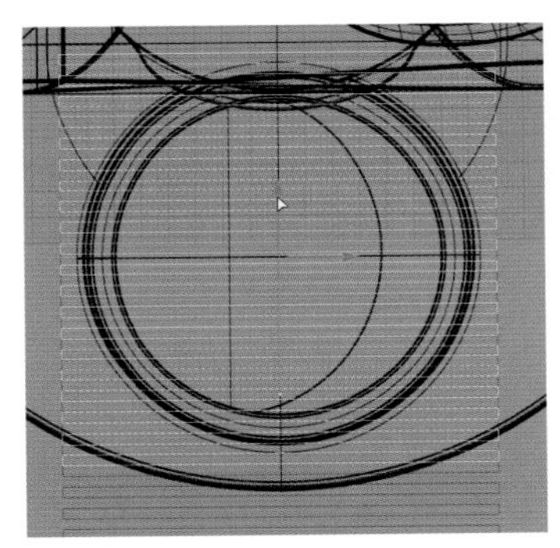

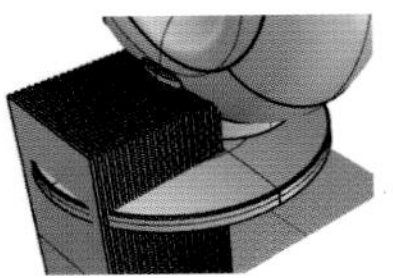

● 步骤 20：创建如图所示圆柱体和椭圆体，做布尔差集运算，使平面上多出曲面，丰富产品细节。

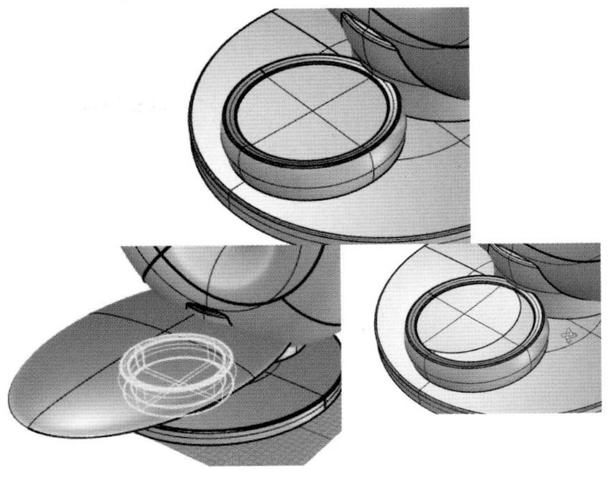

● 步骤 21：在 Top 视图中绘制矩形,并阵列（变动—阵列—直线）；将阵列后的曲线挤出实体，并与步骤 20 创建的实体进行布尔差集的运算。

● 步骤 22：在 Front 视图中绘制四边形，向两侧挤出实体（各 25mm），并与所示实体进行布尔差集的运算。

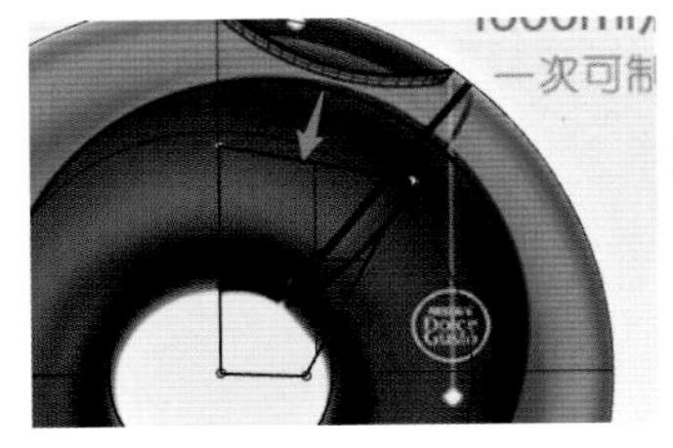

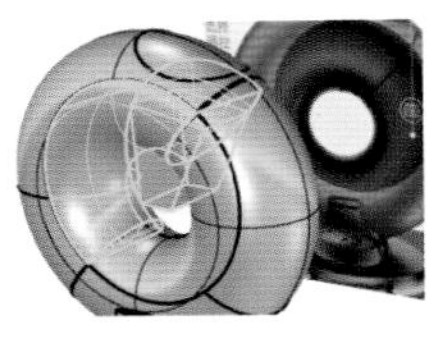

● 步骤 23：隐藏 1 个实体，将透视图的工作平面设置到所示平面上（查看—设置工作平面—至物件）；选择如图的物件，以圆弧的圆心为中心，向前方旋转 35°。

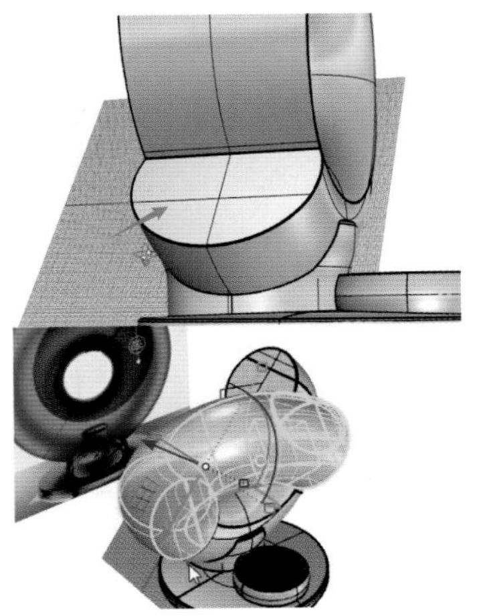

● 步骤 24：同样地，设置工作平面，绘制大圆；在 Top 视图中绘制 1 个小圆并移到合适的位置；两个圆做放样成型（曲面——放样），并将平面洞加盖；按图示进行倒圆角。

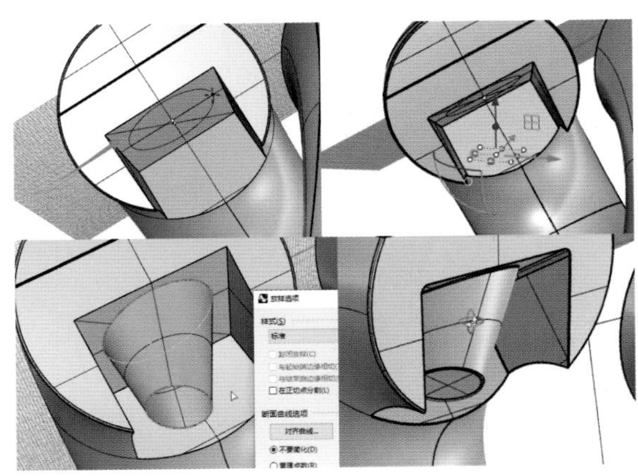

● 步骤 25：在 Right 视图中绘制如图所示跑道形曲线，将曲线投影至所示曲面上，通过曲线对曲面进行分割；同步骤 17，建立壁厚 5mm 的实体和另一实体。

● 步骤 26：选取所有的曲线（编辑—选取物件—曲线）和参考图，将其移到另一图层，并将该图层隐藏；对各个物体进行材质的设定，预览产品的效果。

3.4 项目课题4：概念产品设计

对于概念产品的设计，学生会有更大的发挥空间，做课题的时候没有太多现实的束缚，也可以拿设计作品参加相关比赛。

3.4.1 训练目的

培养学生创新设计思维、激发学习设计的兴趣、了解产品设计的一般流程、提高建模能力并能综合地表达概念及设计。

3.4.2 训练要求

可以指定概念设计的主题（比如健康类产品设计、救援类产品设计等），通过调研分析形成新的产品概念、并运用设计的手段（手绘、计算机建模、效果图绘制、模型制作等）综合地表达概念。

3.4.3 知识要点

本课题训练的重点在于计算机辅助设计、方案的完整度及表现力；3D 打印及模型制作请参见本书 2.5 章节（建模与 3D 打印）。

3.4.4 使用软件

Rhino、Keyshot、Photoshop、Illustrator 等。

3.4.5 作业提交

Rhino 数模、渲染效果图、版面设计、实物模型、动画视频等。

3.4.6 作业纪要

作业可在学习 Rhino Level 2 时进行，注重学生对新事物的敏感，建立相对复杂的产品模型。

具体进度安排如下：

第 1 周：广泛搜集健康产品图片资料，对资料进行归类整理，找出 2—3 个可以深入探讨的方向。

第 2 周：小组讨论，并选定方向（说明理由：意义、可行性、模型制作成本及周期、小组团队成员自我评估、分工、进度安排等）。

第 3 周：深入调研所选定的方向，广泛、深入地了解产品及技术（针对产品本身）。具体工作：对该类产品再细分，对代表性的产品作 SWOT 分析、原理及技术分析、CMF 分析，得出可以改进的方向。

第 4 周：使用者分析。具体工作：田野调查、观察法、访谈法、问卷调研等，创建人物角色（Persona）和使用场景（Senario）。

第 5 周：设计方案。具体工作：手绘出稿，每组 10 个以上方案（草图保留、以便后期排版使用）。

第 6 周：计算机建模。具体工作：尺寸模拟、人机模拟、结构模拟（粗模），并对设计方案可行性进行评估。

第 7 周：计算机建模。具体工作：造型设计精细建模。

第 8 周：完善建模，使之满足 3D 打印要求。

第 9 周：CMF 设计，渲染高质量效果图。

第 10 周：三维打印，模型表面抛光。

第 11 周：喷底漆，设计表面印刷并发包打印，准备汇报及版面所需资料（包括表现性草图）。

第 12 周：喷面漆，继续完善汇报文件。

第 13 周：喷光油或哑光漆，继续完善汇报文件。

第 14 周：组装、贴表面印刷，并对模型进行拍照、修图，完成汇报文件。

第 15 周：展示及汇报。

作业的过程其实很有趣，学生可以看到自己的方案一步一步变成实物模型，充分了解了设计到底是怎么一回事。做模型的过程更是充满欢乐，极大地提高了动手能力，也掌握了相关的模型制作技巧。

3.4.7 参考作业

改良运动轮椅概念设计

设计师：代晨希、蓝凯悦、丁铭明、孙孜一

设计说明

该产品主要用于户外活动，能帮助残障人士进行康复训练，有效的协助用户进行体能锻炼并在细节方面进行了改良创新，增强了产品的功能性。

与一般运动轮椅相比，该产品在材质方面首选轻便材质，能更方便用户携带以及存放，利用纺织座椅给用户更舒适的体验感，复合材质又使整个轮椅结构更加稳固，能更佳适应户外多变的地形。

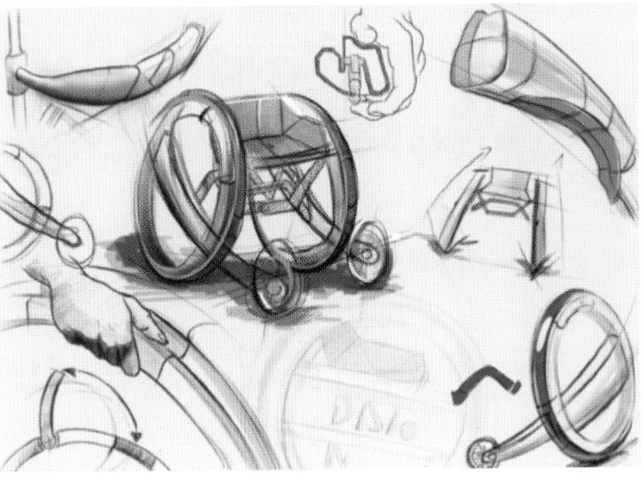

扫码观看视频

扫码观看视频

MMING山行

设计师：朱可为、徐玲、盛佳佳

设计说明

现今市面上的担架离不开人力搬抬，环境因素导致使用效率低下的问题也一直未曾解决，我们希望的担架可以最大程度的摆脱人力，以及能够在颠簸路面实施平稳救援。MMING可以做到全自动化救援，车身的抓取装置外包软性材料，能安全的将伤员抬到车内。在颠簸的路面，车轮通过长轴调整角度高低使担架稳定在相对水平的角度。内置排风扇保证了车厢内空气的流通，电动能源的供电更加环保。

运动方式

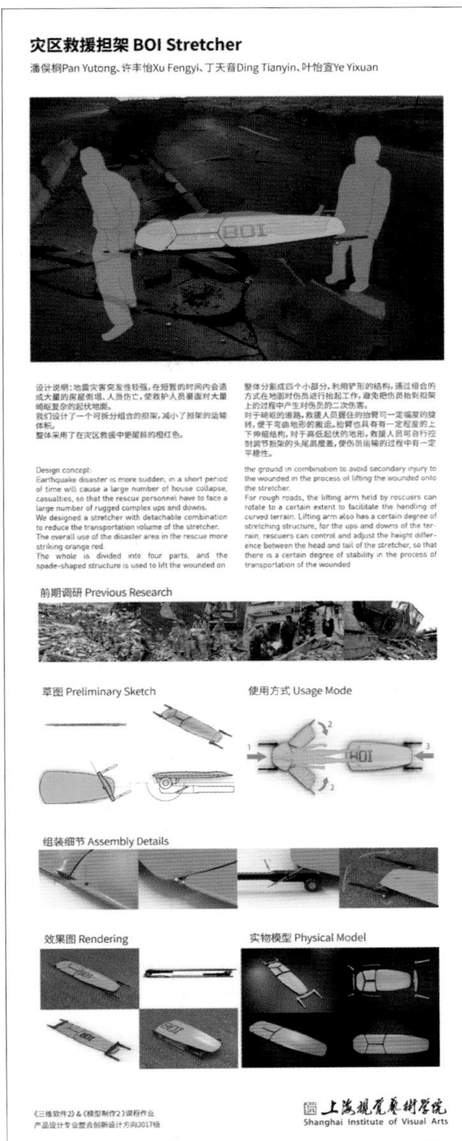

DRAGONFLY 救援物资无人机

汪海洋 Haiyang Wang 姜清扬Qingyang Jiang 包莞雯Wamwen Bao 姜颖颖Yinyin Jiang

DRAGONFLY

设计说明

我们小组项目做的是医疗物资运输的救援无人机，在无人驾驶的情况下，完成远程距离的空中物资运输，我们专门设计了一款用于运输医疗设备的无人机，他不同于其他无人机的地方是，我们专门为它设计了安放医疗产品或器官血液的医疗箱，医疗箱拥有保温计时的功能，能清晰的知道箱子的温度与在里面安放的时间。

这是一款专门为医疗设计的救援无人机，在造型上运用了红白配色，与战地专门使用的黑色迷彩与红的配色，辨识度高。

机身造型轻巧操作简单，可自动放置医疗箱，无人机运输医疗设备的优势在于耗时短，节省大量的劳动力，是未来科技发展不可缺少的一部分。

Design Concept

Our group project is medical supplies transport rescue drones, under the condition of the unmanned, remote distance air materiel transportation, we specially designed a model used to transport the medical equipment of unmanned aerial vehicle , he is different from other unmanned aerial vehicle, we specially designed for it put medical products or organ blood medical kits, medical kits have the function of the heat preservation time, can clear know box temperature and time was laid in it.

This is a rescue uav specially designed for medical treatment. It USES red and white matching colors in its modeling, and black camouflage and red matching colors specially used in the field, with high identification.
The fuselage is light and easy to operate, and the medical box can be placed automatically. The advantages of uav transportation of medical equipment are short time and large amount of labor saving, which is an indispensable part of the future development of science and technology.

前期调研 Research

细节图 Details

制作模型 Model

实物图 Real Figure

草图建模 Sketch

三视图 Three View Drawing

《三维软件2》&《模型制作2》课程作业
产品设计专业整合创新设计方向2017级

上海视觉艺术学院
Shanghai Institute of Visual Arts

扫码观看视频

扫码观看视频

小结：

课程作业是非常综合的，包含了调研、分析、概念、手绘、计算机建模、渲染、模型制作、产品拍摄、展板设计、画册内页设计、动画、视频剪辑。作业量非常大，但学生从中学到了很多，因为激发了学生主动性，他们的学习积极性也很高。很多内容不必教师亲自传授，学生可以通过自主学习，获取相应的知识，并通过实践完成各项任务，比如本次作业中“动画、视频剪辑”完全由学生自主完成。

作业在“软件课”和“模型制作课”两门课程中完成，学生获得该“思路”后，在后续的设计课中，一门课即可做出以上作业。通过几轮的训练，学生对设计有了更深刻的理解，设计能力会不断加强。

3.4.8 建模案例（概念摩托车）

在搭建复杂形体时，先把可以确定且容易的曲面建立起来，再建立复杂曲面的大致形体，最后完善细节。对于复杂曲面，需要合理地分面，考虑每个面建立的方式，以及如何组合。这就需要熟悉各种曲面成型及编辑的工具，并对可能出现的问题，有个预判，以减少反复。在建模时，需要合理运用建模辅助，比如物件锁点、平面模式、记录建构历史等。本案例中，保持“总是记录建构历史”，以便操作关联，减少重复操作。

扫码下载资料

扫码观看视频

● 步骤 1：在 Front 视图中从原点往左绘制 1800mm 的直线。

● 步骤 2：拖入参考图，进行大小和位置的匹配。

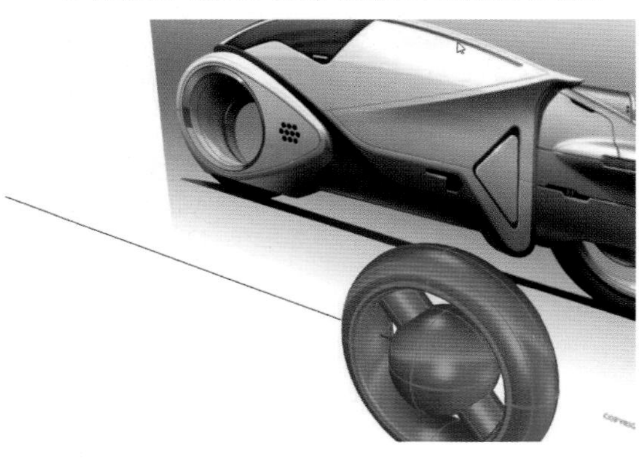

● 步骤 3：在 Front 视图中创建如图中的球体。

● 步骤 4：在 Front 视图中绘制如图中的圆形。

● 步骤 5：在 Top 视图中绘制如图曲线。

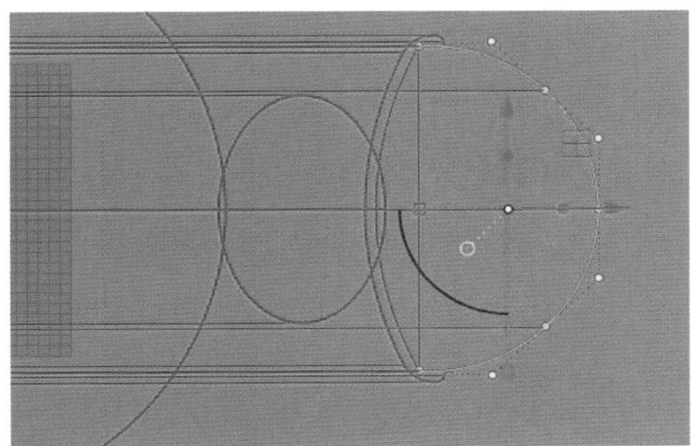

● 步骤 6：将曲线旋转成型，得到轮胎。

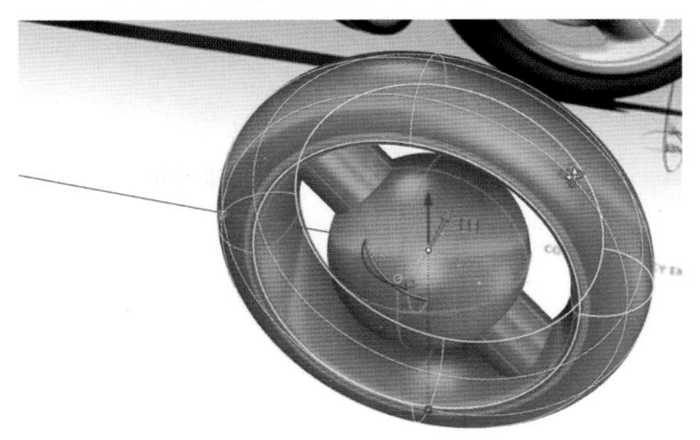

● 步骤 7：在 Top 视图中绘制如图曲线。

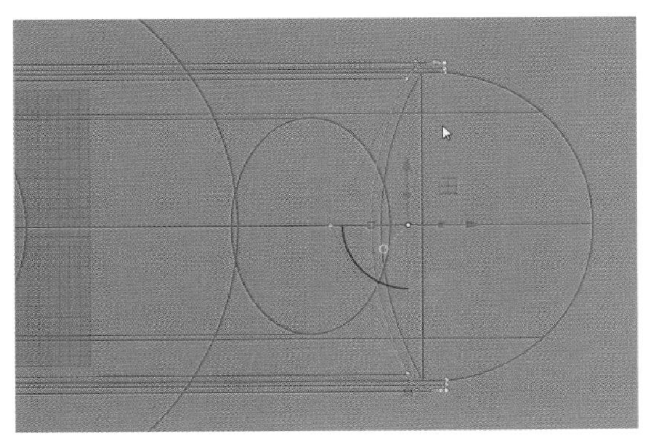

● 步骤 8：将曲线旋转成型，得到轮圈。

● 步骤 9：创建如图圆柱体。

● 步骤 10：将圆柱体旋转复制 180°。

● 步骤 11：对曲面进行布尔联集运算，并创建圆角。

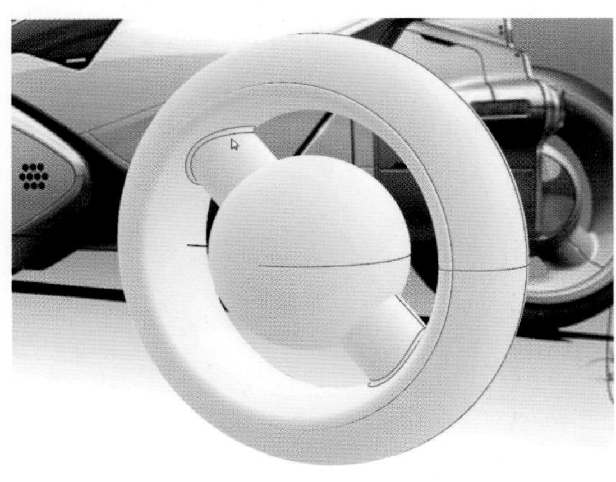

● 步骤 12：在 Front 视图中绘制圆，并往两侧挤出曲面。

● 步骤 13：将如下曲面互相做分割。

● 步骤 14：复制内部的圆柱面，分别与两侧的面组合。

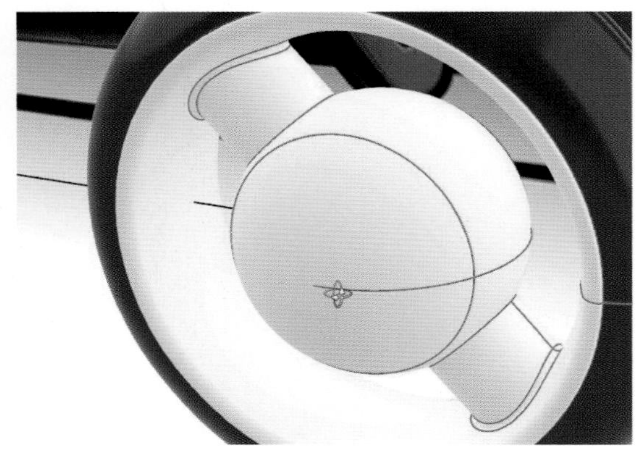

● 步骤 15：对两个多重曲面倒圆角。

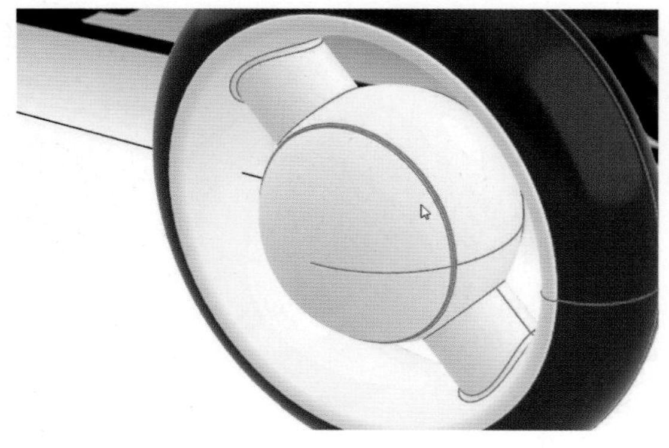

● 步骤 16：更改物体的材质。

● 步骤 17：在 Front 视图中绘制如图 2 条直线。

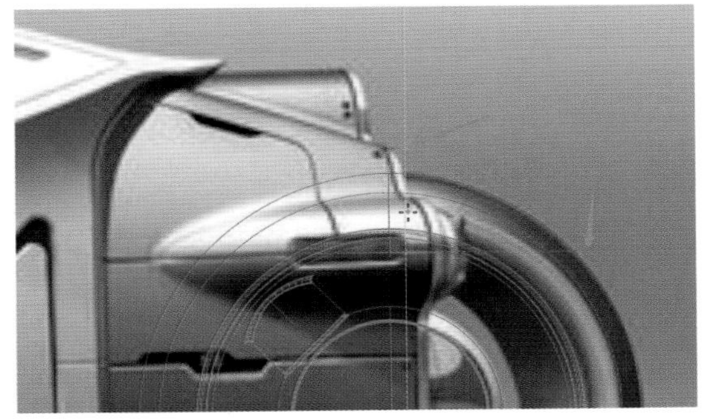

● 步骤 18：在 Front 视图中绘制如图曲线。

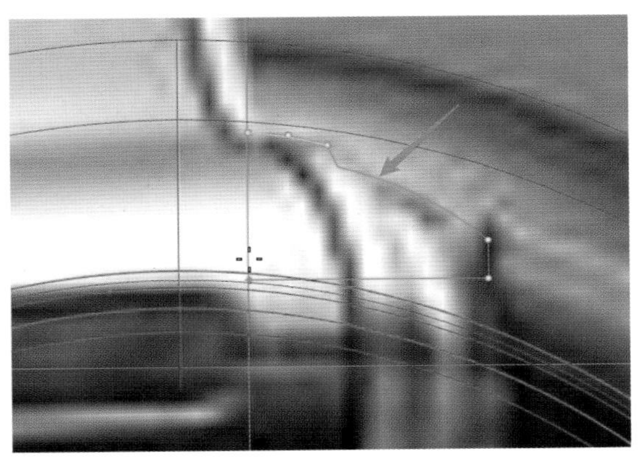

● 步骤 19：将曲线旋转成型，并创建细节。

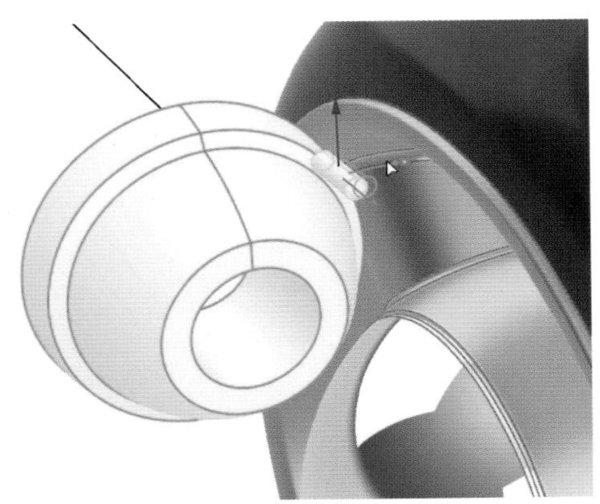

● 步骤 20：调整物体位置，并在 Top 视图中沿着 X 轴镜像物体。

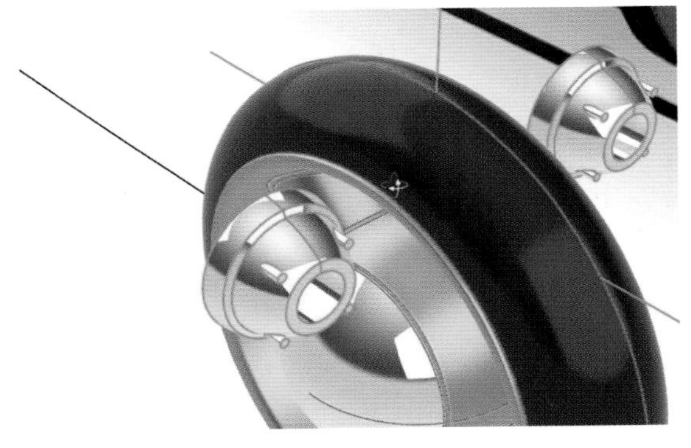

● 步骤 21：在 Front 视图中绘制曲线（5 阶 6 点）与直线。

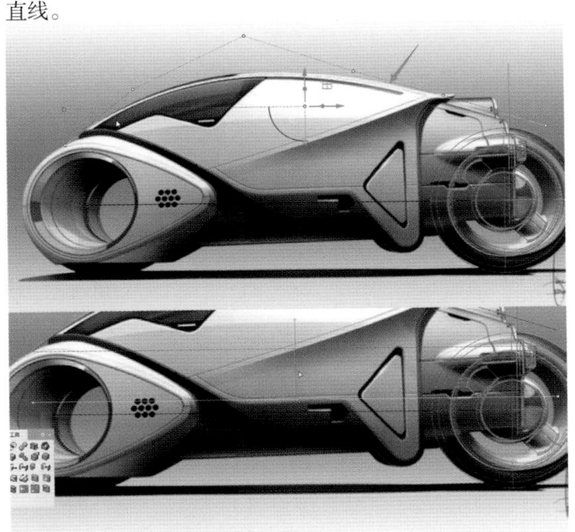

● 步骤 22：将直线重建为 5 阶 6 点的曲线。

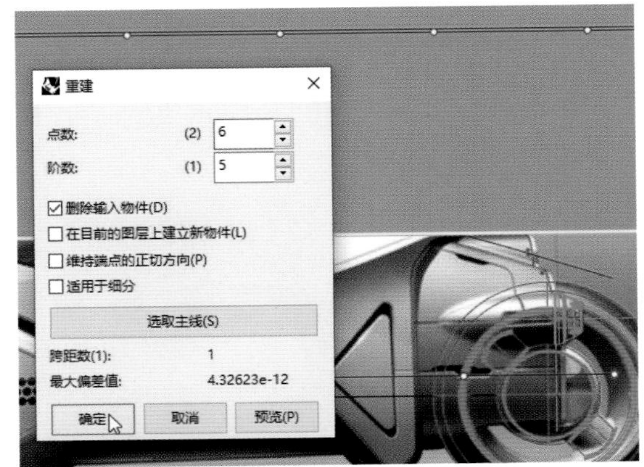

● 步骤 23：移动复制曲线与直线，并通过放样成型（松弛）。

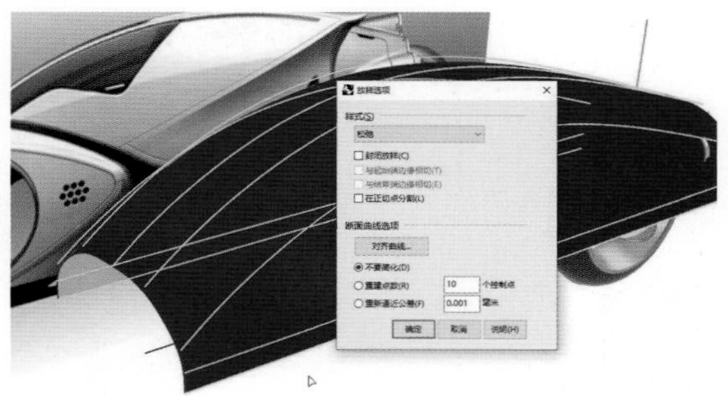

● 步骤 24：调整曲线的位置，从而改变曲面的形状。

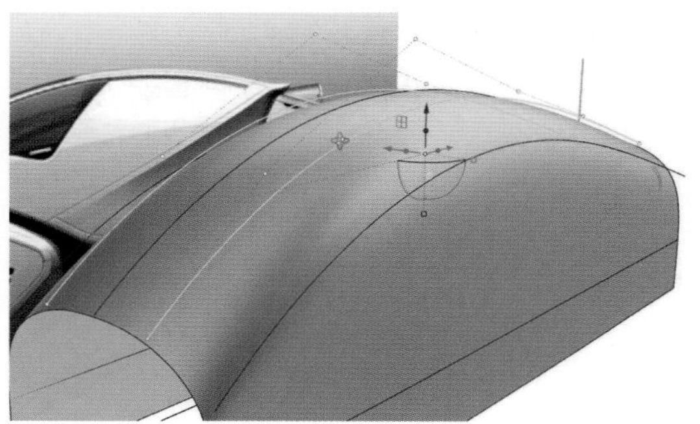

● 步骤 25：绘制 5 阶 6 点曲线，并分割所选曲面。

● 步骤 26：绘制 5 阶 6 点曲线，并分割所选曲面。

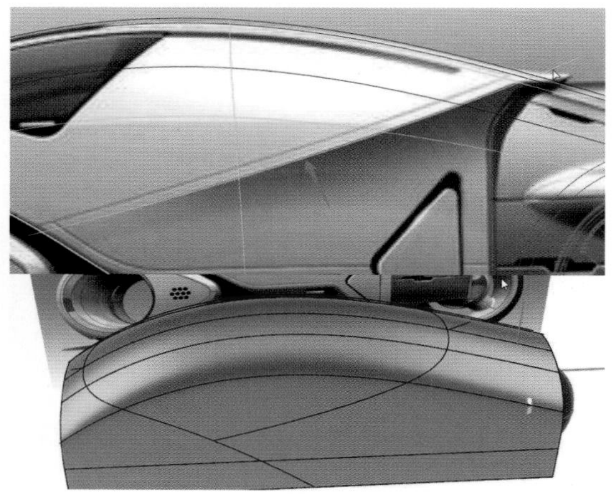

● 步骤 27：在 Front 视图中绘制如图曲线（3 阶，捕捉到端点，开启平面模式）。

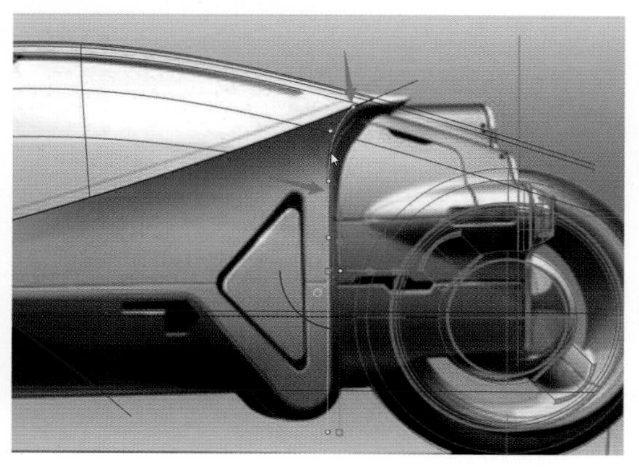

● 步骤 28：将曲线往两侧挤出曲面。

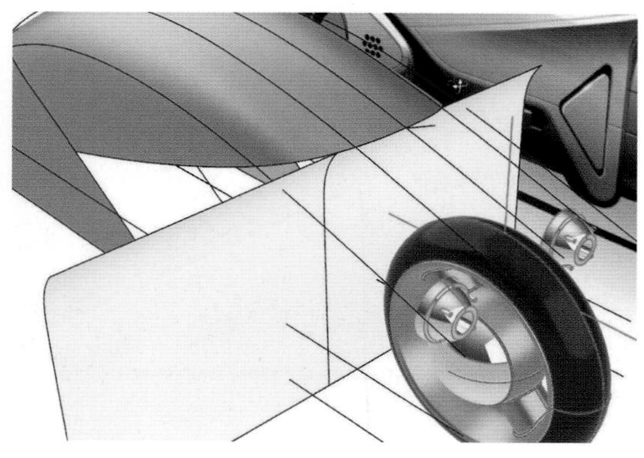

● 步骤 29：绘制如图 2 条曲线，并通过双轨扫掠成型。

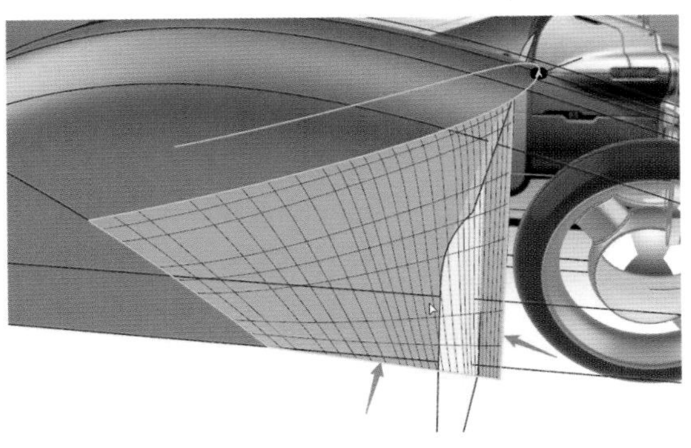

● 步骤 30：将如图曲面通过结构线分割并删除下面的曲面。

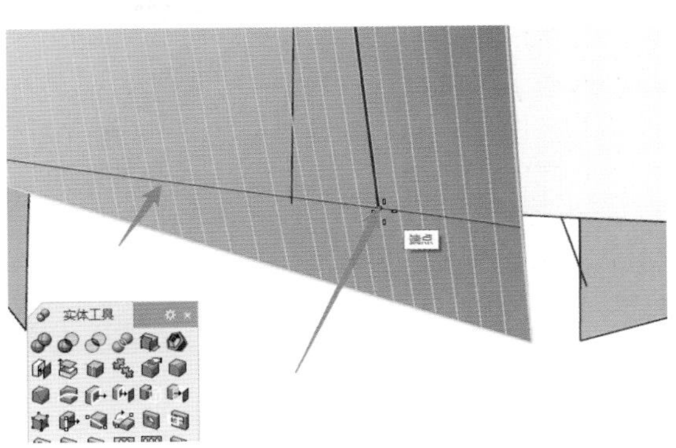

● 步骤 31：在 Top 视图中镜像曲面，并与步骤 28 的曲面互相修剪。

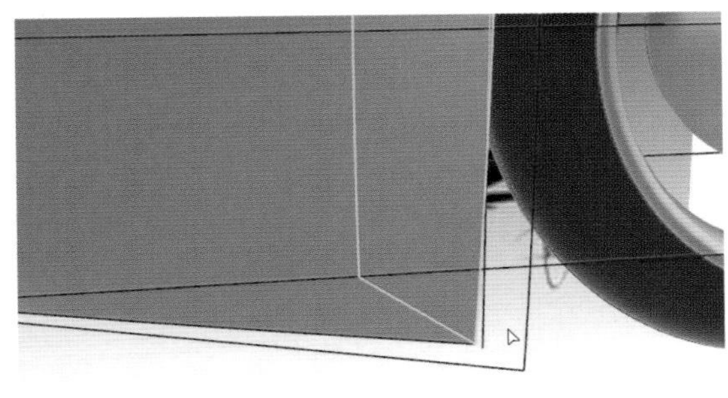

● 步骤 32：组合相关曲面，结果如图。

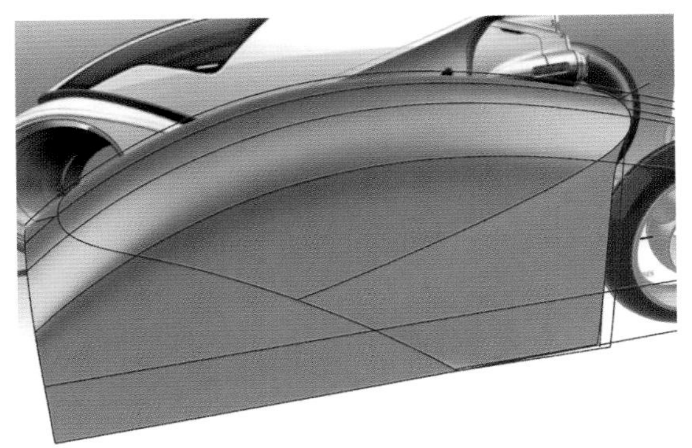

● 步骤 33：在如图曲面上抽离结构线。

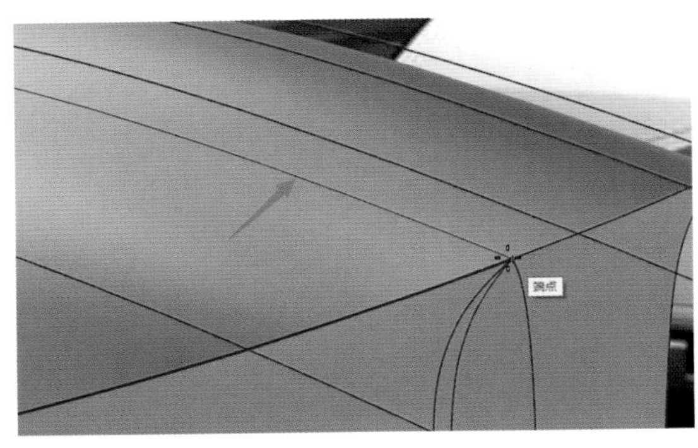

● 步骤 34：在 Front 视图中绘制如图曲线，并进行复制。

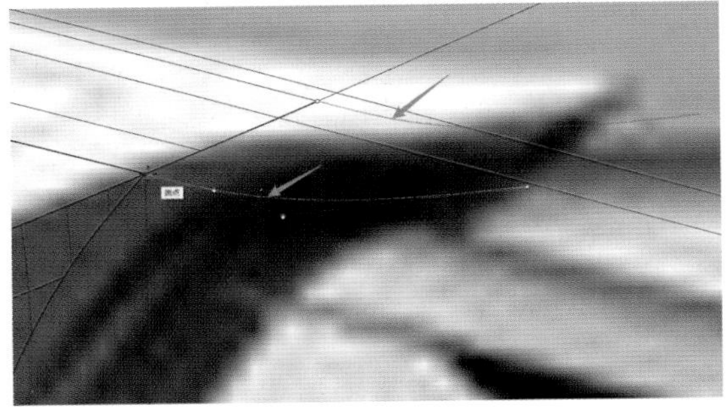

● 步骤 35：将曲线与抽离的曲线进行衔接（曲率）。

● 步骤 36：镜像相关曲线，并绘制内插点曲线。

● 步骤 37：通过网线工具成型。

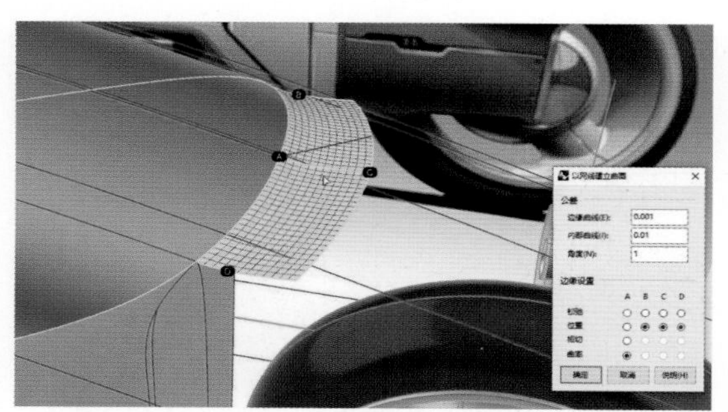

● 步骤 38：在 Top 视图中绘制如图曲线，并修剪曲面。

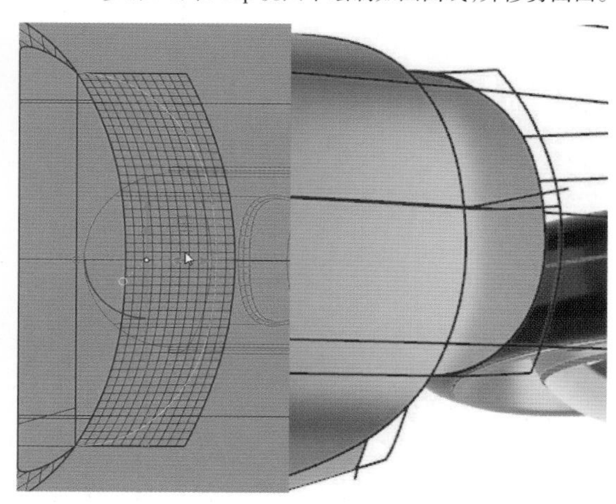

● 步骤 39：在 Right 视图中绘制如图曲线。

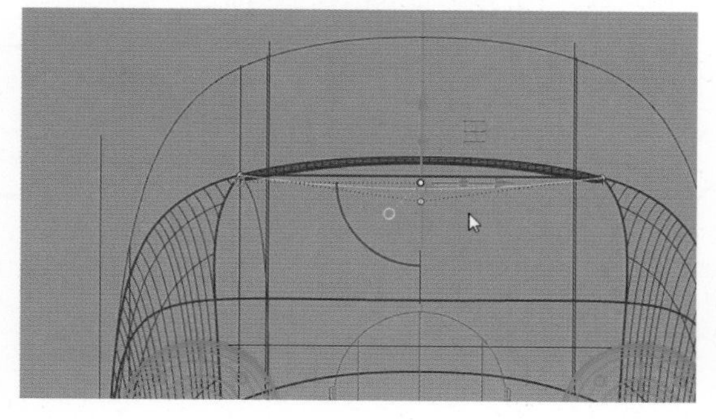

● 步骤 40：在 Right 视图中将曲线投影到所示曲面上。

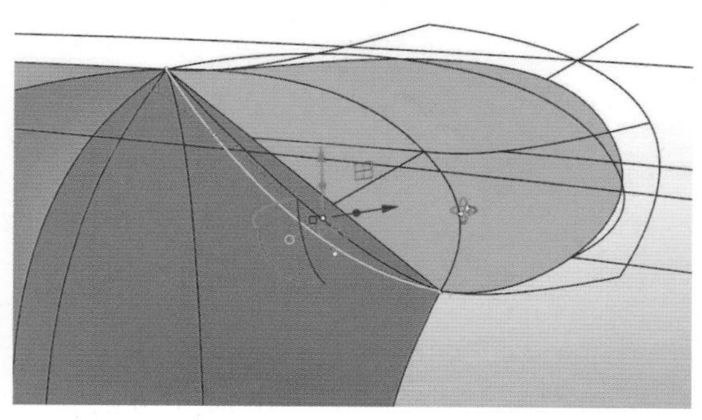

● 步骤 41：将如图曲面边缘在中点处分割为两段。

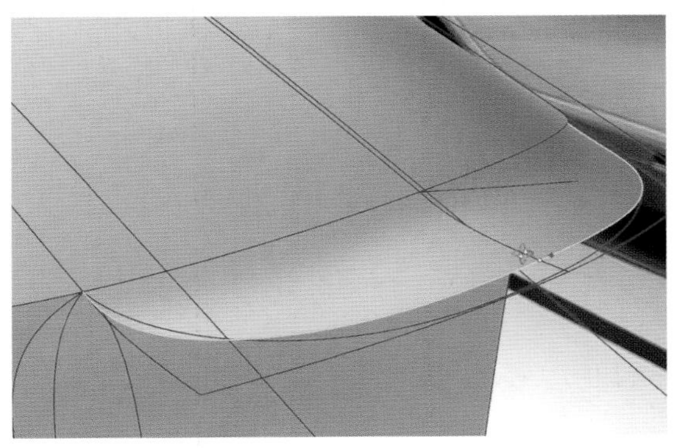

● 步骤 42：通过双轨扫掠建立如下曲面。

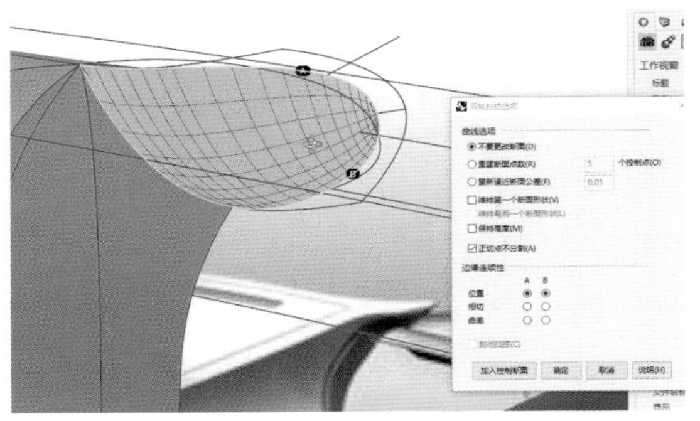

● 步骤 43：显示如下曲面。

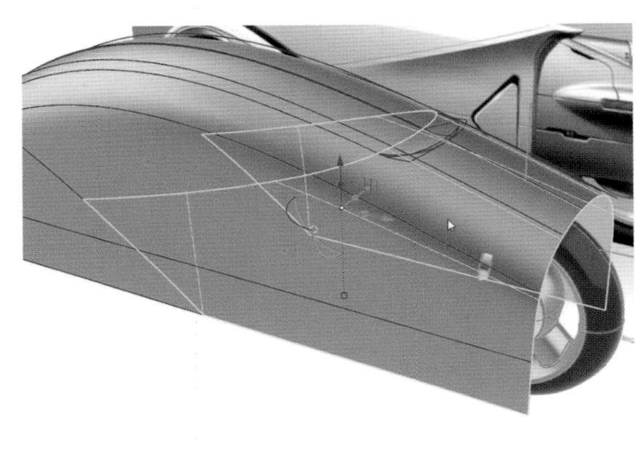

● 步骤 44：将曲面进行移动和单轴缩放。

● 步骤 45：在 Front 视图中绘制如图直线。

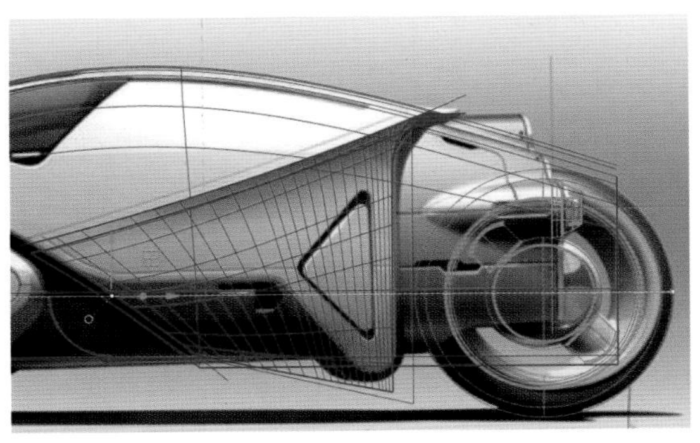

● 步骤 46：通过直线修剪曲面。

● 步骤 47：创建混接曲线。

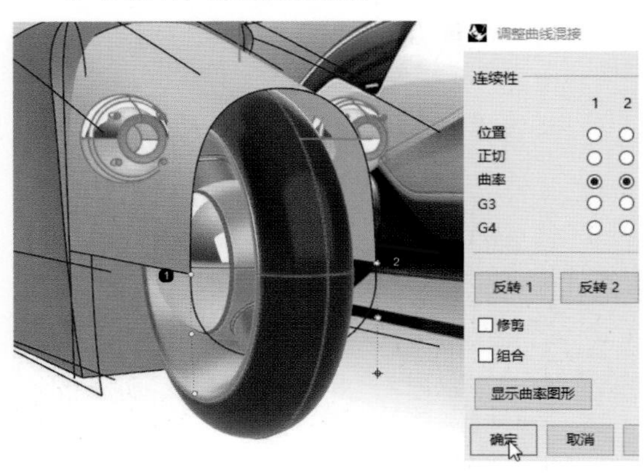

● 步骤 48：通过双轨扫掠建立如下曲面。

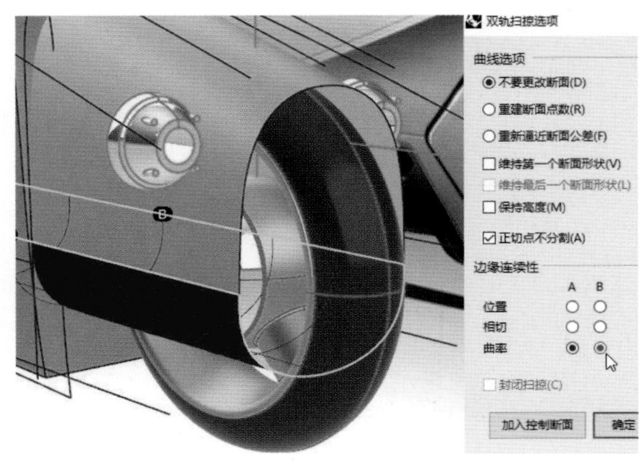

● 步骤 49：组合如下曲面。

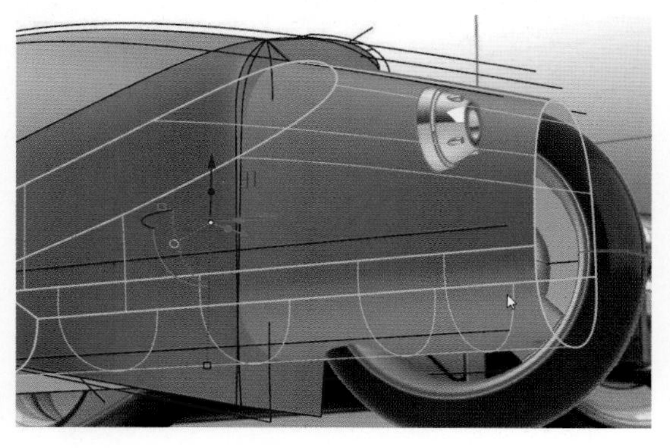

● 步骤 50：绘制如下控制点曲线。

● 步骤 51：将曲线旋转成型，并通过调整曲线控制点改变曲面形状。

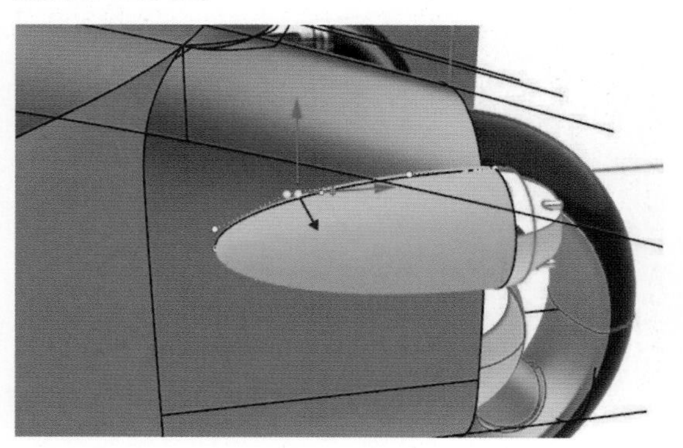

● 步骤 52：调整物体位置，并镜像。

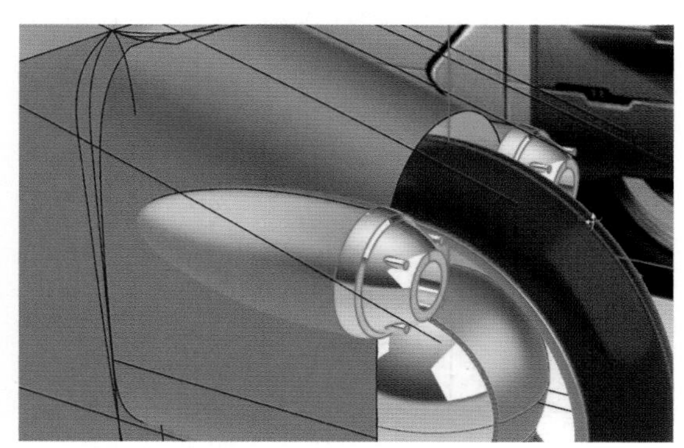

● 步骤 53：在 Right 视图中绘制如图中的曲线。

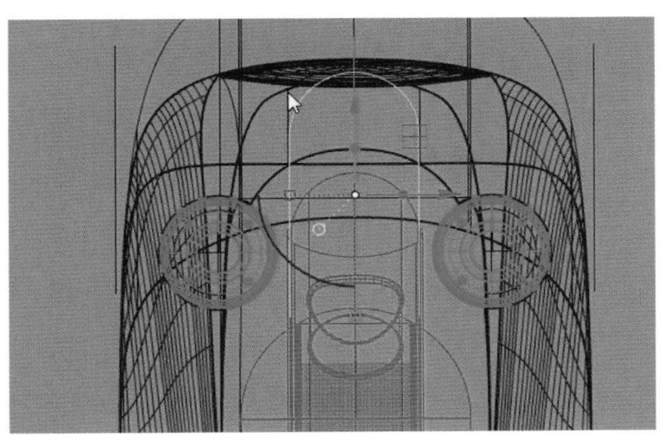

● 步骤 54：在 Right 视图中绘制如图中的直线。

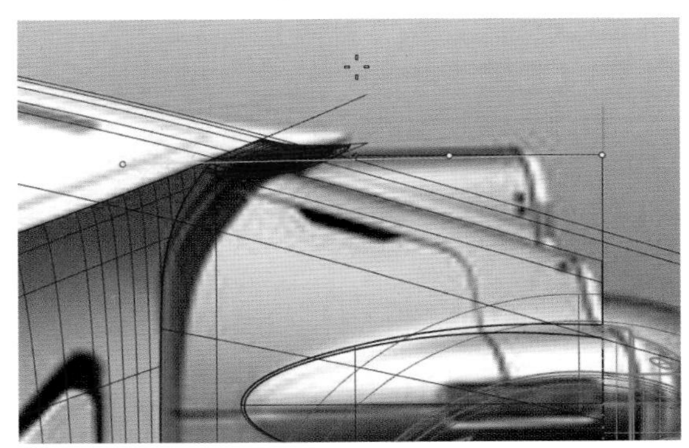

● 步骤 55：将曲线沿着直线挤出成型。

● 步骤 56：修剪相关曲面，并组合。

● 步骤 57：将曲面做布尔联集的运算。

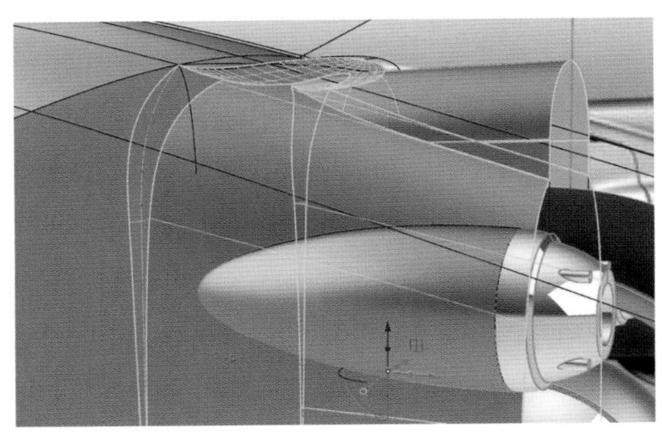

● 步骤 58：将平面洞加盖。

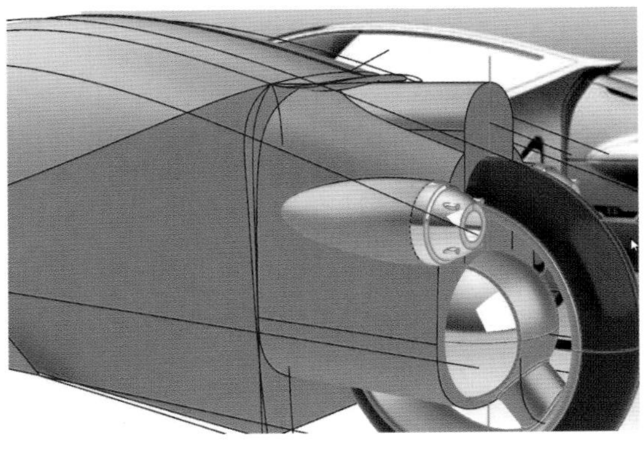

● 步骤 59：通过偏移曲线及曲线圆角，创建如图中的封闭曲线。

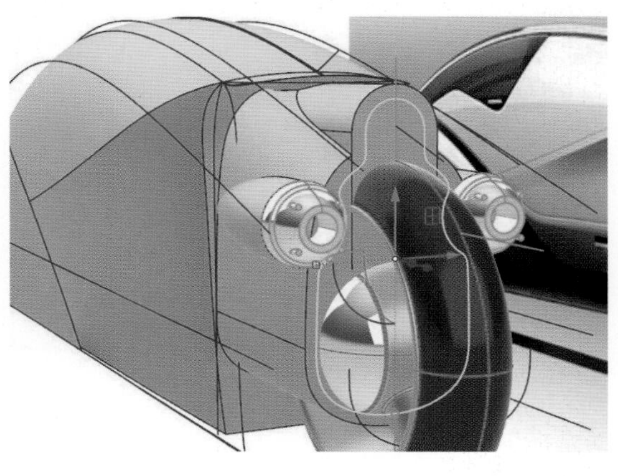

● 步骤 60：将曲线向左侧挤出实体。

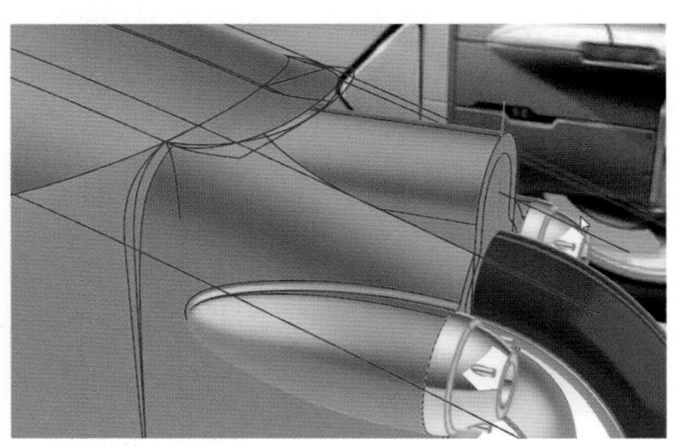

● 步骤 61：在 Front 视图中偏移直线，分割如下曲面，并加盖。

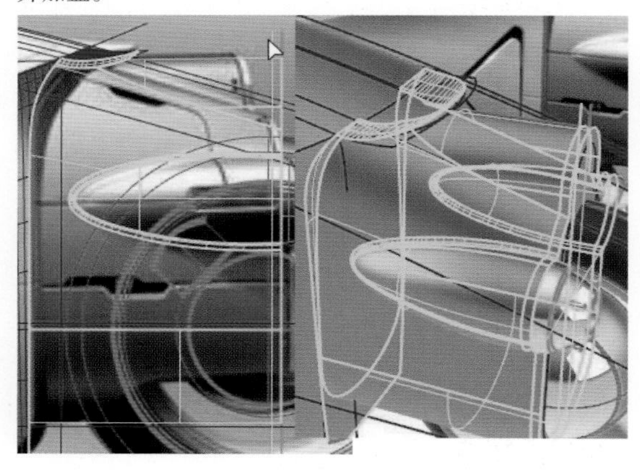

● 步骤 62：与步骤 60 的实体进行布尔差集运算。

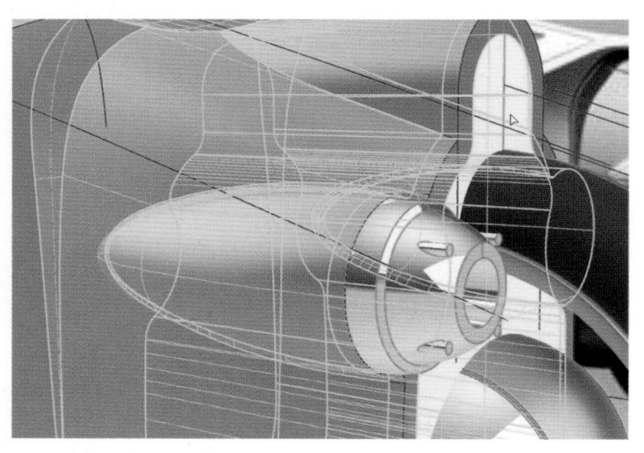

● 步骤 63：设置相关物体的材质。

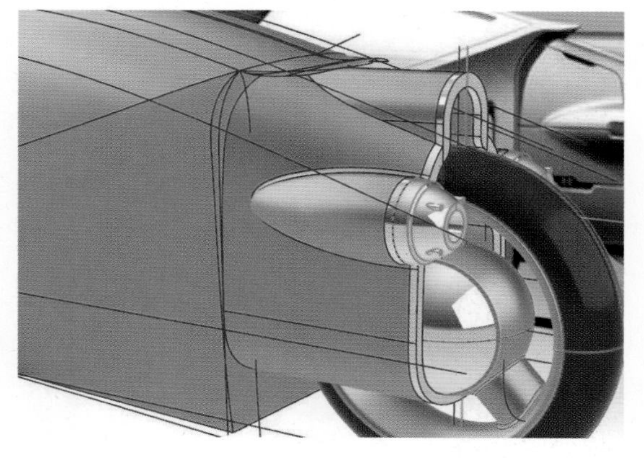

● 步骤 64：在 Front 视图中绘制如图中的曲线。

● 步骤 65：将曲线移动复制、缩放，并镜像。

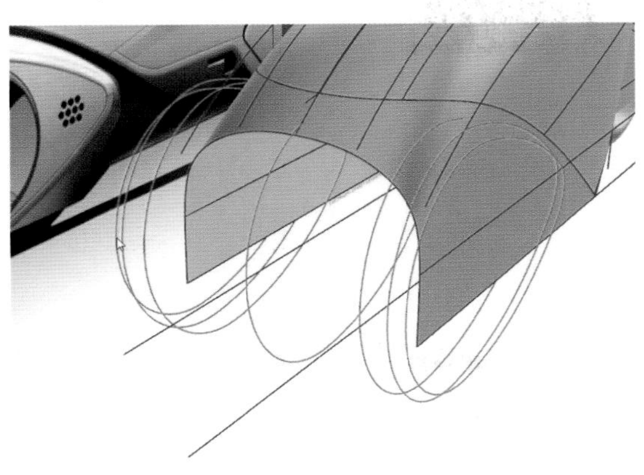

● 步骤 66：通过放样成型（松弛）。

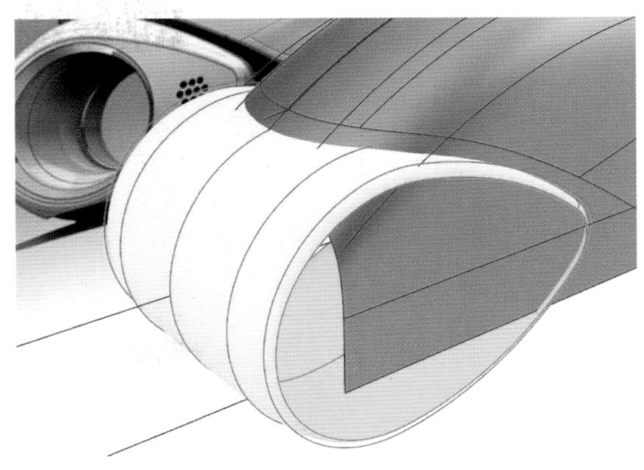

● 步骤 67：在 Top 视图中绘制如图中的曲线、镜像，并修剪曲面。

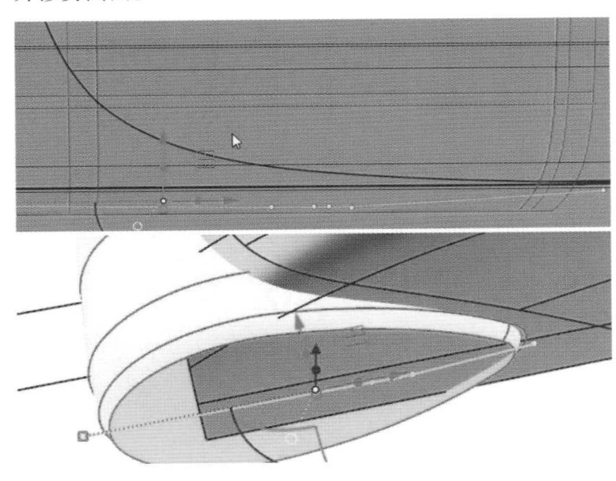

● 步骤 68：将曲线往两侧挤出曲面。

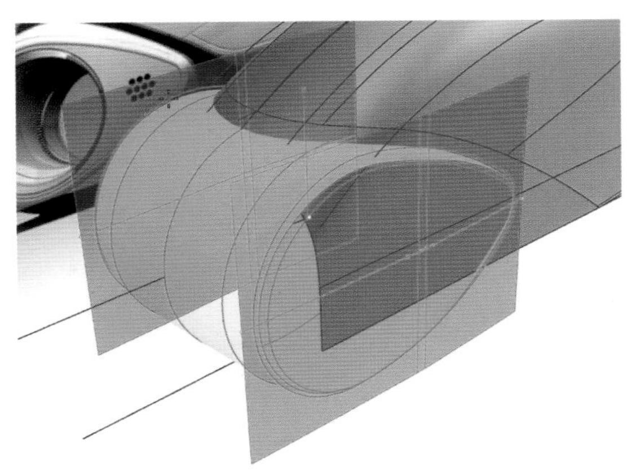

● 步骤 69：修剪曲面，并组合成实体。

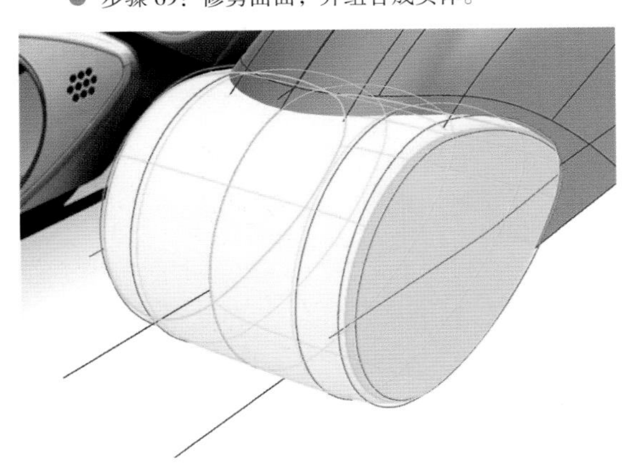

● 步骤 70：对实体边缘倒圆角。

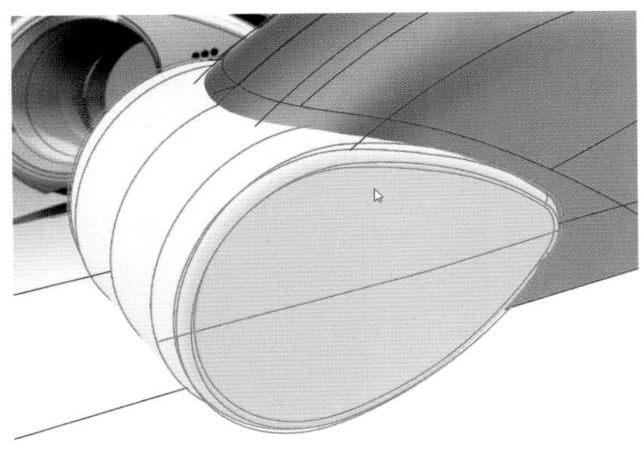

● 步骤 71：在 Front 视图中绘制如图中的圆。

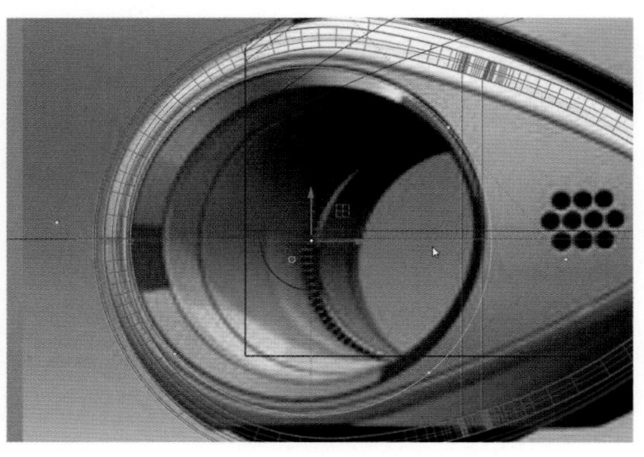

● 步骤 72：在 Front 视图中对实体进行修剪。

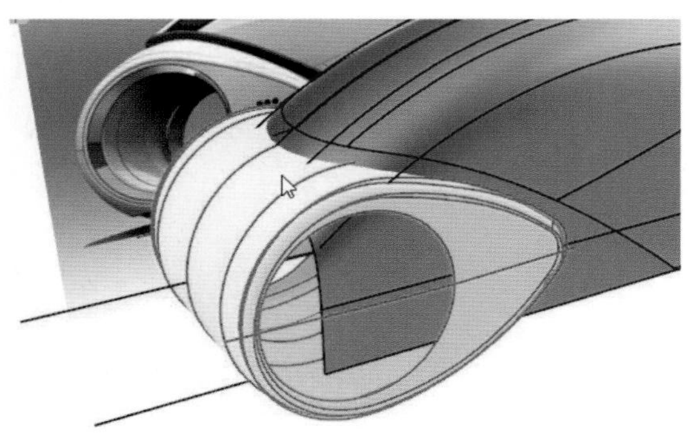

● 步骤 73：在 Front 视图中绘制如图中的圆，并移动变形。

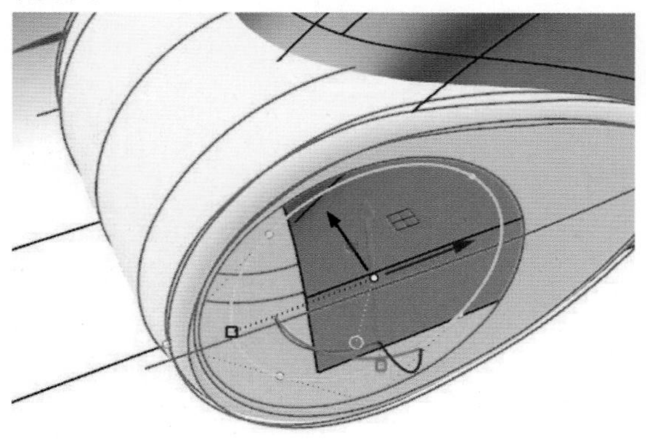

● 步骤 74：通过放样建立如下曲面。

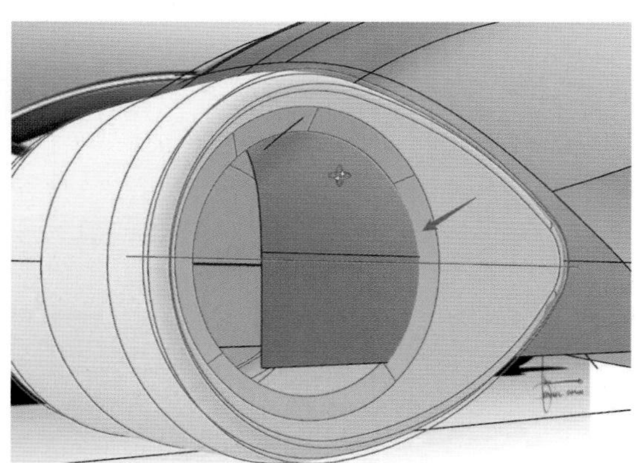

● 步骤 75：镜像曲面，在中间绘制圆，并放样成型。

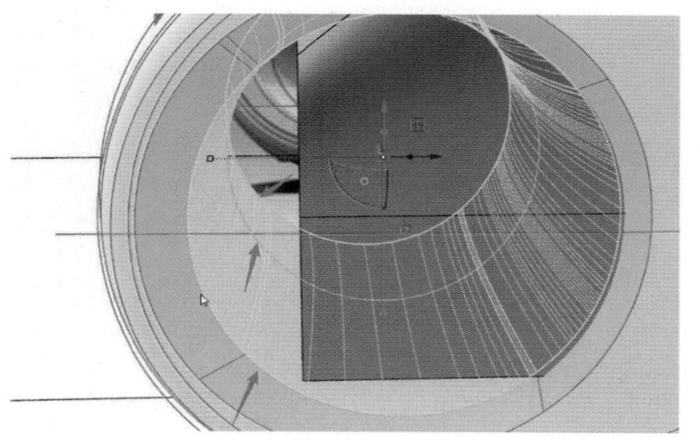

● 步骤 76：将曲线往两侧挤出成型。

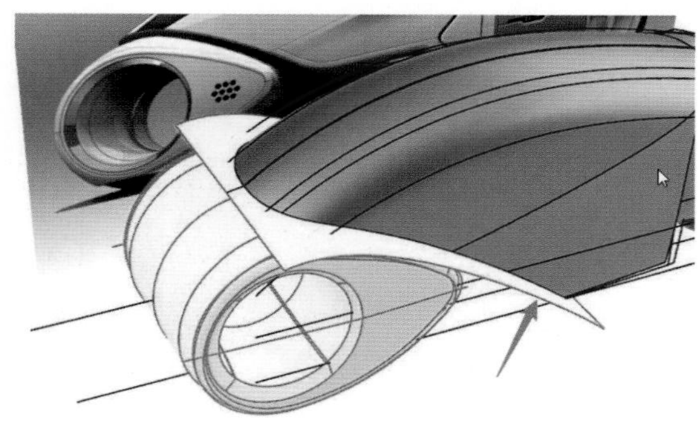

● 步骤77：通过结构线分割曲面，并删掉下方的曲面。

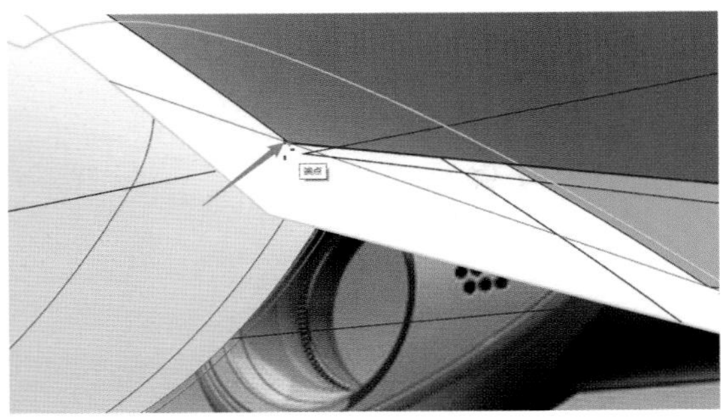

● 步骤78：通过曲面修剪掉多余的曲面。

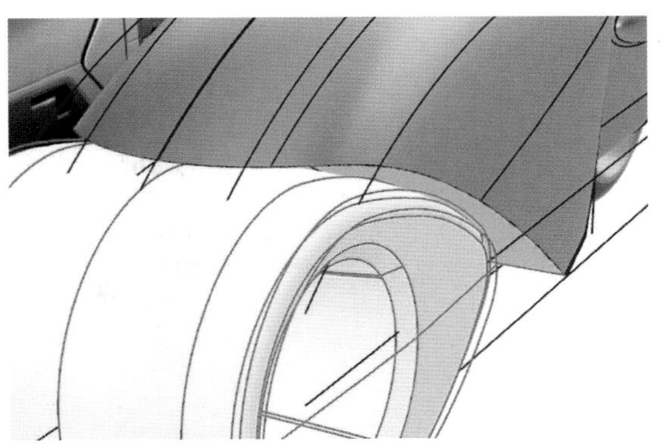

● 步骤79：在Front视图中绘制如图中的曲线，并修剪掉下方的曲面。

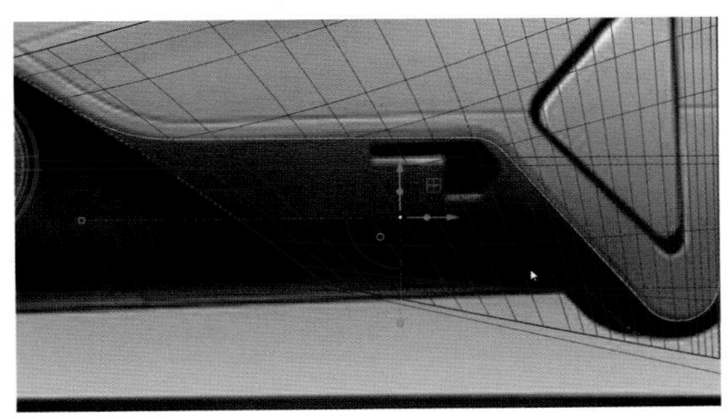

● 步骤80：通过放样曲面边缘，连接前后的曲面。

● 步骤81：通过结构线分割曲面，并删掉下方的曲面。

● 步骤82：组合相关的曲面。

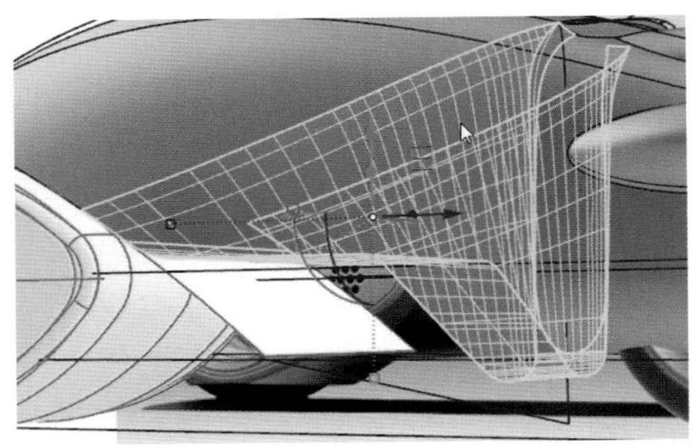

● 步骤 83：向下偏移曲线。

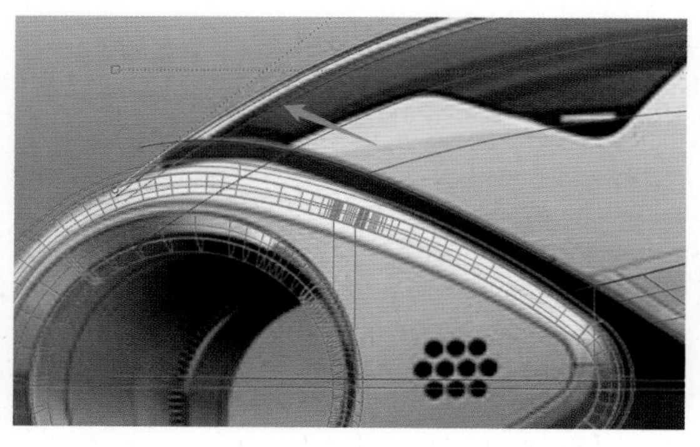

● 步骤 84：在 Front 视图中绘制多重直线，并与曲线组合。

● 步骤 85：将曲线往两侧挤出实体。

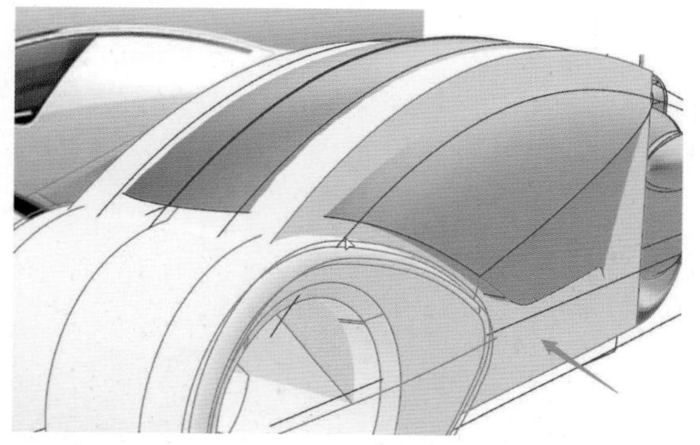

● 步骤 86：将实体相关边缘倒圆角。

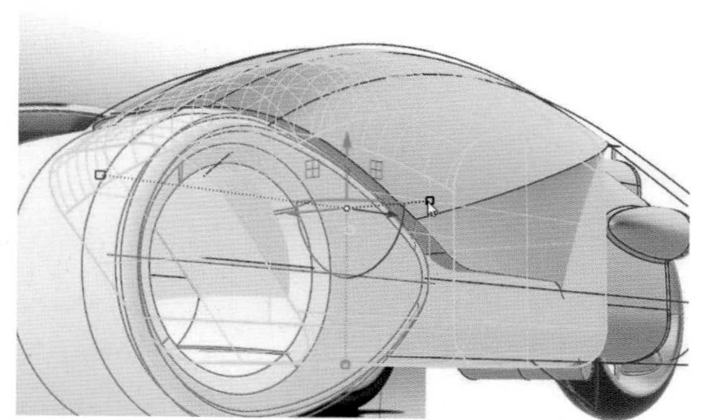

● 步骤 87：进行布尔差集的运算，并删掉多余的实体。

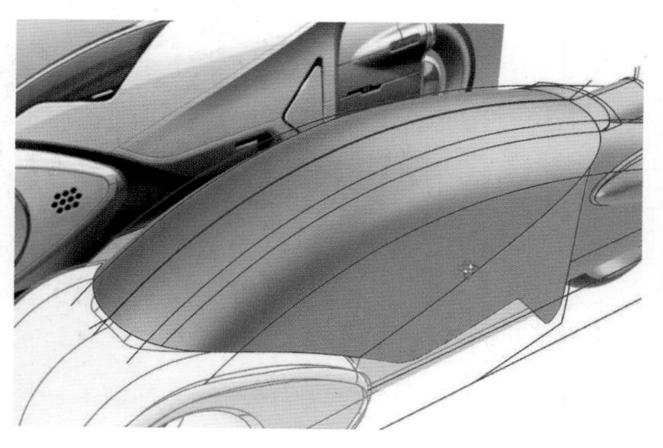

● 步骤 88：在 Front 视图中绘制如图中的曲线（锁定到端点）。

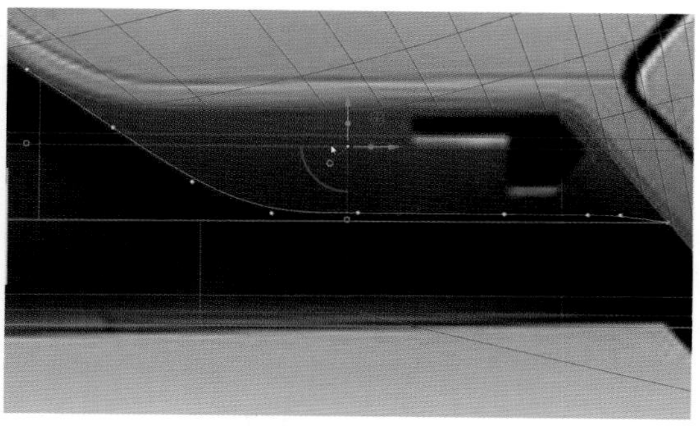

● 步骤 89：复制曲面的边缘，组合后，对曲线进行分割。

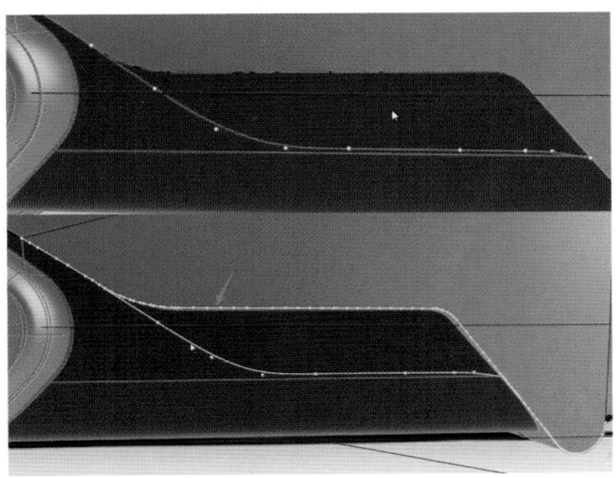

● 步骤 90：在两条曲线之间绘制曲线，通过双轨扫掠成型。

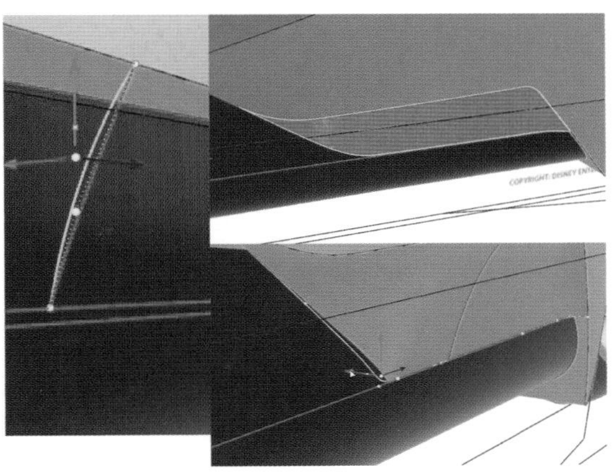

● 步骤 91：隐藏所有的曲线，设置物体材质，得到如下图的结果。剩下的细节部分请读者自行完成。

3.5 项目课题5：产品拆解与重建

很多同学刚接触产品设计的时候，没有尺寸和结构的概念，通常按自己的感觉建模，完全忽略了尺寸和生产工艺上的要求和限制。通过对市面上现有产品的拆解、测量和重新建模，帮助大家全方位了解现有产品设计的经验，建立尺寸及结构的概念，为做出成熟的设计打下良好的基础。

3.5.1 训练目的

能够按照产品的真实尺寸及装配关系建立数模，建立“按实际尺寸”建模的良好习惯。同时，学习产品测量的方法，训练实体建模的能力，以及学习数模用于3D打印及模型制作。

3.5.2 训练要求

使用量具获取产品的尺寸数据，比如游标卡尺、千分尺、半径规、角尺、蛇尺等；合理使用工具对产品进行拆解；按照产品的测量尺寸在Solidworks中建立1 : 1的数模；通过对数模的处理，使之符合3D打印的要求，并将零部件打印出来；将打印出来的零部件做成实物模型；同时渲染产品效果图、对实物模型进行拍照，通过版面设计进行表达。

3.5.3 知识要点

量具的使用方法，可以参阅产品说明书或网络搜索；3D打印及模型制作请参见本书2.5章节（建模与3D打印）。

3.5.4 使用软件

Solidworks、Keyshot、Photoshop、Illustrator等。

3.5.5 作业提交

Solidworks数模、渲染效果图、3D打印模型、模型拍摄图、版面设计。

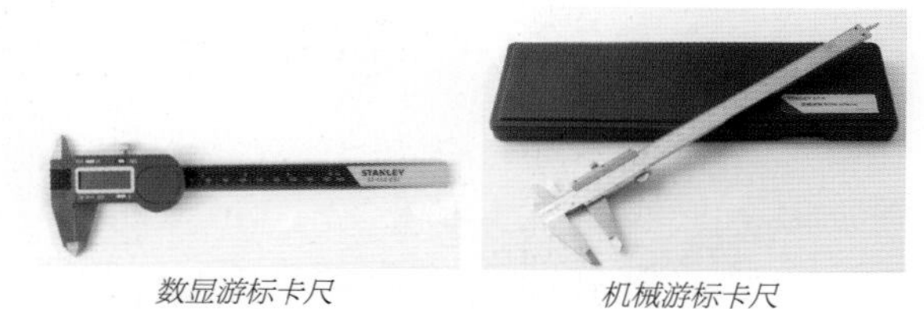

数显游标卡尺　　机械游标卡尺

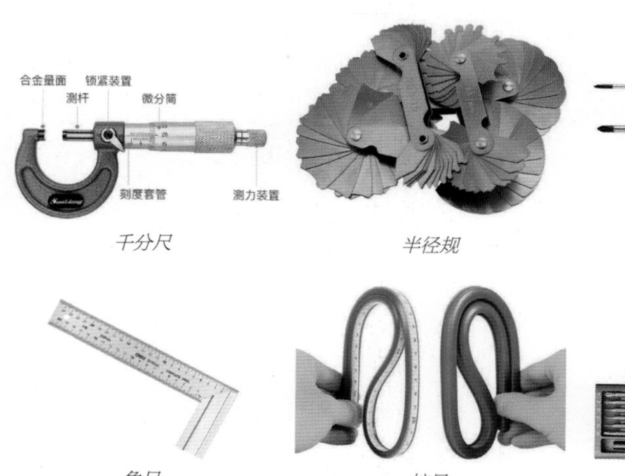

千分尺　　半径规

角尺　　蛇尺

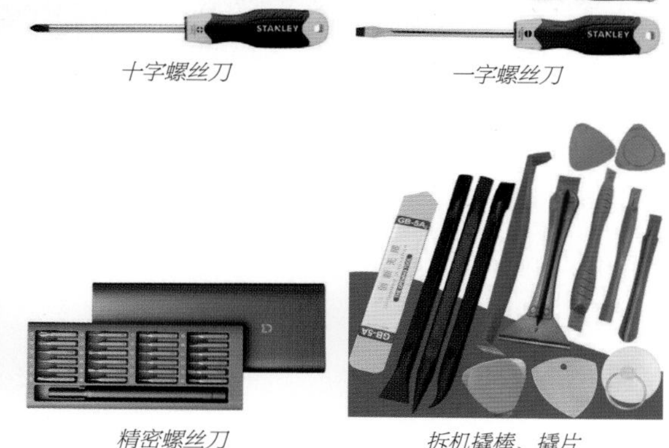

十字螺丝刀　　一字螺丝刀

精密螺丝刀　　拆机撬棒、撬片

3.5.6 作业纪要

本大作业可安排在学习“SOLIDWORKS 零件与装配体教程”时进行。

具体进度安排如下：

第 1 周：产品筛选，购买产品及工具（从节省成本角度考虑，可以购买二手物品）。

第 2 周：产品拆解，并进行测绘（目的：学会使用专业工具、正确测量，并训练徒手绘制产品视图）。

第 3 周：初步建模。根据测量的数据，建立 1：1 的外观模型（此部分由学生自行完成，目的在于检视学生建模学习情况，提高实际操作能力）。

第 4 周：数模优化。根据 3D 打印的要求，将外观模型优化为可 3D 打印的数模，完成拆件（在教师的指导下完成，目的在于通过评图改图的方式，进一步提升学生解决实际问题的能力）。

第 5 周：数模定稿，发包 3D 打印；渲染效果图；购买表面处理的材料（砂纸、油漆等）（在教师的指导下完成，训练渲染效果图的能力，清楚 3D 打印的要求及流程）。

第 6 周：3D 打印模型打磨；制作产品表面贴纸文件（水贴、金属贴等）并发包制作（此部分的重点在于对光敏树脂模型的打磨、喷漆和表面印刷，锻炼学生模型制作的动手能力）。

第 7 周：模型喷漆，并完成组装；开始制作版面。

第 8 周：实物模型拍摄，完成展板的制作（涉及产品摄影、综合设计表达）。

第 9 周：课程作业汇报及展览（培养设计汇报及展览展示的能力）。

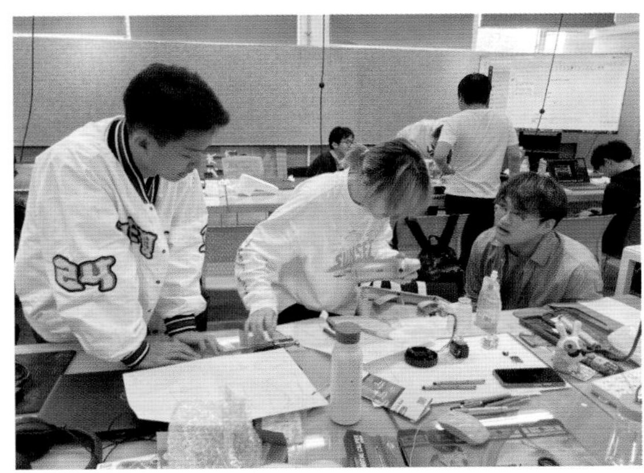

3.5.7 参考作业

“英雄”打字机 拆解与重建

课程名称：《CAD/CAM三维软件》&《模型制作》
专业班级：产品设计（整合创新设计）2019级
指导老师：张一

项启航 2019260011　吴江晗 2019260019　戴瑞峻 2019260017

“英雄”打字机是一款被时代逐渐淘汰的过气产品，随着打印技术的不断升级，更多花色键盘的不断更新，打字机这一物件就这样消散在时代的洪流中，我们选取这一产品进行拆解和重建，更有使其得到更新变化的愿望，我们希望它能在某个小众的范围内得到喜好和继承。

如果时间可以拥有记忆，我们希望打字机不会就这样湮没无声。

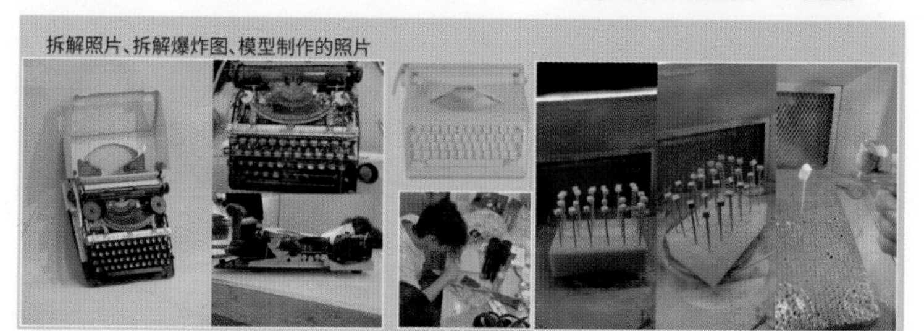

“德龙”咖啡机 拆解与重建

课程名称：《CAD/CAM三维软件》&《模型制作》
专业班级：产品设计（整合创新设计）2019级
指导老师：张一

马新源 2019260037

孔亦夫 2019260043

黄继伟 2019260003

德龙半自动咖啡机，此产品用于制作多种咖啡，热牛奶和热水。
马新源主要负责大部分建模与喷漆，孔亦夫主要负责大部分渲染和拍照，黄继伟主要负责大部分打磨与展板。
通过本次课程我们对模型的制作有了更深入的了解。

上海视觉艺术学院 Shanghai Institute of Visual Arts
sd siva detao school of design

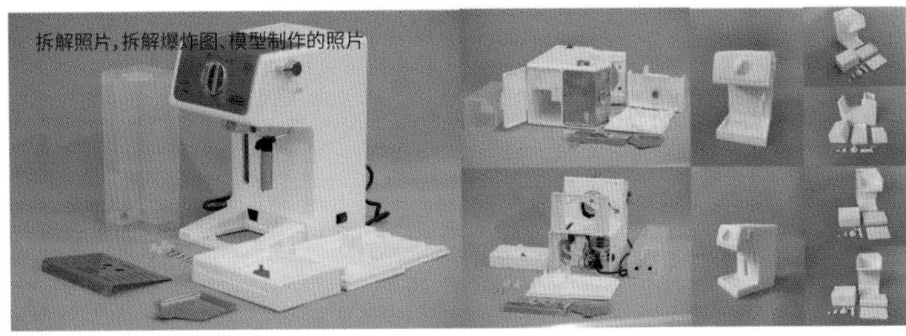
拆解照片，拆解爆炸图、模型制作的照片

爆炸图、其他视角效果图、三视图

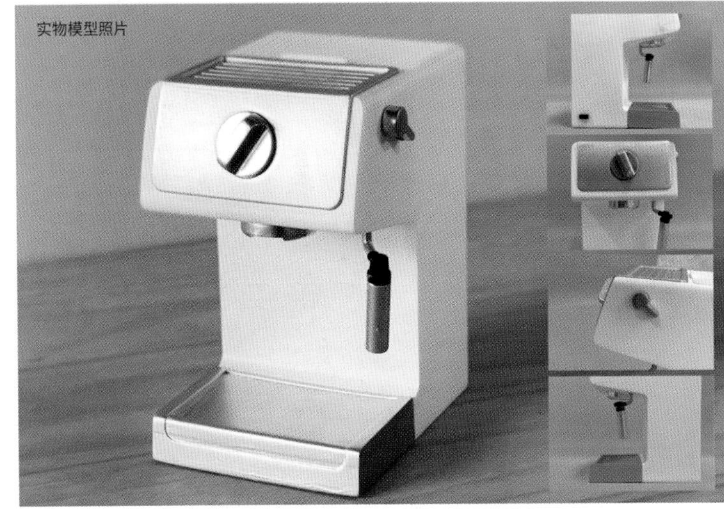
实物模型照片

自动感应皂液器 拆解与重建

课程名称：《CAD/CAM三维软件》&《模型制作》
专业班级：产品设计（整合创新设计）2019级
指导老师：张一

倪雨雪
2019260018

赵奥龙
2019260044

熊彬
2019531021

品牌说明：瑞沃皂液器外观简约，优雅百搭。来自大自然的设计灵感，树杈造型，洁净回归。
作业过程：倪雨雪与赵奥龙负责数字模型建模与渲染，三位同学一起参与了3D模型喷漆，后倪雨雪同学制作展板。
心得体会：了解到该类产品的材料与工艺制作，并学习到产品模型制作与曲面的造型数字建模技术，以及产品的渲染手法。

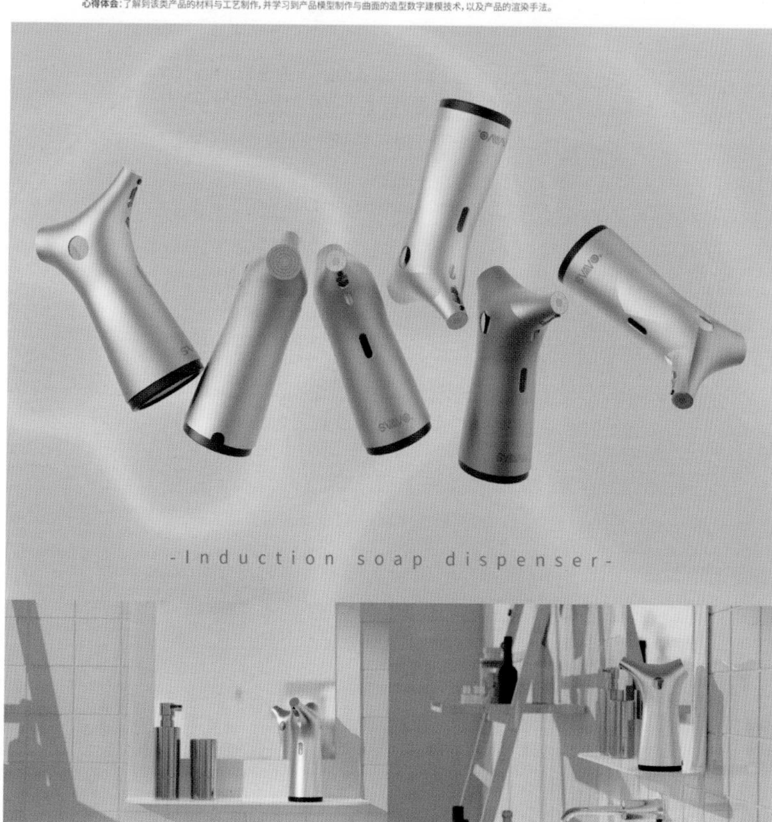

上海视觉艺术学院
Shanghai Institute of Visual Arts
sd siva detao school of design

拆解照片、拆解爆炸图、模型制作的照片

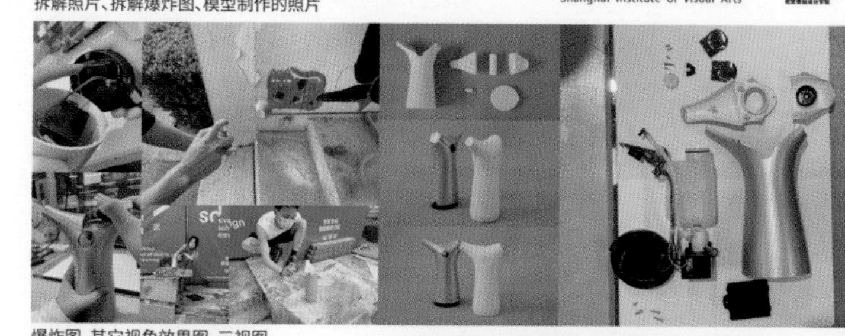

爆炸图、其它视角效果图、三视图

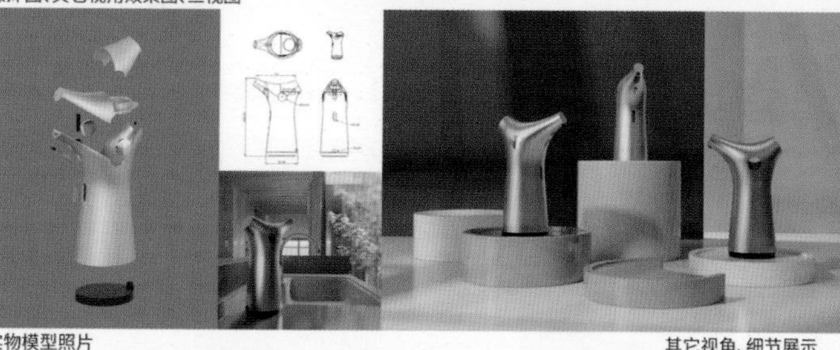

实物模型照片

其它视角、细节展示

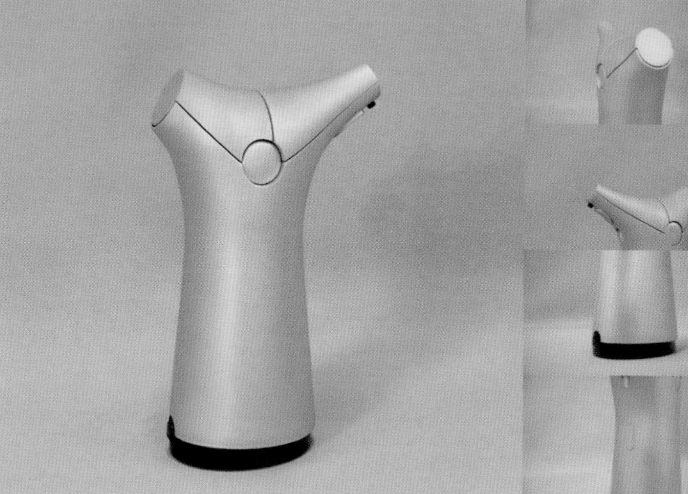

上海视觉艺术学院
Shanghai Institute of Visual Arts
sd siva detao school of design

胶囊咖啡机 拆解与重建

课程名称：《CAD/CAM三维软件》&《模型制作》
专业班级：产品设计（整合创新设计）2019级
指导老师：张一

兰玉倩
2019260013
建模 渲染 3D打印
打磨

张孟宸
2019260057
建模 购买材料
打磨 制作展板

葛佳昕
2019260054
购买材料 摄影
打磨 喷漆 粘合

这是一台由小米旗下心想品牌生产的胶囊咖啡机，它的外形与配色均是简约风格。拿到咖啡机事物以后，我们首先将其拆解，研究结构，然后将各个部件分开建模并拼成一个整体，制作渲染图、效果图、爆炸图、三视图，将建好的模型3D打印。进入后期，我们将3D模型打磨、喷漆、粘合，制成最终模型并对其进行拍摄、制作展板。在这次模型制作的学习中，我们进一步了解了制作模型的方法，对设计的流程有了更深的认知，并从中找到了乐趣，受益匪浅。

拆解照片、拆解爆炸图、模型制作的照片

爆炸图、其他视角效果图、三视图

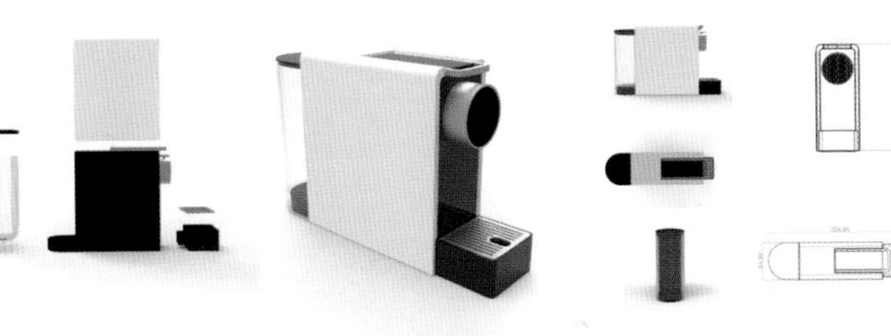

实物模型照片

其他视角、细节展示等

3.5.8 建模案例（睡眠伴侣）

此作品为一同学的毕业设计，内部装有一系列的零部件（如主板、喇叭、重力传感器、电池、灯带、屏幕等），通过 CNC 打样做出了一件高保真的功能手板。下面将根据手板测绘的数据,演示其建模过程。

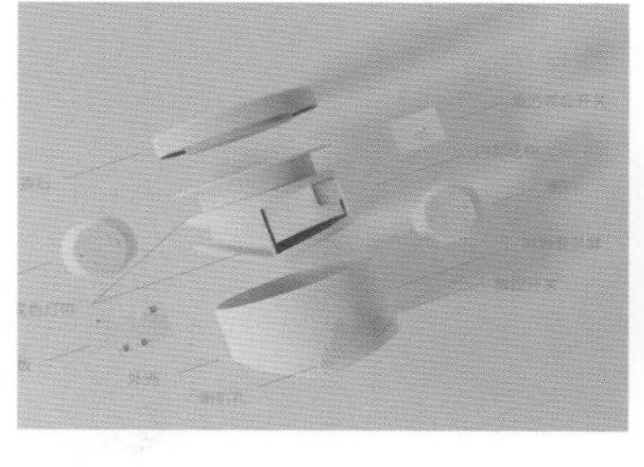

扫码下载资料

● 步骤 1：在上视基准面绘制直径 190mm 的圆，并向上拉伸凸台100mm。

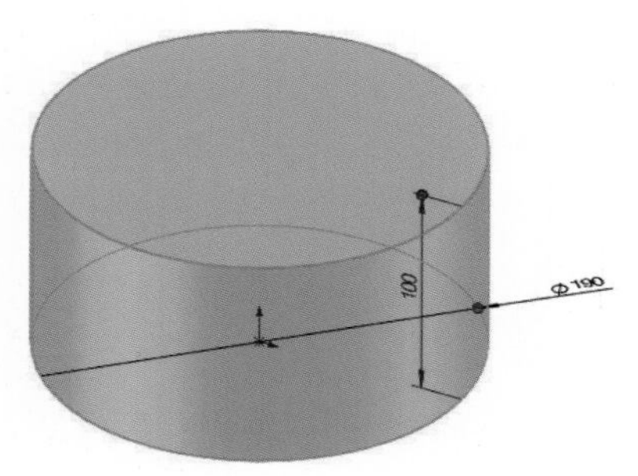

● 步骤 2：在前视基准面绘制如下草图，并往两侧拉伸切除（完全贯穿）。

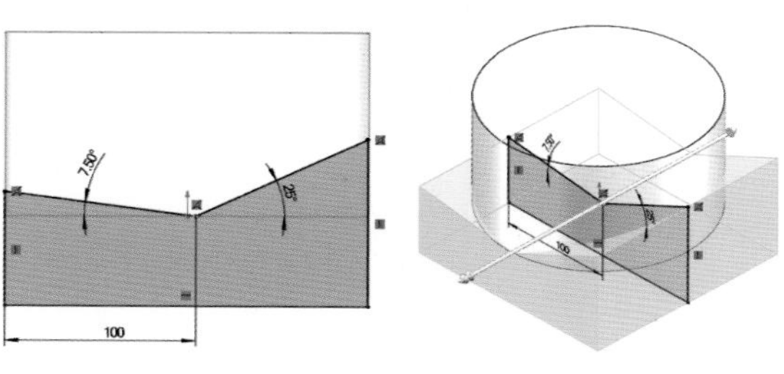

● 步骤 3：在物体上表面绘制直径 184mm 的圆，并向下拉伸切除（完全贯穿，向内薄壁 0.25mm，保留所有实体）。

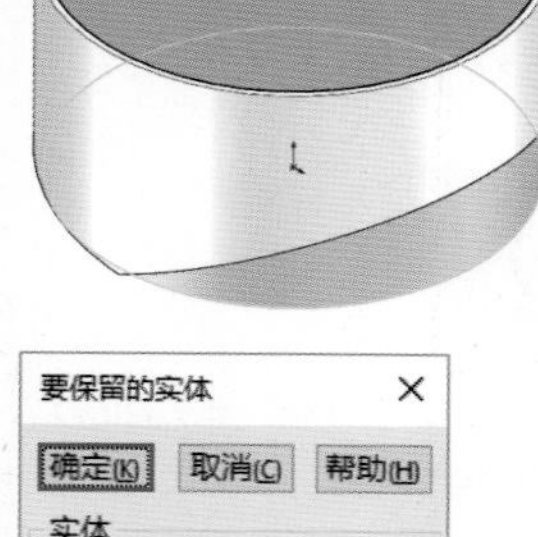

要保留的实体

确定(K) 取消(C) 帮助(H)

实体

◉ 所有实体(A)

○ 所选实体(S)

● 步骤 4：隐藏内侧实体，将步骤 3 中绘制的草图向上拉伸凸台 2mm（向外薄壁 1.5mm，与外侧的实体合并结果）。

● 步骤5：选择产品外表面，创建基准轴；选择基准轴和前视基准面，创建基准面（夹角20°）。

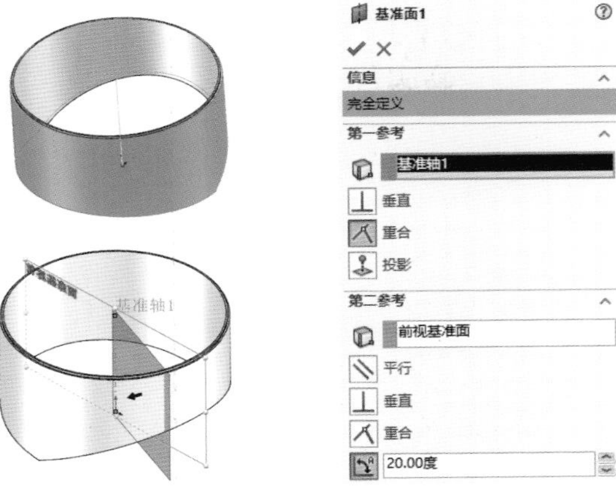

● 步骤6：在步骤5的基准面上绘制如下草图，并完成旋转切除。

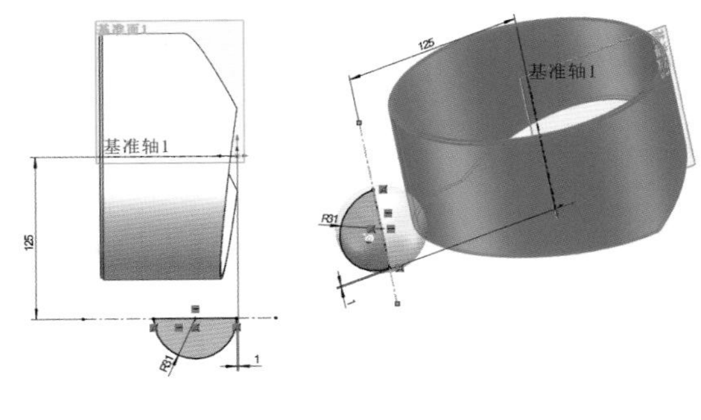

● 步骤7：以步骤5中的基准轴为旋转轴，将步骤6中的旋转切除特征阵列4个（间距10°）。

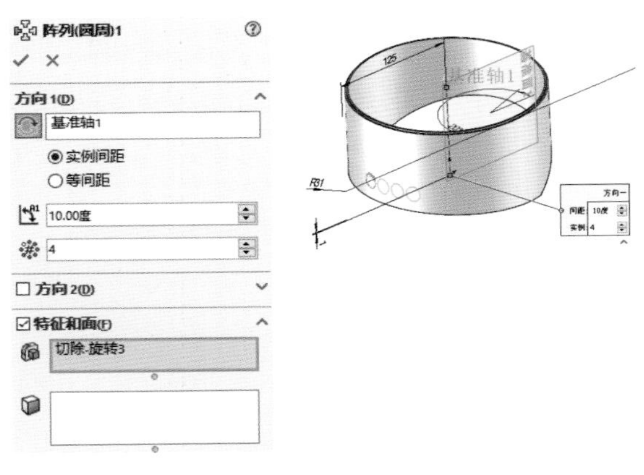

● 步骤8：隐藏外侧实体，显示内侧实体；在物体上表面转换实体引用，并向上拉伸凸台2.1mm（合并结果）。

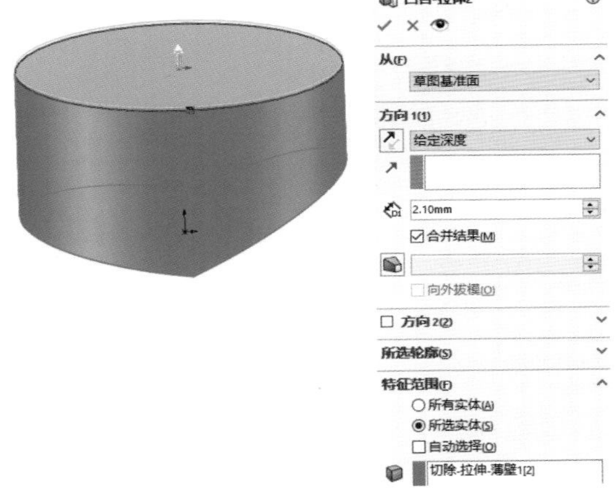

● 步骤9：在物体上表面将边缘往外等距1.5mm，并向上拉伸凸台1.9mm（合并结果）。

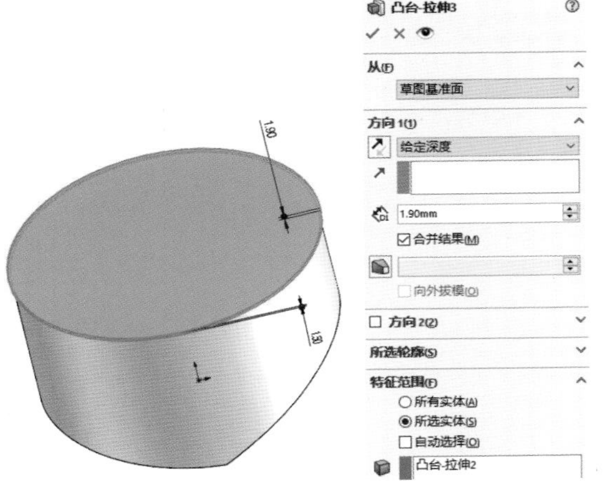

● 步骤10：在物体上表面绘制直径135mm的圆，向下等距3mm向下拉伸切除26mm。

● 步骤 11：在前视基准面绘制如下草图，往前等距 31.4mm 往前拉伸切除贯穿，并以前视基准面将该拉伸切除特距镜像。

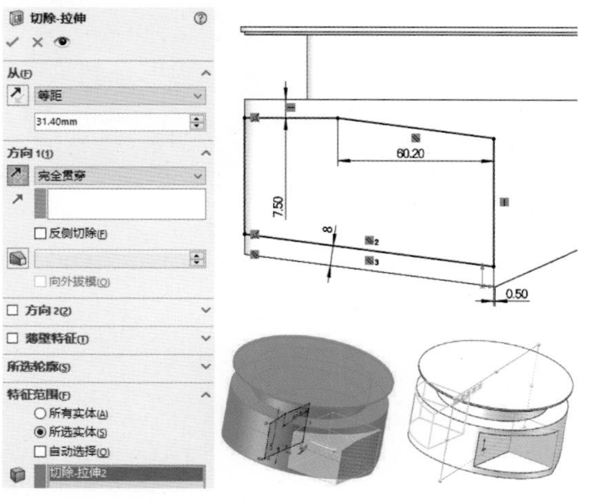

● 步骤 12："插入"—"曲面"—"等距曲面"，选择产品底部的两个面，向上等距 3mm。

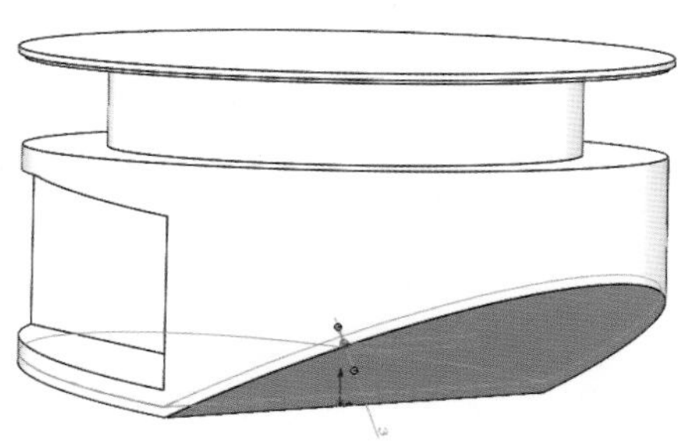

● 步骤 13：在如图所示面上绘制直径 174.5mm 的圆，将产品底部的直线转换实体引用，向下等距 3.5mm 向下拉伸切除到步骤 12 创建的曲面（所选轮廓为直线一侧的半圆）。

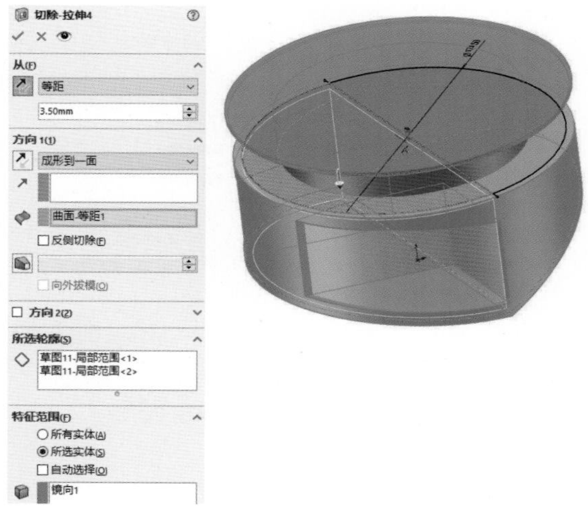

● 步骤 14：同样地，选择步骤 13 中的草图，向下等距 3.5mm 向下拉伸切除到步骤 12 创建的曲面（所选轮廓为直线另一侧的半圆）。

● 步骤 15：在前视基准面绘制如下草图，并往两侧拉伸切除完全贯穿。

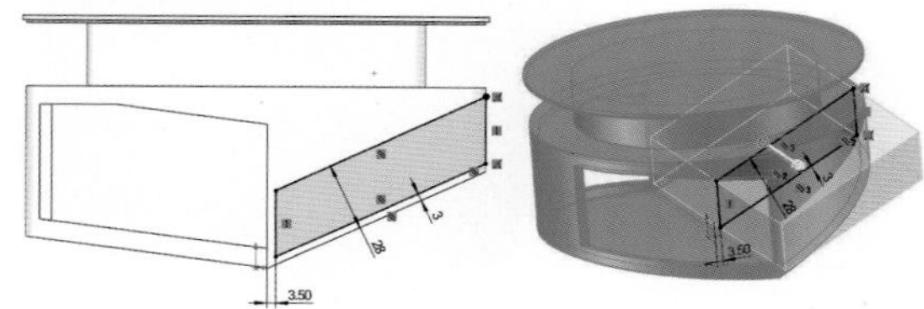

● 步骤 16：在如图平面上绘制如下草图（内圆弧半径 64mm，其余线均来自转换实体引用），从一曲面拉伸凸台到另一曲面（合并结果）。

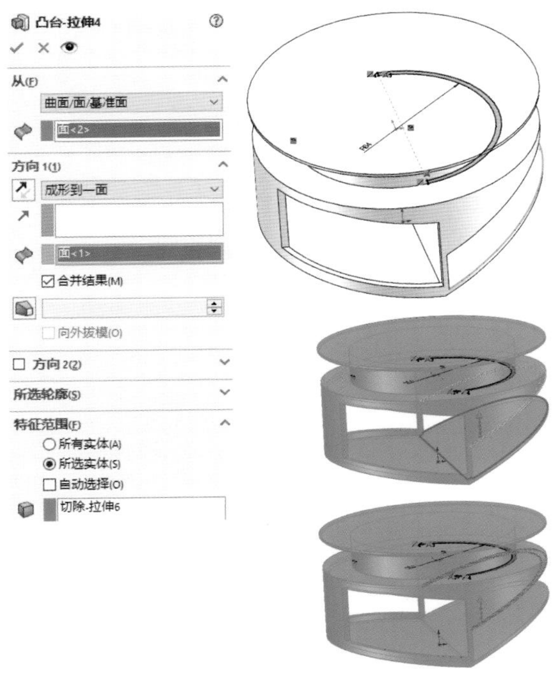

● 步骤 17：在如图平面上绘制如下草图（曲线均来自转换实体引用），从一曲面向上拉伸凸台 3.5mm（合并结果）。

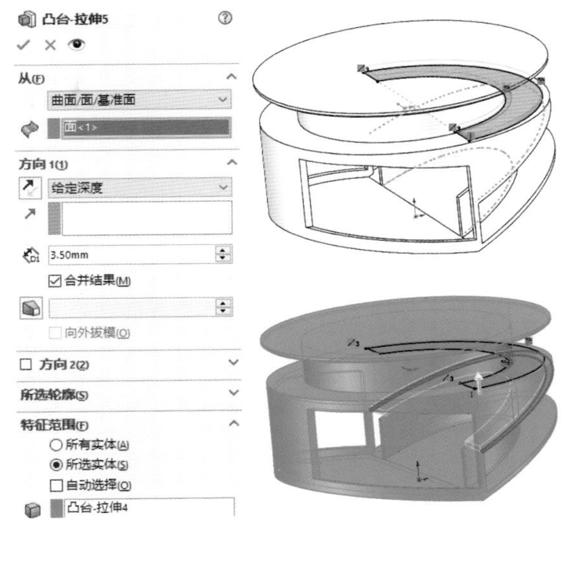

● 步骤 18：在如图平面上绘制如下草图（4 曲线来自转换实体引用，并用 4 直线连接），从一曲面拉伸凸台到另一曲面（合并结果）。

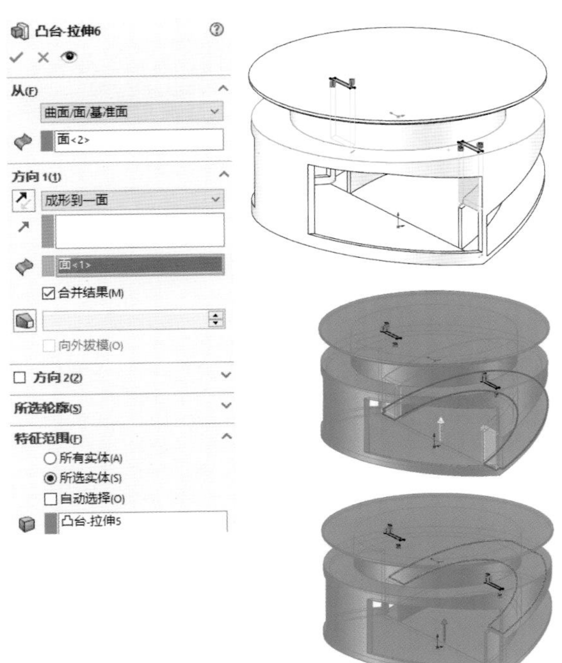

● 步骤 19：在物体上表面绘制直径 128mm 的圆，向下拉伸切除至一面。

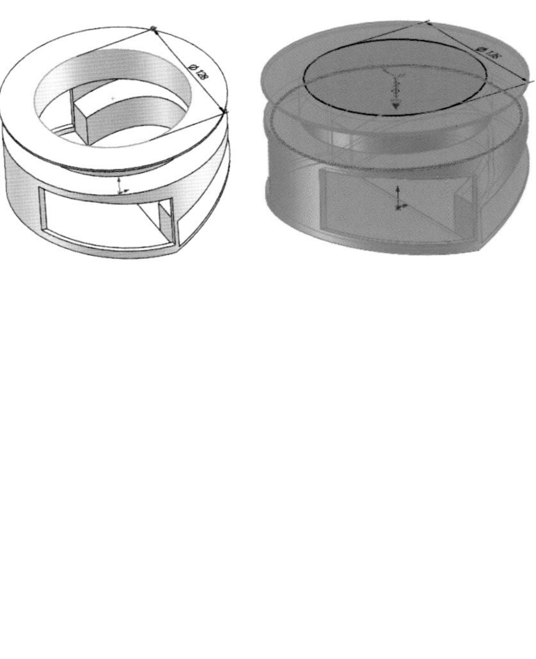

● 步骤 20：在如图平面上绘制如下草图（2 曲线来自转换实体引用），从一曲面拉伸凸台 35.5mm（合并结果）。

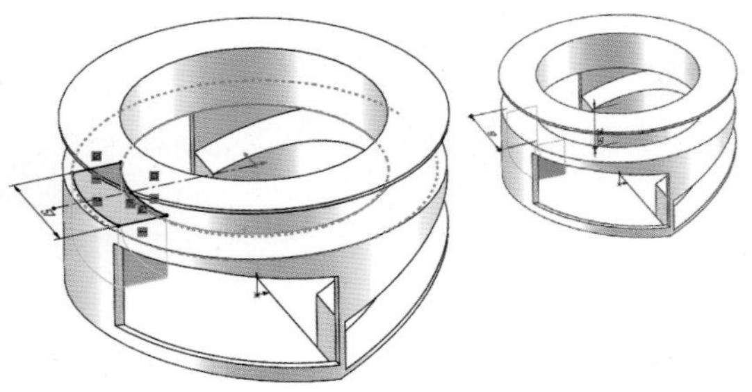

● 步骤 21：在如图平面上绘制如下草图（1 曲线来自转换实体引用），向下等距 2mm 拉伸切除 30mm。

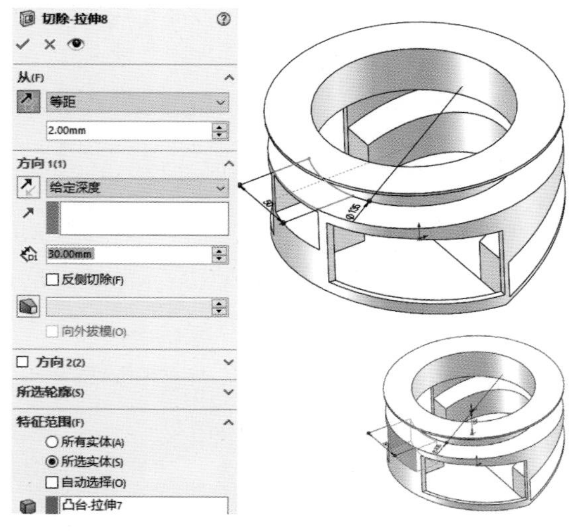

● 步骤 22：将产品底面边线向内等距 1.8mm，向下拉伸凸台 1.5mm（向内薄壁 2mm，合并结果）。

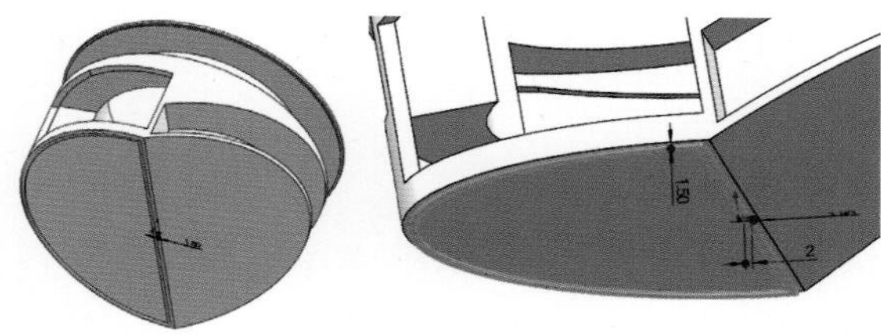

● 步骤 23：显示所有实体，在前视基准面绘制如下草图，旋转凸台 360°（取消合并结果）。

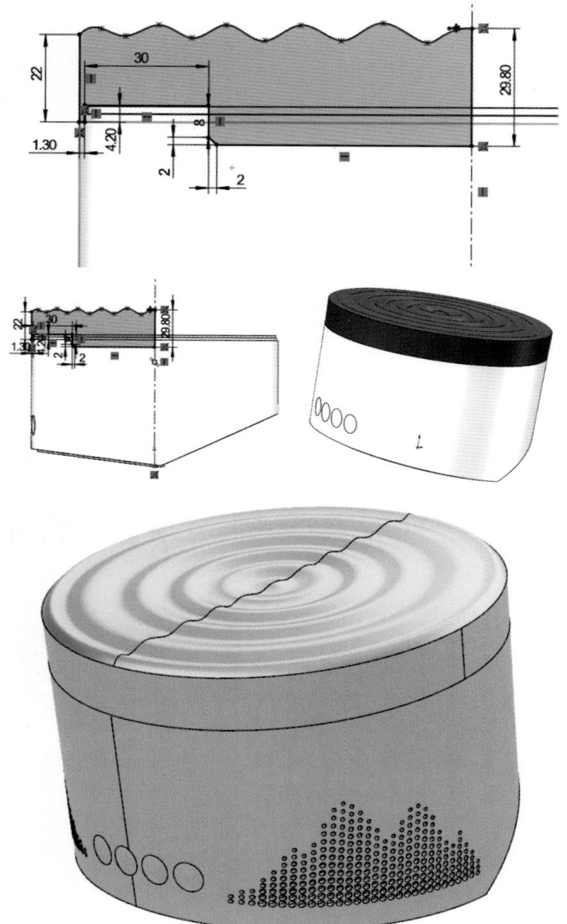

案例小结

1. 此模型为功能模型，除了展现产品的外观，还实现了主要的功能。建模时需要考虑产品的装配，内部留下足够的空间放置零件。

2. 考虑到 CNC 加工的精度、喷漆的厚度，为了便于安装，零部件之间可以设置一定间隙（如外壳与内核之间有 0.25mm 的间隙）。

3. 外壳为亚克力材料，外表面喷砂以产生磨砂质感，内表面喷透明漆，以产生半透明效果，使数字时钟及灯光可以透露出来。顶部采用聚氨酯泡沫 CNC 加工后喷漆，模拟扩香石的质感。

3.6 项目课题6：面向制造及装配的产品设计

产品设计不只是造型设计、也不只是概念设计，它更是面向和服务于制造与装配的。在设计与开发产品时，需要了解市场与用户、材料与工艺、形态与结构、人机与交互、功能与原理等许多问题。选择一个合适的课题尤为重要。既要符合学生现有的知识结构，又要使学生通过课题的开展，解决诸多问题以获得新的知识及经验。

3.6.1 训练目的

通过课题的开展，使得学生了解产品工程设计的基本知识与方法，具备一定的工程设计思维及能力。能够利用工程建模软件（如 Solidworks）进行一定的产品结构设计，在设计时充分考虑制造及装配的要求。

3.6.2 训练要求

课题：便携式蓝牙音箱设计。

说明：便携式蓝牙音箱设计是一个难度适当的课题，很容易购买到相应的零部件（喇叭、PCBA、电池、线材、开关等），其电路也比较简单，通过简单的学习及试验，可以实现所需功能。本次课题以国内外知名音响品牌的便携式蓝牙音箱为对象，研究其品牌及造型语言，基于零部件进行产品的造型及结构设计，满足三维打印及批量生产工艺的要求。最终完成的作业是高保真的样机模型，可以实现蓝牙播放功能，在设计上也延续了品牌原有的性格。

3.6.3 知识要点

本课题的训练，需要学生了解一定的产品结构设计的知识，可从相关参考资料及教师授课中学习。另外，需要了解蓝牙音箱的组成、零部件的搭配及采购。

3.6.4 使用软件

Solidworks、Rhino、Keyshot、Photoshop、Illustrator 等。

3.6.5 作业提交

三维模型、渲染效果图、版面设计、实物模型、动画视频等。包含：

· 面向制造及装配的便携式蓝牙音箱数模；

· 高品质的效果图；

· 统一要求的版面设计，以便展览；

· 较完善的设计流程，严谨的设计逻辑，做成 PPT 汇报；

· 统一要求的作品集内页设计，集合成课程作品集；

· 三维打印的模型，通过打磨、喷漆、印刷等工艺，加上购买的零部件，做成功能样机；

· 一段用于展示产品使用的视频剪辑。

3.6.6 作业纪要

本大作业可安排在学习“SOLIDWORKS 高级零件教程”时进行。

第 1 周：了解课题，购买元器件：

丹麦皮亚力士 1.5 英寸全频喇叭 2 只、蓝牙功放板、电池、线材（教师提供参考购物链接，并教授简单的电子电路知识，比如电压、功率、电阻等，使得元器件之间能匹配，学生可自行购买其他喇叭及主板）。

第 2 周：音响品牌及产品分析，尤其注重发掘产品的造型语言及 CMF 要素，为之后的设计提供依据。同时，试验元器件的安装，测试功能。

第 3 周：产品设计，主要通过草图的方式探究产品的造型、使用方式等。

第 4 周：详细设计，通过计算机建立起产品的大型，重点探讨产品造型与尺度（按真实尺寸建立零部件、并摆放合理，在此基础上建立外壳，考虑人机尺寸及交互）。

第 5 周：完善数字模型，优化产品结构（壁厚、加强筋、扣合、按钮等），使之符合 3D 打印要求，并发包打印制作。

第 6 周：产品 CMF 设计，渲染效果图，设计表面印刷文件。

第 7 周：三维打印模型制作（打磨、喷漆、贴纸、组装）。

第 8 周：产品拍摄、版面设计、制作汇报文件。

第 9 周：展览及汇报。

3.6.7 参考作业

DARHMA

作者：戴智俊Zhijun Dai、郑思敏Siming Zheng、李青栩Qingxu Li

设计说明：

B&O全名Bang & Olufsen，是世界顶级视听品牌，1925年在丹麦成立。设计上我们希望突出丹麦品牌的浪漫 强调可持续、可回收的环保理念。B&O的定价对于音质的占比不高，即音质的性价比不高。所以与其说是在做音响，不如说B&O是在打造一件艺术品。于是我们以日本的吉祥物达摩不倒翁为灵感来源，在B&O现在严肃的风格里增加一些圆滑感，也会更受年轻消费者青睐。

产品外观是以达摩为灵感选择做成了半开合球体的形状，手掌大小可以轻易掌控。为保证音乐品质我们沿用了B&O的高端扬声器系列的声学透镜技术，可调节的声学透镜，能够根据听众的位置调节声音效果。使用方式方面我们设置了按键开关和滑动式调节，波动条形开关控制音乐和音量，内置弹簧条调整滑块。材料选择亚克力、金属、类肤材质。

DESIGN CONCEPT:

Bang & Olufsen is the world's top audiovisual brand, founded in Denmark in 1925. In the design, we wanted to highlight the romance of the Danish brand and emphasize the concept of sustainable, recyclable environmental protection.B&O is building a work of art rather than a sound system. So we took the Japanese mascot, the dharma tumbler, as our inspiration, and added a touch of sophistication to B&O's now serious style, which will also appeal to younger consumers.

The appearance of the product is in the shape of a semi-open and closed sphere, and the size of the palm can be easily controlled. In order to ensure the quality of the music, we use the acoustic lens technology of B&O's high-end speaker series. The adjustable acoustic lens can adjust the sound effect according to the position of the audience. In terms of usage, we set sliding switch, wave bar switch to control music and volume, and built-in spring bar adjustment slider. Choose acrylic, metal, skin - like materials.

设计元素
Design elements

草图绘制
Sketch map

细节说明
Detail description

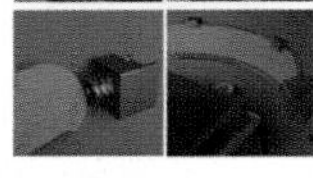

模型制作
Model making

效果展示
Results show

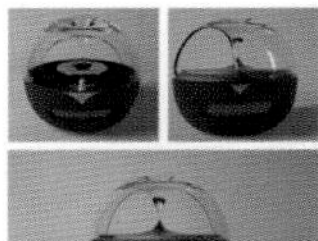

《CAD/CAM三维软件（3）》课程作业
产品设计专业整合创新设计方向2017级

上海视觉艺术学院
Shanghai Institute of Visual Arts

SONY DCL-10

朱可为 Kewei Zhu / 代晨希Chenxi Dai

设计说明

SONY是日本全球知名的大型综合性跨国企业集团。世界视听、电子游戏、通讯产品和信息技术等领域的先导者，世界最早便携式数码产品的开创者，世界最大的电子产品制造商之一。醇音系列基于设备打造音乐文化，其愿景是通过尺寸小巧的部件，展现细腻的声音。该系列秉承了索尼在展现高品质音效的模拟和数字技术方面的悠久历史，不遗余力地展现了改善出色音质体验的特性，将体验由仅仅聆听音乐变成实际感受音乐。设计源自我们对出色音质的追求。材料注重声学特性；外壳形状确保出色的声音传输；电路板信号路径也取决于音效要求。我们回到基本面，寻求合理的外形、材料和工艺，确保音效出色。我们充分利用有助音质的设计元素特性，减去多余的部分，打造出简单又有标志性的方案，释放出出色音质。

Design Concept

Sony is a global well-known comprehensive multinational enterprise group in Japan. The world's leader in audio-visual, video games, communication products and information technology, the world's first creator of portable digital products, and one of the world's largest manufacturers of electronic products. Alcohol sound series is based on equipment to create music culture. Its vision is to show delicate sound through small size components. The series inherits Sony's long history in displaying analog and digital technologies with high-quality sound effects, and spare no effort to show the characteristics of improving excellent sound quality experience, transforming the experience from just listening to music to actually feeling music. Design comes from our pursuit of excellent sound quality. Materials focus on acoustic characteristics; shell shape ensures excellent sound transmission; circuit board signal path also depends on sound effect requirements. We go back to basics and look for the right shape, materials and craftsmanship to make sure the sound is great. We make full use of the design elements that help the sound quality, subtract the redundant parts, and create a simple and iconic scheme to release excellent sound quality.

Research 调研

Design element

Design 设计

Sketch 草图

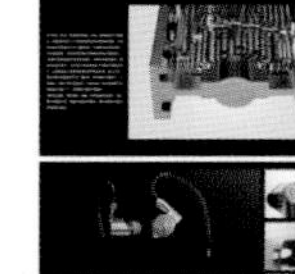

Model

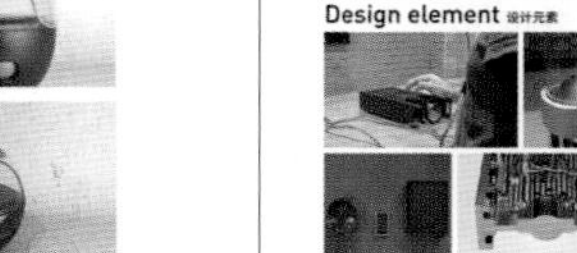

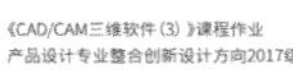

Define 发展

Details 细节

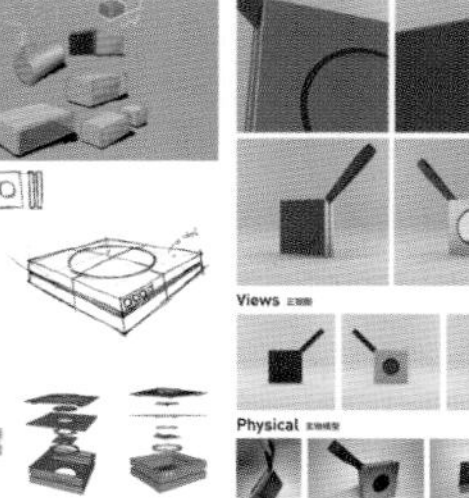

Views

Physical

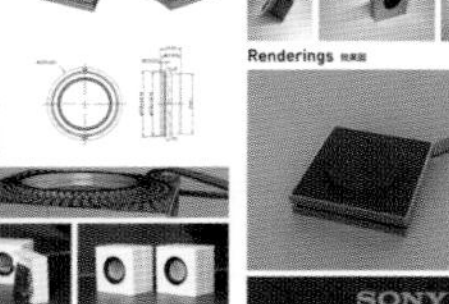

Renderings

《CAD/CAM三维软件（3）》课程作业
产品设计专业整合创新设计方向2017级

上海视觉艺术学院
Shanghai Institute of Visual Arts

扫码观看视频

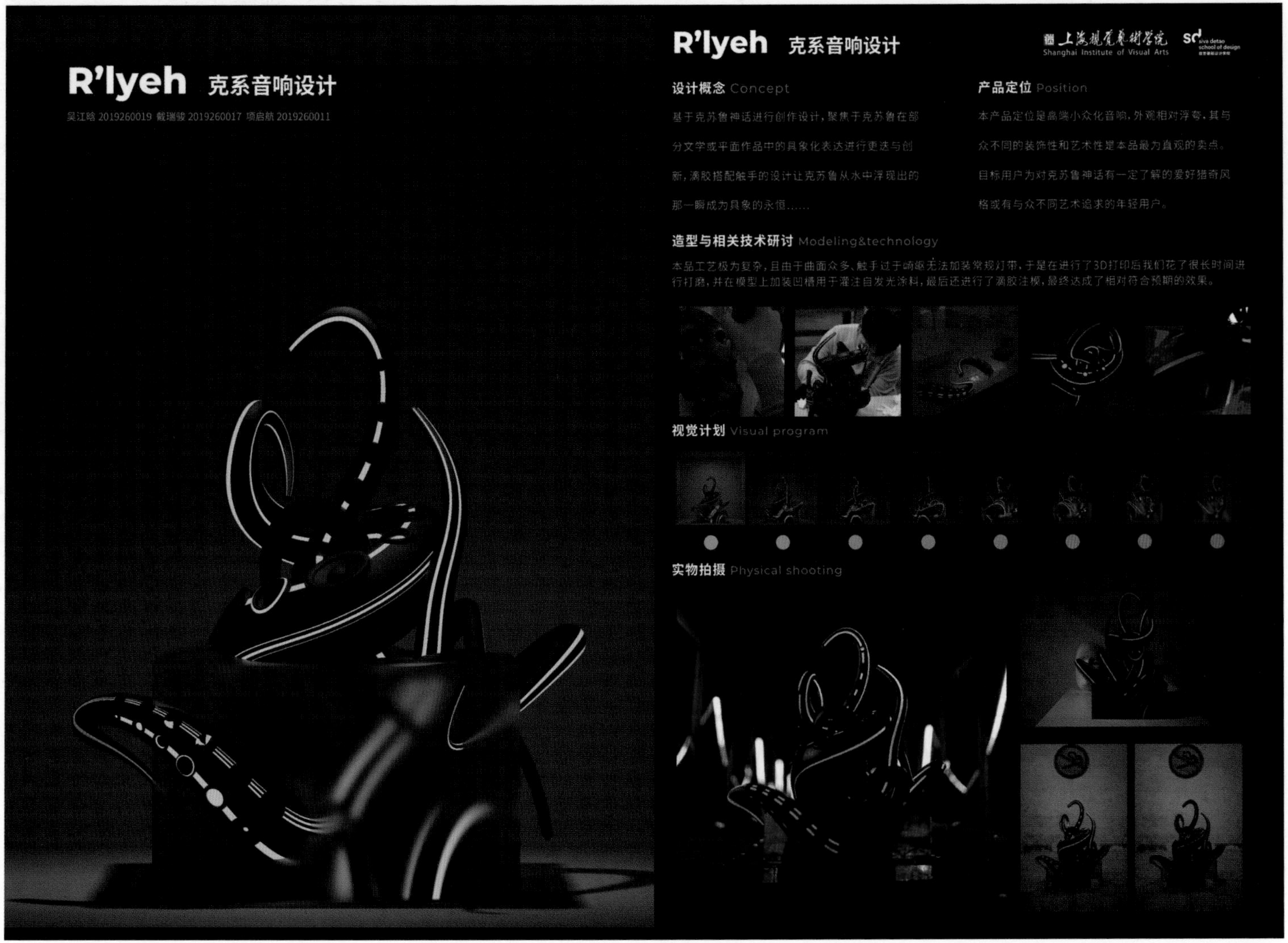

R'lyeh 克系音响设计

吴江晗 2019260019 戴瑞骏 2019260017 项启航 2019260011

R'lyeh 克系音响设计

上海视觉艺术学院 Shanghai Institute of Visual Arts

sd siva detao school of design

设计概念 Concept

基于克苏鲁神话进行创作设计，聚焦于克苏鲁在部分文学或平面作品中的具象化表达进行更迭与创新，滴胶搭配触手的设计让克苏鲁从水中浮现出的那一瞬成为具象的永恒……

产品定位 Position

本产品定位是高端小众化音响，外观相对浮夸，其与众不同的装饰性和艺术性是本品最为直观的卖点。目标用户为对克苏鲁神话有一定了解的爱好猎奇风格或有与众不同艺术追求的年轻用户。

造型与相关技术研讨 Modeling&technology

本品工艺极为复杂，且由于曲面众多、触手过于崎岖无法加装常规灯带，于是在进行了3D打印后我们花了很长时间进行打磨，并在模型上加装凹槽用于灌注自发光涂料，最后还进行了滴胶注模，最终达成了相对符合预期的效果。

视觉计划 Visual program

实物拍摄 Physical shooting

扫码观看视频

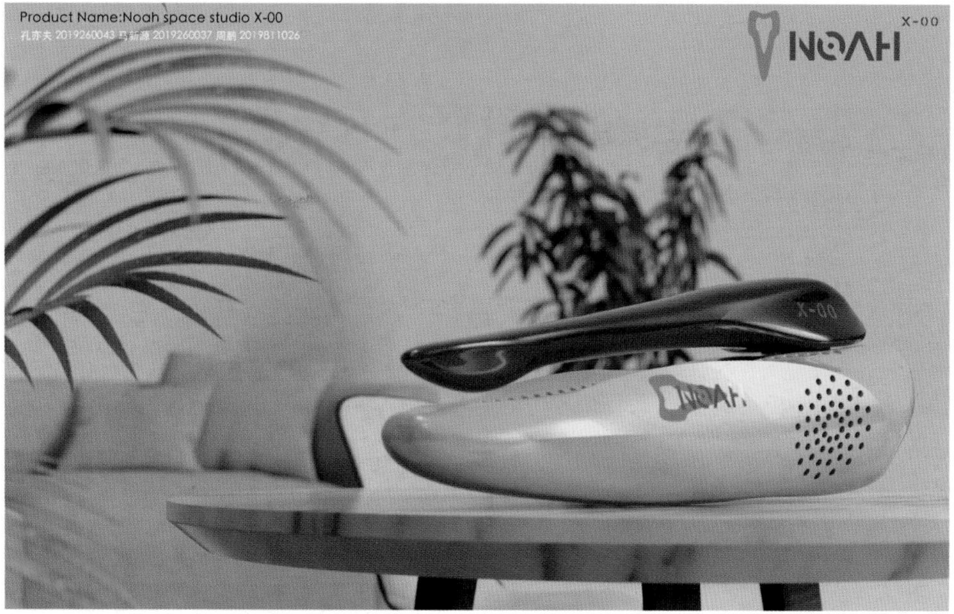

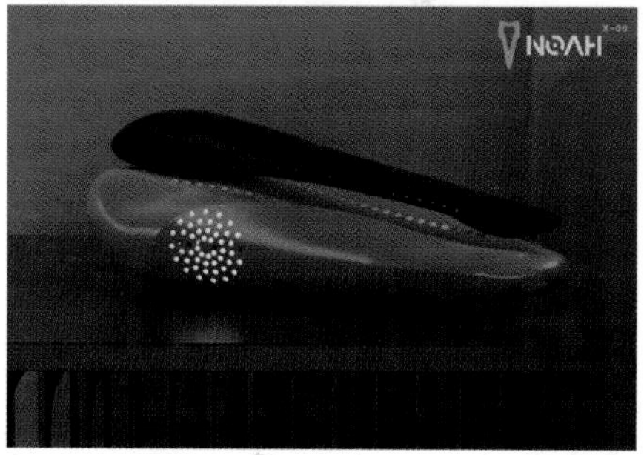

Product Name:Noah space studio X-00

孔亦夫 2019260043 马新颜 2019260037 周鹏 2019811026

NOAH X-00

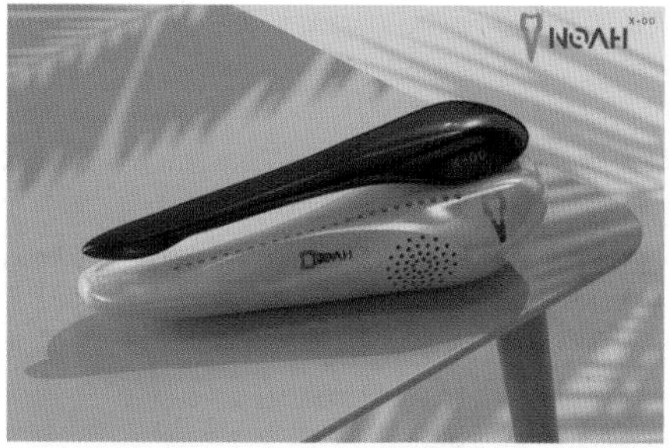

造型与相关技术研讨
Modeling &technology

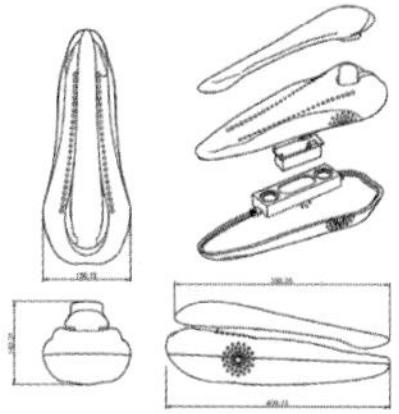

设计目的
Design purpose

NOAH X-00采用了超现实科幻造型，以一个类似宇宙飞船的形象来呼应我们NOAH的品牌。NOAH X-00结合留声机转动的打开方式，和符合现在年轻人审美的未来风格的流线车行相结合，做出了一台能够将年轻人的思绪摆渡到内心净土的方舟。这个造型我们再和古典留声机的使用方式相结合，当转动时，灵魂就摆渡到了安宁的彼岸。

音箱使用图
Studio use photo

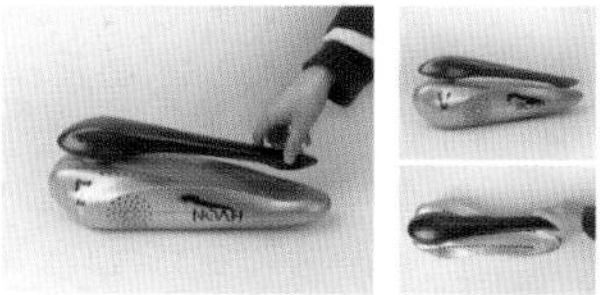

品牌概念
Brand concept

NOAH是圣经中的人物诺亚。诺亚是在当时所有罪孽深重的人类当中最纯洁，最纯净的。所以上帝选中了他，造出诺亚方舟来躲避上帝想要冲散世界一切污秽人类的大洪水。我们品牌NOAH的故事也来自于此。所以我们的品牌NOAH意在用音乐去清洗人内心的污秽，事内心平静，已到达内心纯洁的彼岸。

NOAH

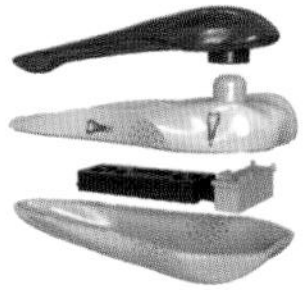

制作过程照片
Production process photos

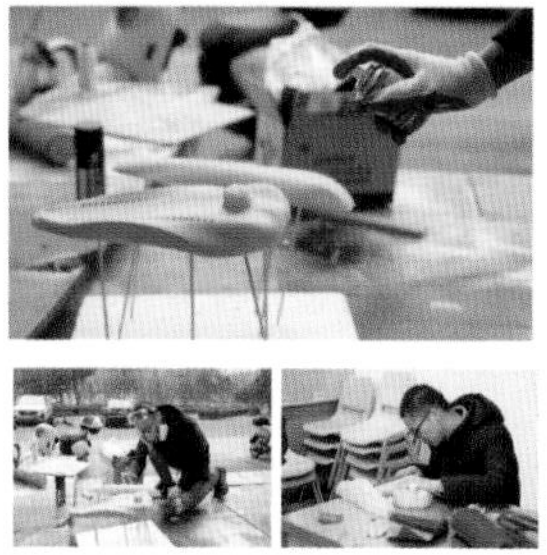

视觉计划
Visual program

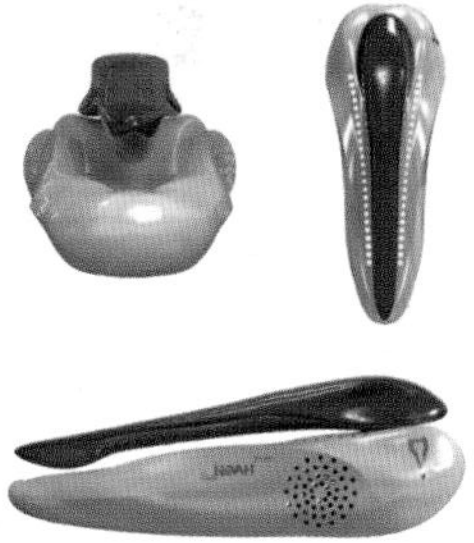

上海视觉艺术学院 Shanghai Institute of Visual Arts

sd siva detao school of design

扫码观看视频

Transparent Speaker & Hermes

2018260010 翁哲 2018260007 倪佳妮 2018260009

Transparent
&
Hermes
PURE
VOGUE
ENVIRONMENTALLY FRIENDLY
ADVANCED

Transparent Speaker & Hermes 联名音响

Product Name:Transparent Speaker & Hermes

设计概念 Concept

简单的结构中缔造了美妙绝伦的声音系统，一定会让你陷入最逼真的自然幻境，6.5英寸低音炮表现出浑厚浓烈的低音效果，顶端2个3英寸的音元释放出清晰无损的高频音效，数字信号处理(DPS)确保每一个声音的完整与平衡，音乐全程完美无痕，超乎你的想象。

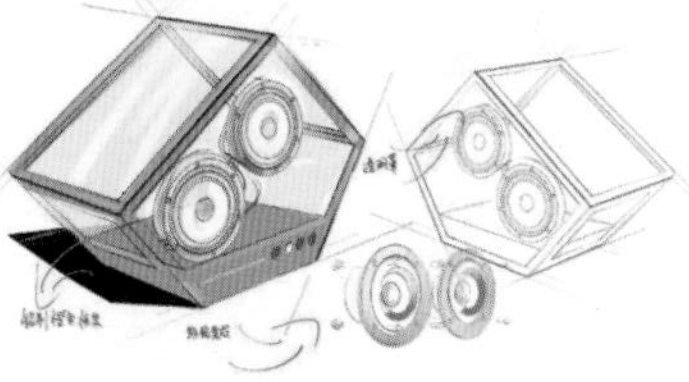

造型与相关技术研讨 Modeling &technology

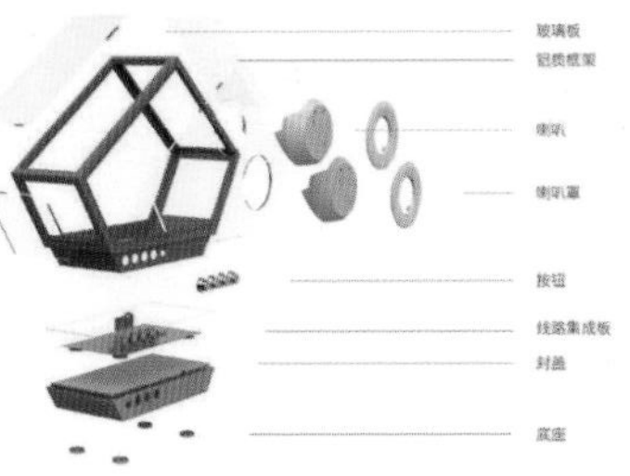

视觉计划 Visual program

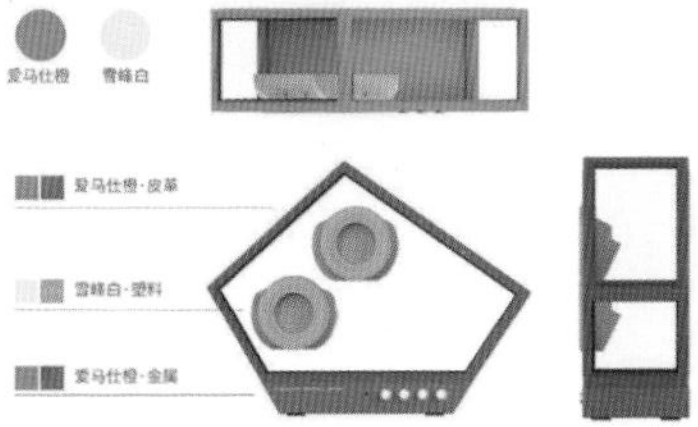

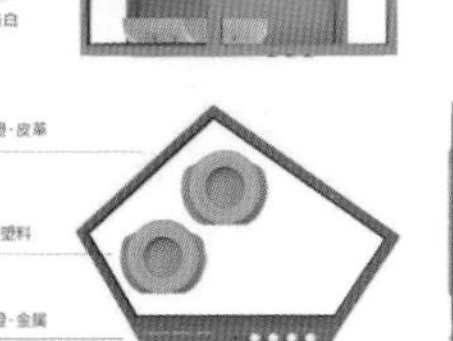

Transparent Speaker和Hermes的联名音响的主体部分选择了爱马仕经典的爱马仕橙。爱马仕在选择橙色作为自身的品牌象征时,就已将自身理念灌输到了颜色之中,爱马仕橙寓意着时尚和潮流,象征着品质和创新,是代表着充沛活力的色彩。

产品定位 Position

联合 HERMES 和 Transparent Speaker 以简约大方的设计，高级轻奢的外观，清晰无损的音质，完美愉快的音乐体验，推出高颜值的透明音箱充满了未来感，是有品位，追求生活品质，时尚的家居人不可或缺的装饰。对于喜欢爱马仕的贵妇们，收藏也是不错的选择。

CMF计划 CMF plan

铝制框架运用机械加工的方式，主要加工方式有三种：型材切角，沉头孔的加工，通孔加工。外部包有皮革。通过元器件来组装能够方便拆卸，进行更换。材料可回收，减少环境污染。表面处理工艺用阳极氧化，品牌logo字体使用丝网印刷。橙白铝制框的设计配合透明的钢化玻璃面板，使得整个音响变得更加精致。边框通过3D打印制作，进行金属喷漆，侧面的透明部分可以使用亚克力、玻璃、PC进行激光切割，留出扬声器位置。网上购入的元器件放在音响下部，留出开关以及按钮位置。

持久价值 Lasting value

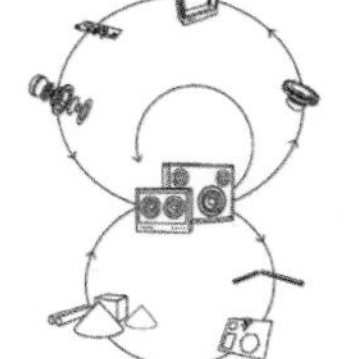

透明扬声器的雄心勃勃的目标是将污染和浪费的消费品行业转变为可持续的闭环系统。

该结构是完全模块化的，这意味着所有零件都可以单独更换，更新，维修或回收。

3.6.8 建模案例（蓝牙音箱）

扫码下载资料

● 步骤 1：单击“前视基准面”—单击“草图绘制”，绘制如下草图。

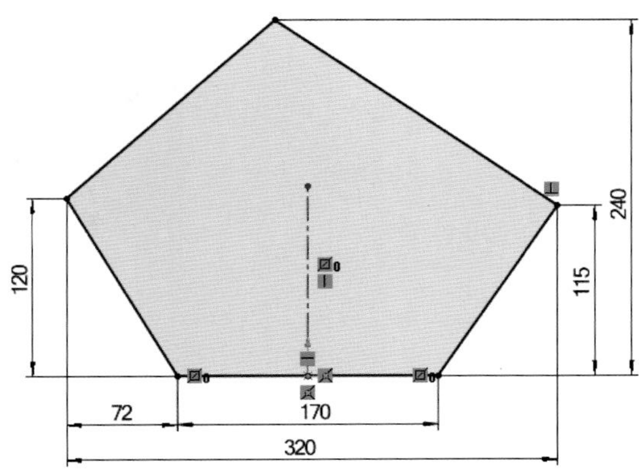

● 步骤 2：单击“特征”面板下的“拉伸凸台”，两侧对称拉伸 100mm。

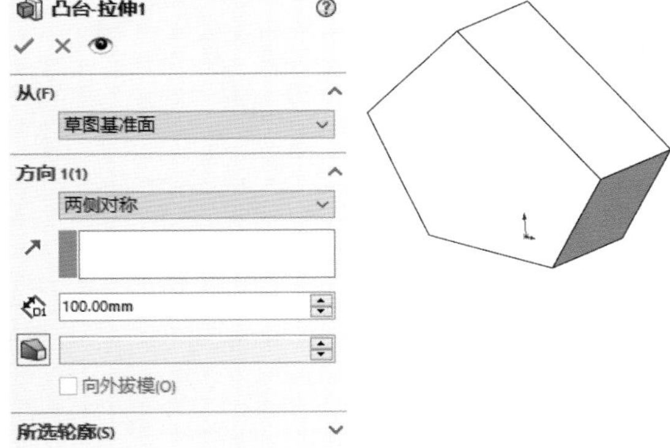

● 步骤 3：单击“特征”面板下的“抽壳”，整体抽壳 5mm。

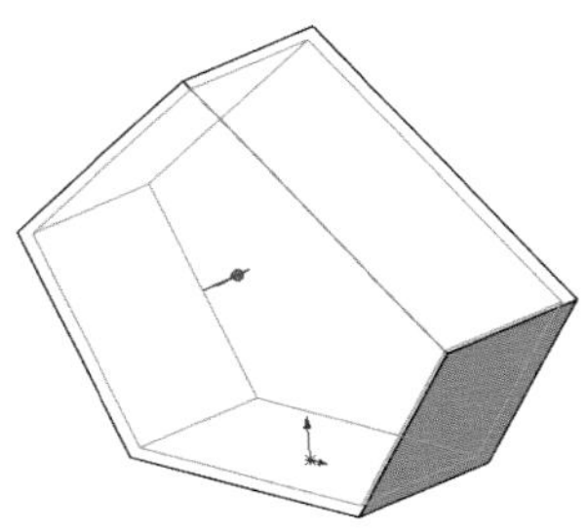

● 步骤 4：在物体前表面绘制如下草图，并“拉伸切除”10mm，得到一通孔。

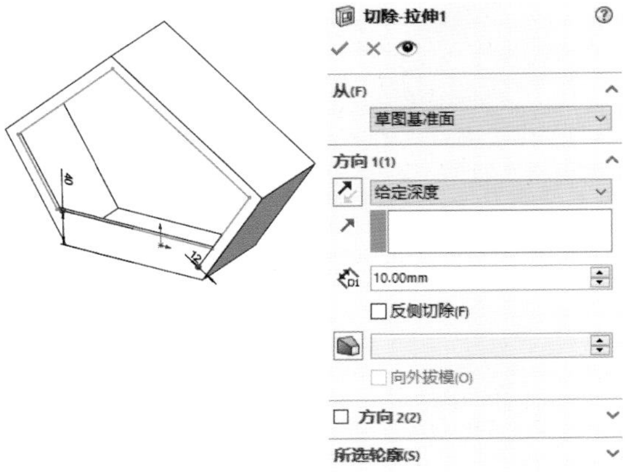

● 步骤 5：在物体前表面绘制如下草图（将步骤 4 的草图向外偏移 2mm），并“拉伸切除”3mm，得到一台阶。

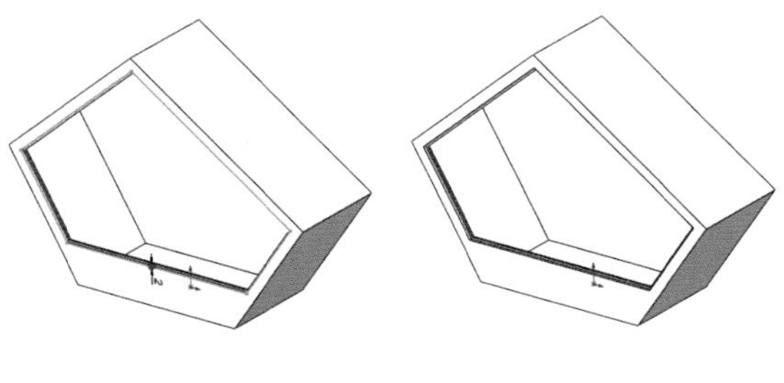

● 步骤 6：单击“特征”面板中的“镜像”，选择“前视基准面”作为镜像面，选择步骤 4、5 创建的特征，完成镜像。

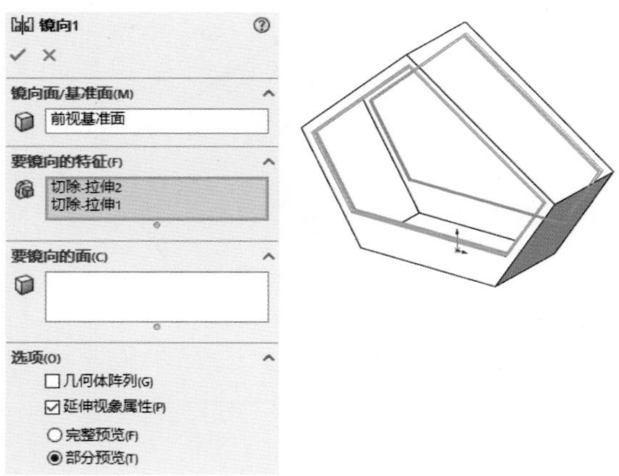

● 步骤 7：同步骤 4、5，创建如下的两“拉伸切除”特征。

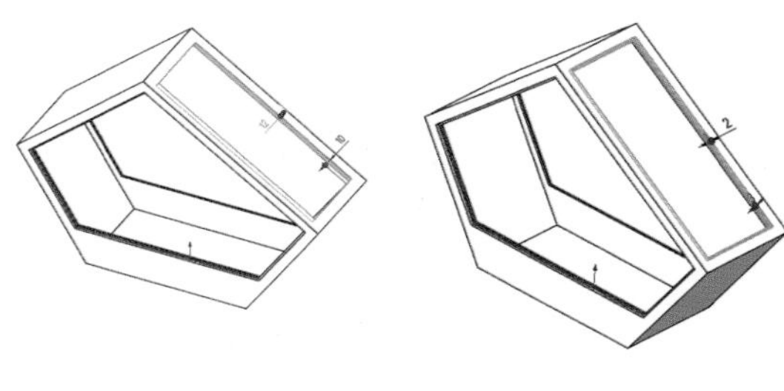

● 步骤 8：同步骤 4、5，创建如下的两“拉伸切除”特征。

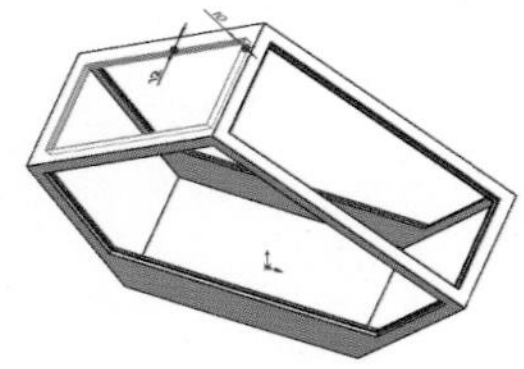
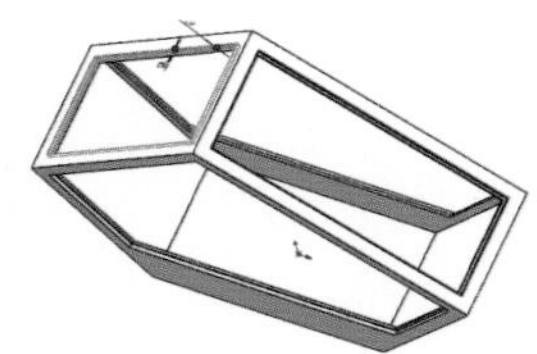

● 步骤 9：同步骤 4、5，创建如下的两“拉伸切除”特征。

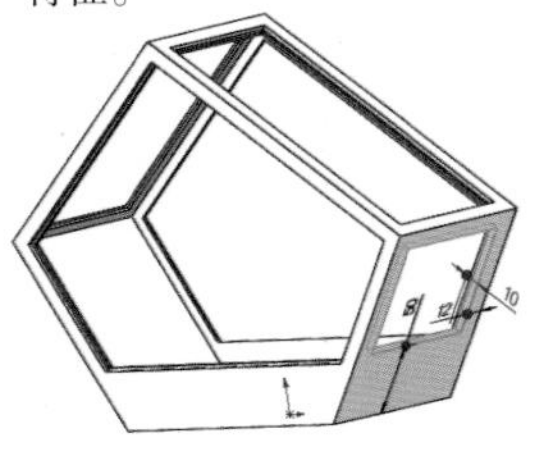
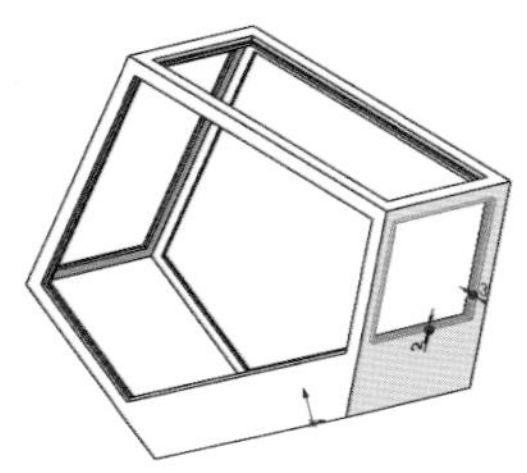

● 步骤 10：同步骤 4、5，创建如下的两“拉伸切除”特征。

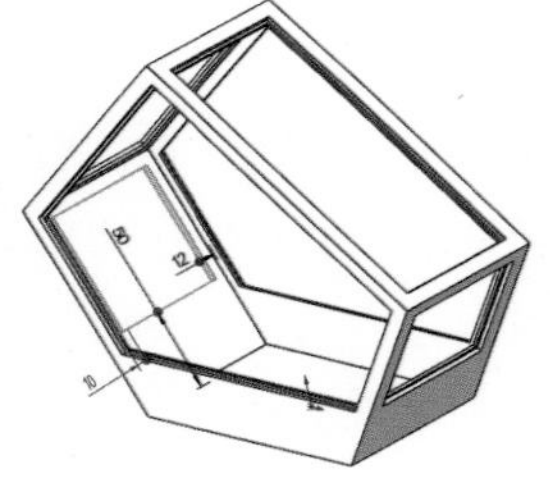
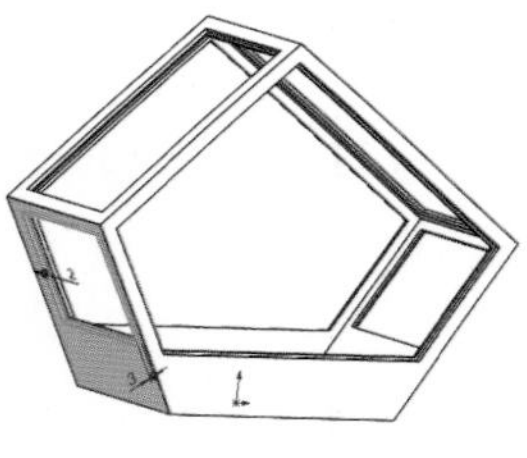

● 步骤 11：单击步骤 5 中所形成的台阶面，单击“草图绘制”，将台阶面“转换实体引用”，并将草图“拉伸实体”3mm。（注意：“合并结果”前面的钩要去掉，以得到新的实体）

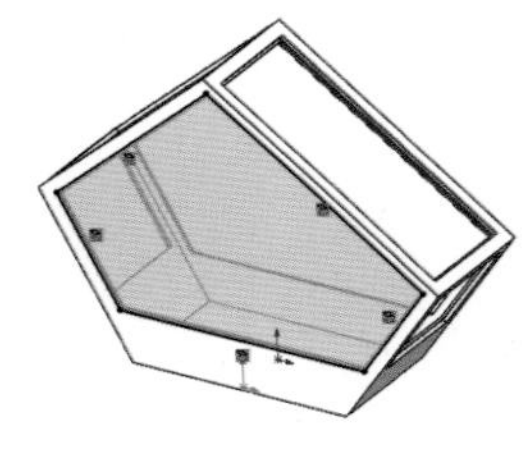

● 步骤 12：同步骤 11，在各个台阶面处绘制草图，“拉伸实体”3mm，得到新的实体。

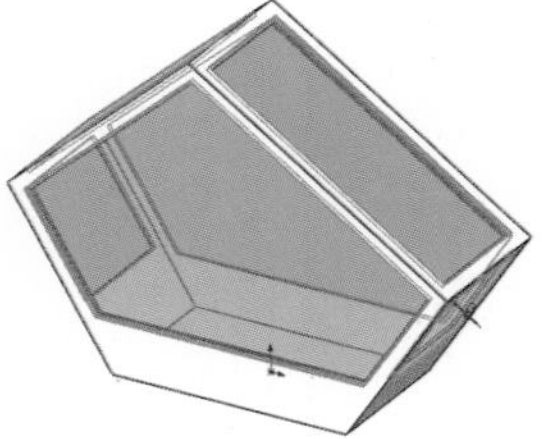

● 步骤 13：将文件夹中的“喇叭”零件拖入模型中，建立“派生零件”，其配合关系如下：

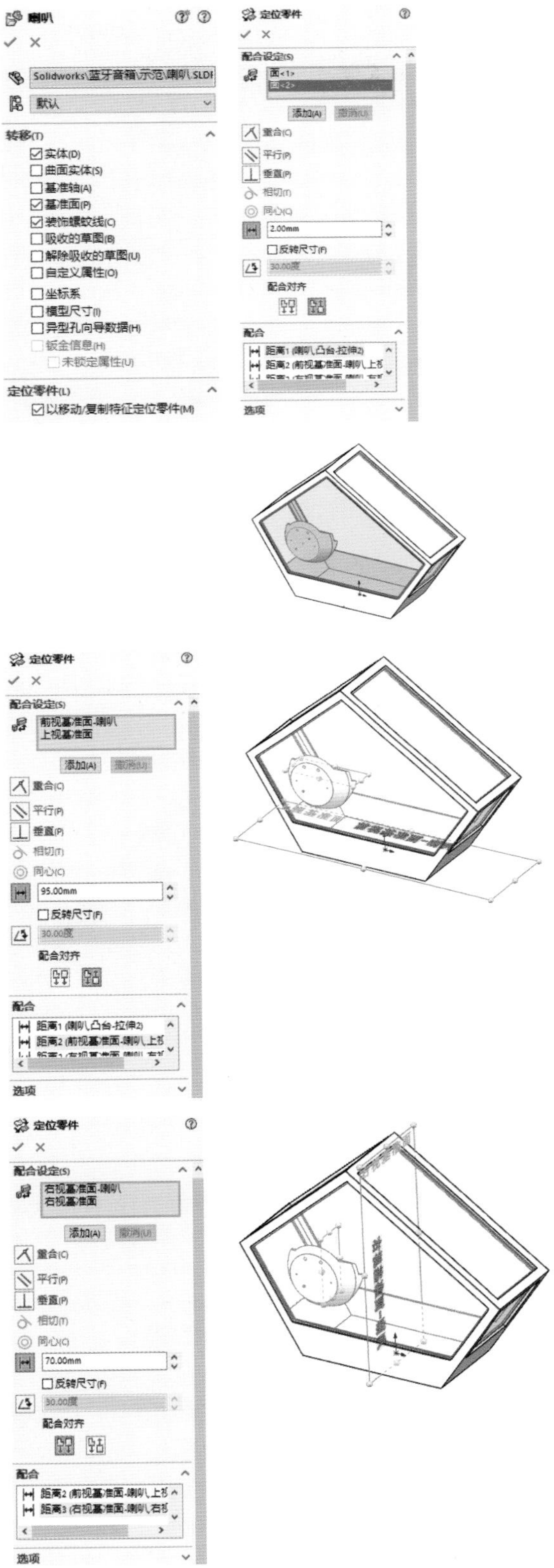

● 步骤 14：同步骤 13，再次将“喇叭”零件拖入模型中，建立“派生零件”，其配合关系如下：

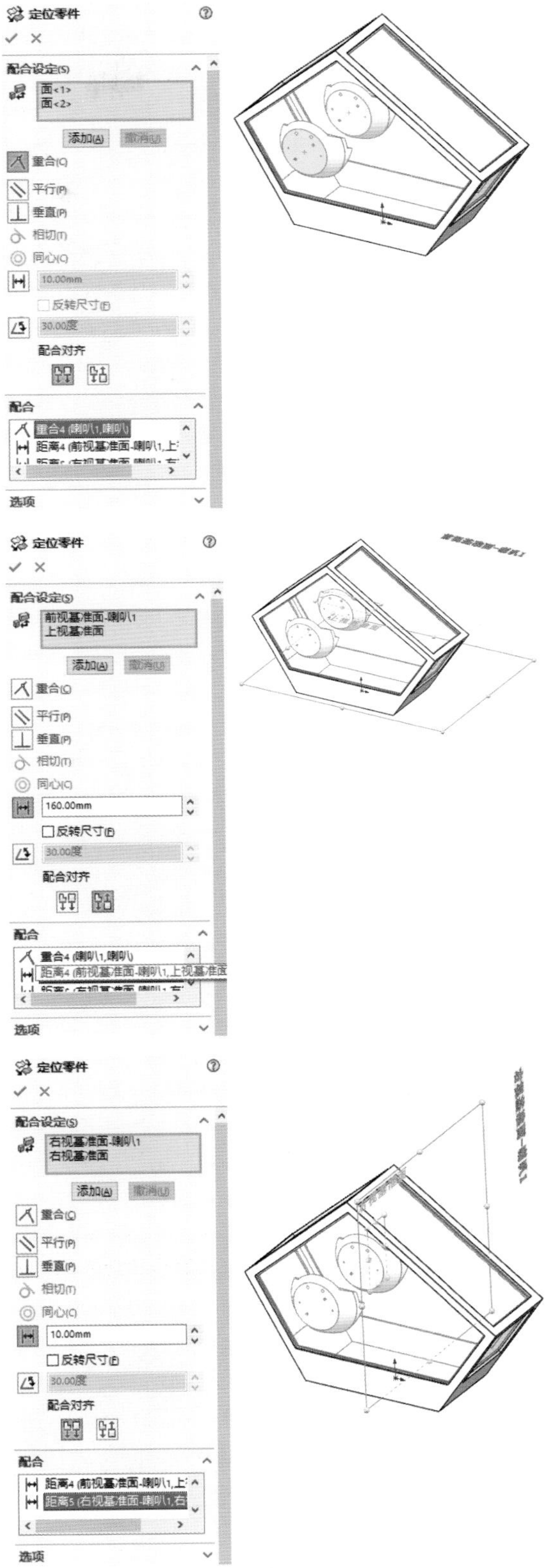

● 步骤 15：在步骤 11 拉伸凸台的外表面绘制如下草图（将喇叭的圆面向外侧等距 2mm），对步骤 11 创建的实体拉伸切除 3mm。

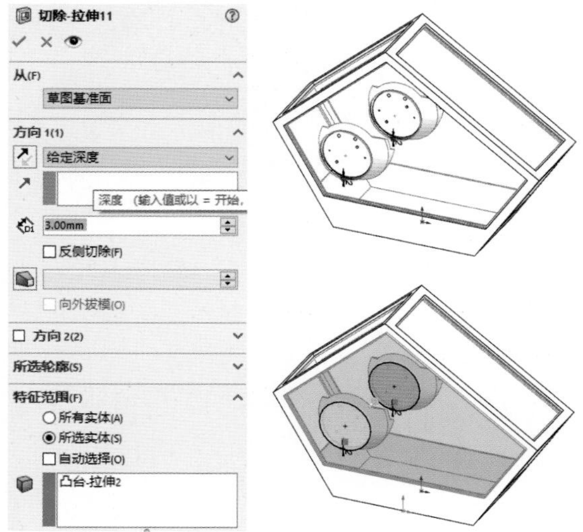

● 步骤 16：在喇叭的圆面上，绘制如下草图，并拉伸凸台，薄壁特征，壁厚为 2mm，拉伸的厚度为成型到步骤 11 拉伸凸台的外表面，取消“合并结果”。

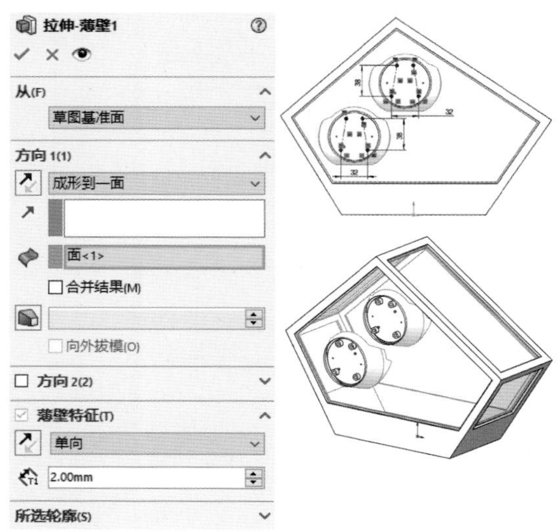

● 步骤 17：在产品前表面绘制如下草图，并拉伸切除 0.8mm，特征范围为所选实体。将该拉伸切除特征沿前视基准面镜像，前后均减去 0.8mm 的厚度。

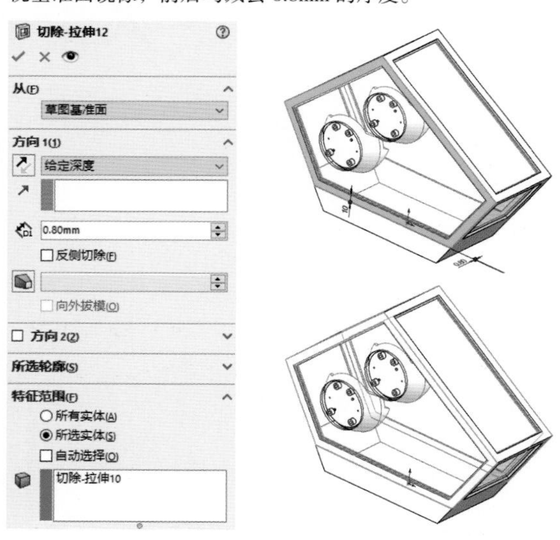

● 步骤 18：同样地，如下图，在四个面中分别绘制草图，拉伸切除 0.8mm 的厚度。

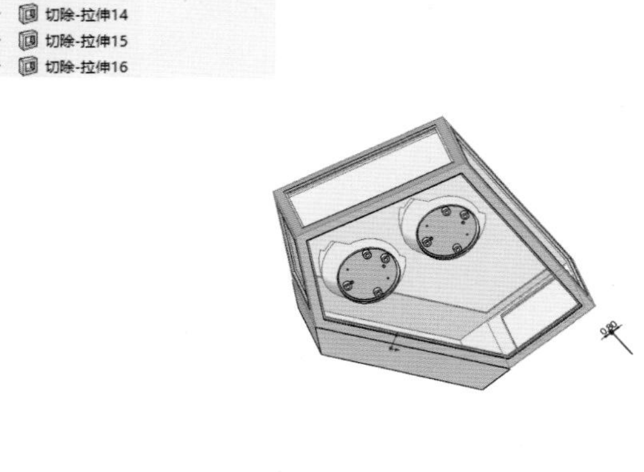

● 步骤 19：隐藏相关板材实体，建立如下基准面，此基准面与外壳底部上表面距离 25mm。

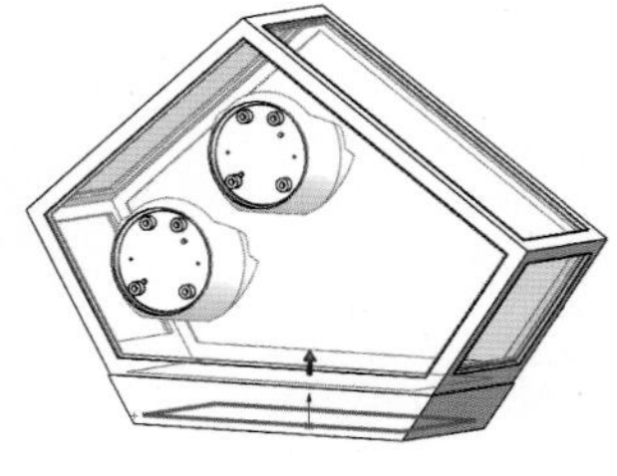

● 步骤 20：在步骤 19 建立的基准面上绘制如下草图，注意矩形的角与内壁的边线是“穿透”的约束关系。拉伸凸台 3mm，并取消合并结果。

● 步骤 21：在步骤 20 建立的凸台上表面绘制如下草图，并拉伸切除 3mm，特征范围为所在实体。

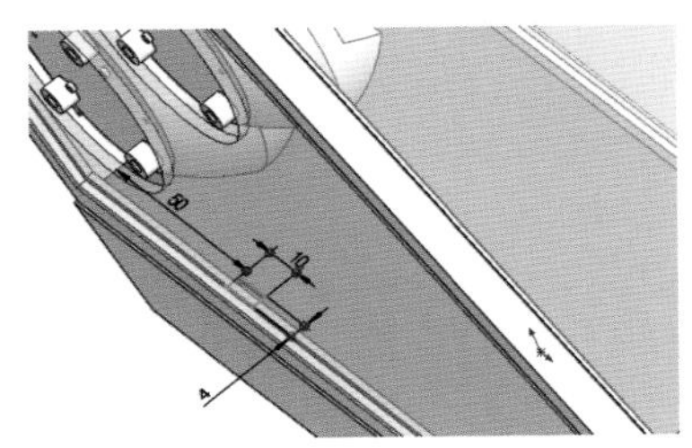

● 步骤 22：在产品前表面绘制如下草图，并拉伸切除 10mm，特征范围为所在实体。

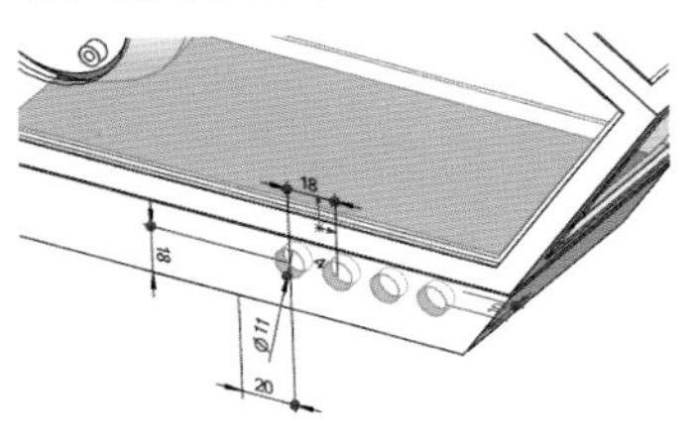

● 步骤 23：将步骤 22 中的草图往两侧拉伸凸台，往前方拉伸 2mm，往后方拉伸 7mm，并取消合并结果。

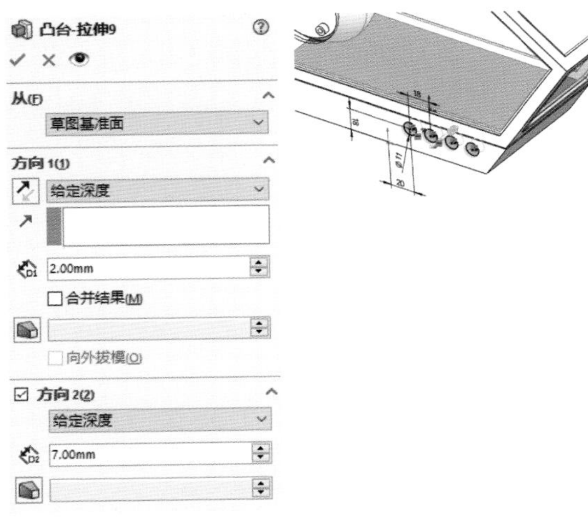

● 步骤 24：在步骤 23 中创建的实体内表面绘制如下草图，并往产品内部拉伸凸台 2mm，与步骤 23 中的四个实体合并结果。

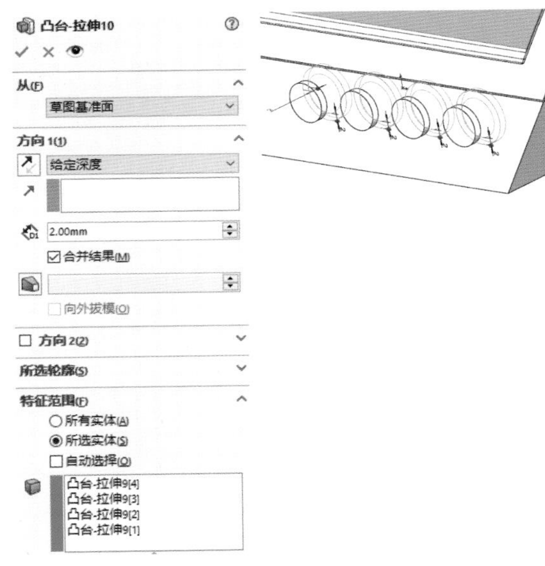

● 步骤 25：建立基准面，与步骤 24 中实体内表面偏移距离 4.2mm。

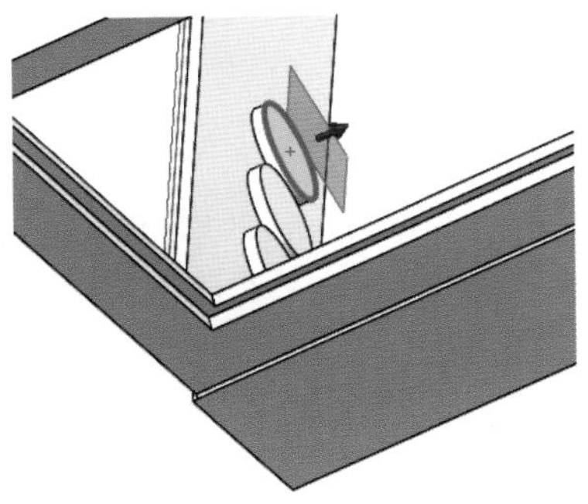

● 步骤 26：在步骤 25 建立的基准面上绘制如下草图，往两侧拉伸凸台，往产品前方 1mm、后方 3mm，取消合并结果。

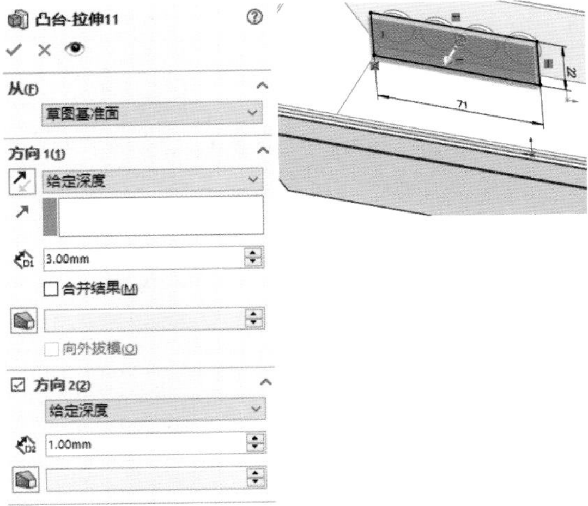

● 步骤 27：在步骤 26 建立的实体前表面绘制如下草图，并拉伸切除 1mm，特征范围为所在实体。

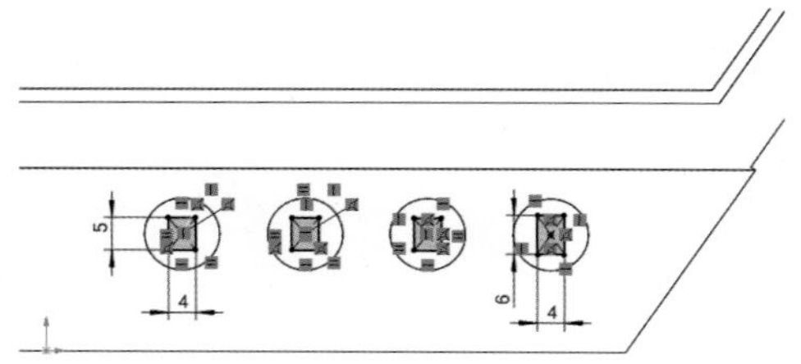

● 步骤 28：在步骤 26 建立的实体前表面绘制如下草图，并拉伸切除 3mm，特征范围为所在实体。

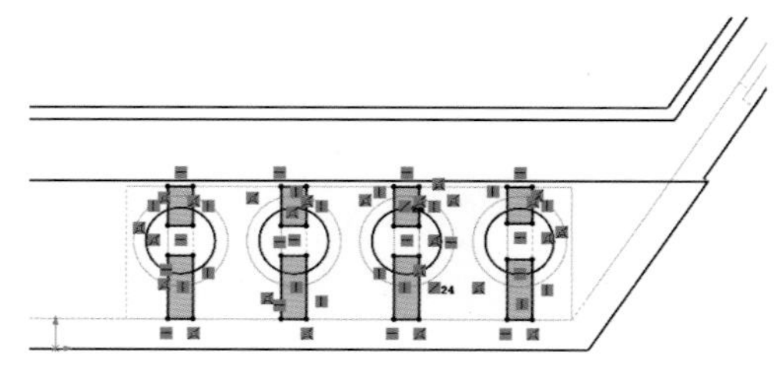

● 步骤 29：在按钮前表面绘制草图（转换实体引用），拉伸切除到所示面，壁厚 0.4mm，特征范围为四个按钮。

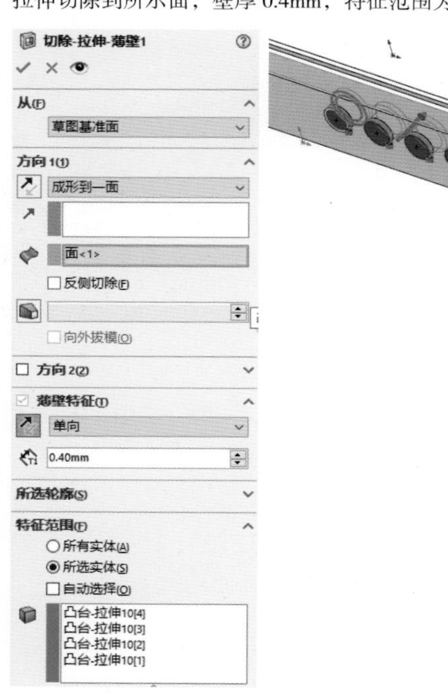

● 步骤 30：1. 在外壳后部内表面绘制如下草图，并拉伸切除 3mm；2. 在外壳后部外表面绘制如下草图，并拉伸切除 3mm; 3. 在外壳后部外表面绘制如下草图，并拉伸切除 1mm; 4. 在外壳前部外表面绘制如下草图，并拉伸切除 10mm。

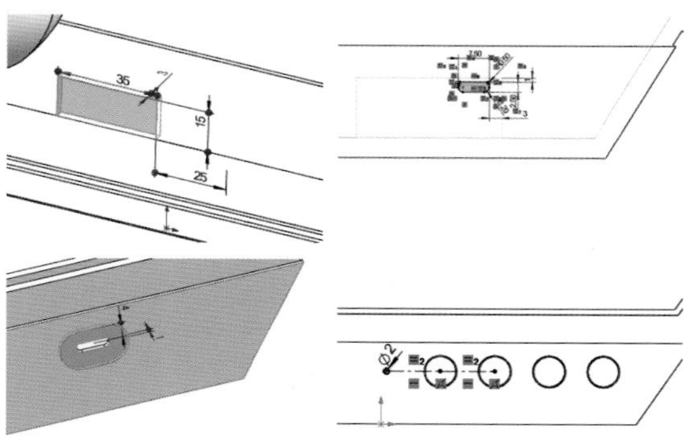

● 步骤 31：在外壳前部内表面绘制如下草图，并拉伸切除 3.5mm。

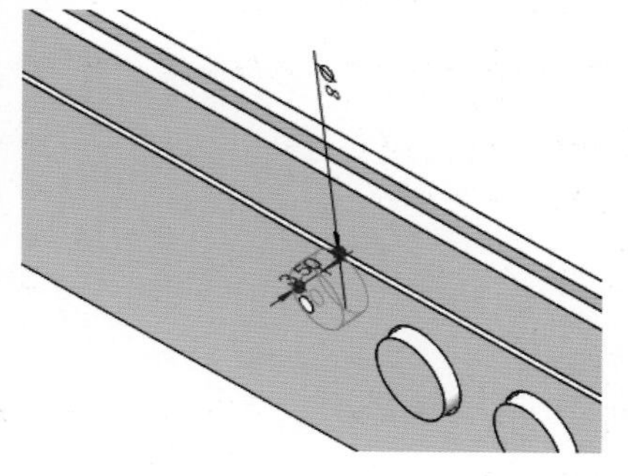

● 步骤 32：在外壳底部内表面绘制如下草图，并拉伸凸台 18mm，薄壁 2mm，与所在实体合并结果。

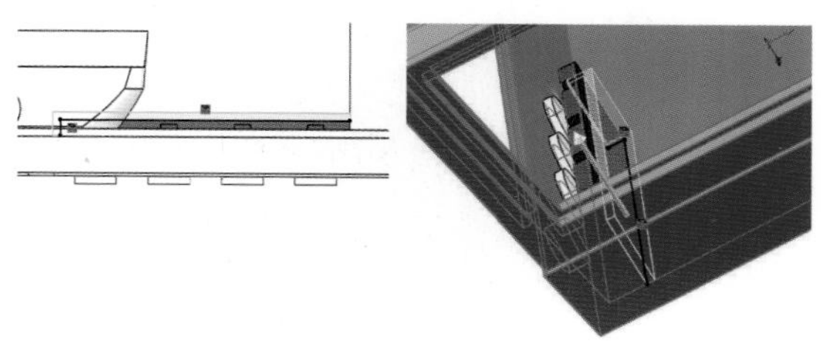

● 步骤 33：单击“圆角”工具，选择如图所示边缘，圆角大小 1mm。

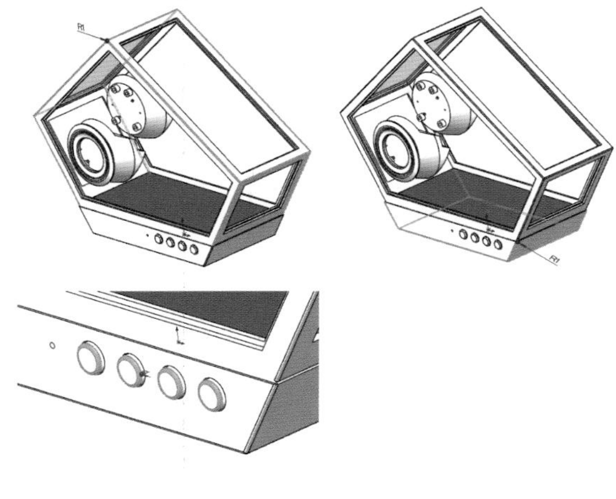

● 步骤 34：在喇叭零件的右视基准面绘制如下草图，旋转凸台 360°，与 4 个拉伸凸台合并结果。

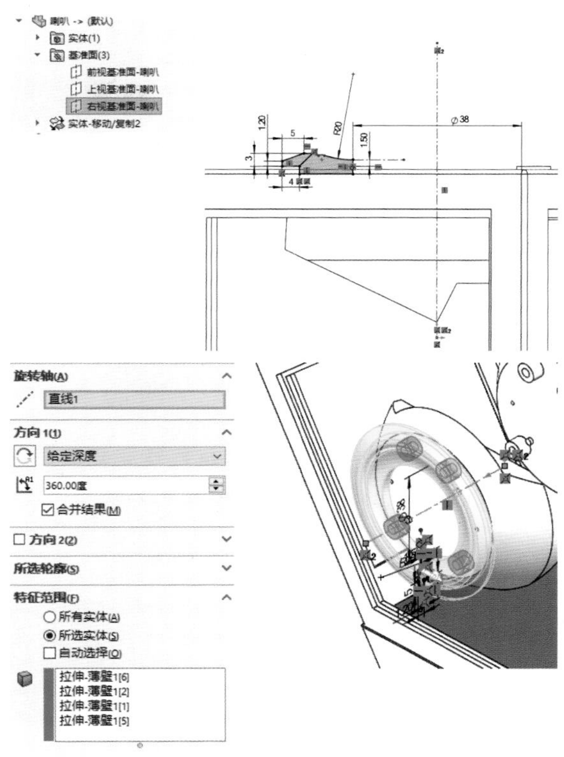

最终的设计方案：

案例小结

1. 建模需合乎目的性。此案例建模为满足 1∶1 三维打印（壳体、喇叭罩、按钮等）及激光切割（亚克力板材）。因此产品的壁厚和结构做了适当调整，如果是 CNC 加工或者开模，需根据材料及工艺另行设计。

2. 万丈高楼平地起，通过简单的特征逐渐搭建起模型。每一个特征可以很简单，建模时注意前后逻辑关系，先整体再局部。

3. 基于真实的零部件进行设计，有助于设计方案的落地，比如此处的喇叭、PCB 板、电池、按钮、线材等。

4. 从一个小产品开始，哪怕结构不一定符合真正的成型工艺，将零部件装进去使之有效运行，逐渐走向面向制造及装配的产品设计。

学习别人的建模，对培养自己的建模思路及方法有很大帮助。Solidworks 的特征（包含其下草图等）均可编辑，查看其参数。下图为学生习作，读者可打开相应模型进行研习。

扫码下载资料

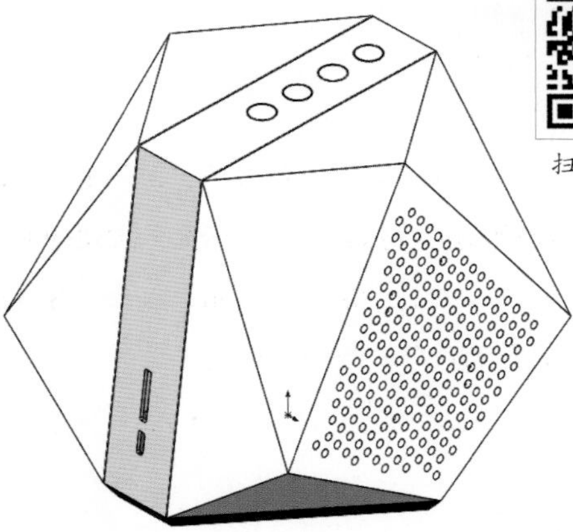

扫码下载资料

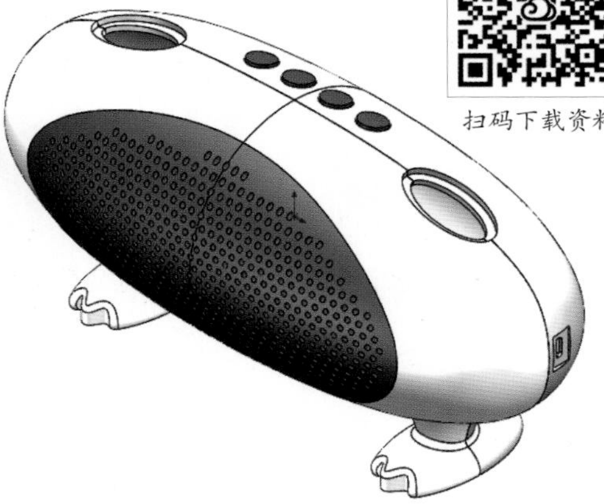

扫码下载资料

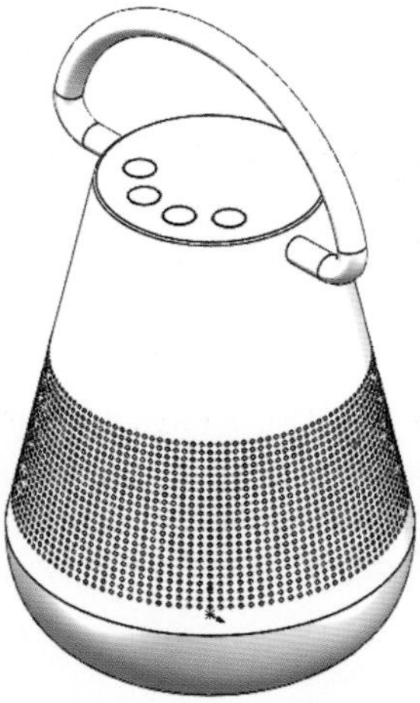

扫码下载资料

扫码下载资料

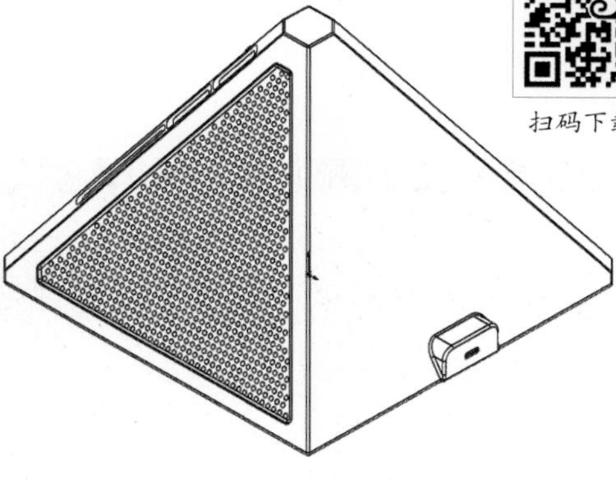

扫码下载资料

3.7 项目课题7：基于真实课题的设计

在教学中，时常会接触到政府、企事业等单位的真实课题，有些是研究性质的，有些是设计性质的。这些由“甲方”提供的课题，代表了真实的业务需求，对于学生思考与设计更具挑战性和现实意义，结合真实课题做探讨，对培养学生的建模和设计都大有裨益。

3.7.1 训练目的

通过植入真实课题，使学生能够通过建模设计方案，以满足“甲方”的诉求。

3.7.2 训练要求

示例课题：儿童医疗产品创新设计。

说明：本课题基于复旦大学附属儿科医院提供的真实设计需求展开。围绕课题，与医院的医护人员展开了深入交流、对医院进行实地走访、调研其环境以及设备。进行广泛的市场研究、用户研究、技术研究，确定设计需求；进行草图设计、草模制作、计算机三维建模、CMF 设计；最后通过三维打印及表面处理，制作出设计方案的高保真模型。

3.7.3 知识要点

本课题的训练，需要学生进行一定程度的调查研究与分析，以厘清各利益相关方的需求，也需要对专业医疗产品做研究，发现问题点和机会点。课题开展中的调研方法、设计思维工具尤为重要。这方面的知识可通过相关课程，以及扩展资料阅读来学习。

3.7.4 使用软件

Solidworks、Rhino、Keyshot、Photoshop、Illustrator 等。

3.7.5 作业提交

三维模型、渲染效果图、版面设计、实物模型。包含：

· 可供 3D 打印的数模；

· 高品质的效果图；

· 统一要求的版面设计，供展览；

· 较完善的设计流程，严谨的设计逻辑，做成 PPT 展示；

· 统一要求的作品集内页设计，集合成课程作品集；

· 三维打印的模型，通过打磨、喷漆、印刷等工艺，做成高保真模型。

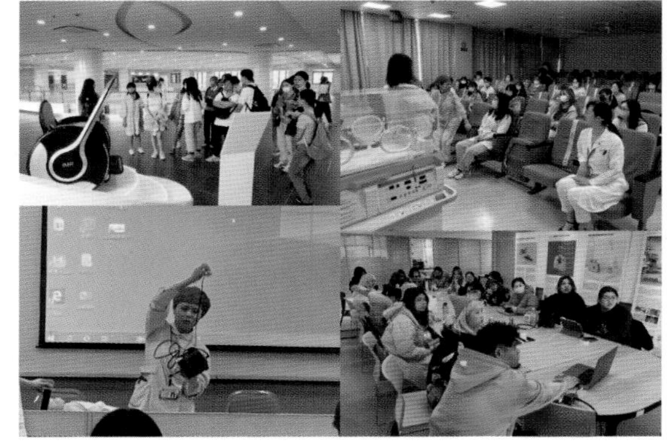

3.7.6 参考作业

DUMBO 儿童哮喘雾化器

Product Name：DUMBO Children Athma Atomizer

设计师：蒋晓韵 马逸秋

目标与策略

创新性(Innovation)：小象儿童哮喘雾化把传统的冷机械转换成儿童可以接纳的医疗产品，把整体的造型和产品功能融合为一体。

实用性(Utility)：这款产品在儿童进行雾化治疗时，无论是家里还是医院都可以便于移动并使用。

美观性(Aesthetics)：产品外观灵感来源于小象。通过小象Dumbo这样一个让人感觉温暖可爱的动物形象和多种配色给予儿童在治疗时的恐惧。

环保性(Environment-friendliness)：可使用再生环保塑料，循环利用。

工艺性(Craft)：采用注塑工艺，上下分为两部分。

发现 Discover

目标与策略

儿童对于医疗器械可能具有恐惧的心理，以往的不美好好的经历，或者是对于冰冷的颜色的畏惧，造成了对于就医时的一种畏惧。支气管哮喘是儿童时期最为常见的疾病，但是很多儿童畏惧雾化机的外观和运作时的声音以及出来的雾气，导致他们产生了抵触的情绪。

基础研究

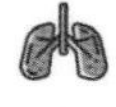

儿大部分外观的颜色都是黑、白、蓝这样的颜色，整体比较工业风且一动起来比较麻烦，没有提拉的地方。

对于儿童、家长以及医生来说，一款可爱又便利的雾化器为了满足让儿童不畏惧的需求就产生了。

市场调查

资料准备

设计计划

目前我国儿童雾化器需求的市场还没有完善，大多数的雾化器在对于儿童情绪安抚和医患关系改善上没有关注。因此，我们打算从情感化入手，针对儿童，更加人性化、情感化。

产品定位与设计目标

产品定位：以哮喘雾化器为原型，抚慰儿童情绪的雾化器设计。

设计目标：儿童在面对雾化器时产生畏惧心理，而雾化器的设计应该考虑到儿童的喜好、抚慰情绪、满足日常功能、便利这三个方面。

用户人群：需要接受哮喘雾化治疗的3-12岁儿童

定义 Define

设计概念

舒缓儿童对于雾化器的畏惧，拉近医患关系。这款儿童哮喘雾化器为儿童提供一个温暖可爱的形象，缓解儿童在雾化治疗时对于机器的畏惧心理。

我们注意到儿童在进行雾化治疗时，对于未知的机器在感官上表现出畏惧，冰冷的颜色，轰隆隆的声音，冒出来的烟雾产生害怕的情绪。为了缓解这样的现象，我们在形象上采用了小象的形象，一个给人温暖又活泼可爱的感觉；在色彩的搭配上，我们选择了三种颜色的搭配，让这个机器更活泼亲切，拉近了儿童与机器的距离，减少害怕的情绪。

确定方向

- 安抚性动物形象融入
- 颜色温和又不失活泼
- 减少棱角出现
- 便于移动
- 便于收纳雾化管与面罩

CMF计划

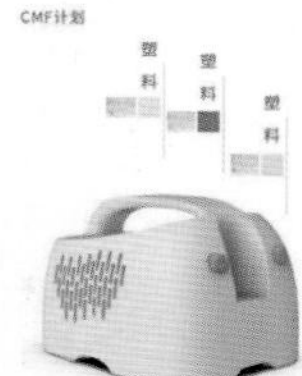

创意构思

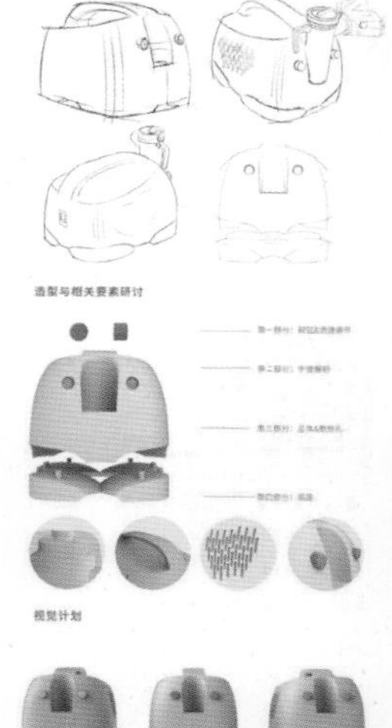

造型与相关要素研讨

视觉计划

儿童哮喘雾化器的大面积颜色为主体部分，针对儿童，选择了比较柔和又不失活泼的颜色，包括豆沙绿、柔雾粉和浅灰蓝，又采取了一些颜色去衬托，让整个产品更加活泼可爱。

定义 Define

设计概念

满足icu住院儿童日常需求的一款可爱型多功能支架。

现在的儿童医院没有专门给儿童用于吃饭，看书，写字，娱乐的支架，大都是用医生写字用的桌子临时代替。我们的BRUIN支架既可以满足日常需求，也可以调节到任意角度，无论是躺着使用还是坐着使用，都可以实现，为医护人员与患儿提供便利。

创意构思

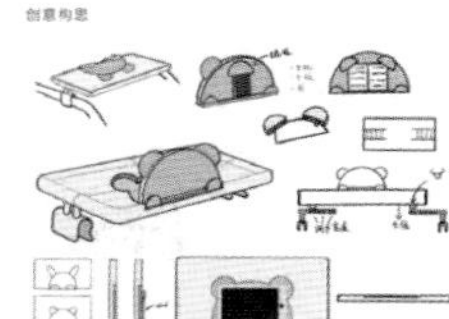

确定方向

1.外观造型以可爱的小熊为主，颜色以明亮温暖的浅橘色为主

2. 支架可翻转的度数达到120度，支持各种状态使用

3. 熊耳朵用来固定纸或电子产品等，使之不会倒下pp塑料

3.支架桌脚采用滑轨结构，用螺丝加以固定，适应不同病床宽度

造型与相关要素研讨

CMF计划

整体工艺采用注塑造型方法，材料为pp塑料。桌板为哑光磨砂塑料，桌脚为光面塑料。

PP：是一种无色、无臭、无毒、半透明固体物质，具有耐化学性、耐热性、电绝缘性等优点。轻便耐用的特性让它特别适合用于我们的支架。

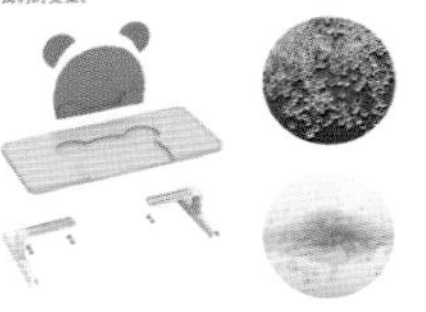

视觉计划

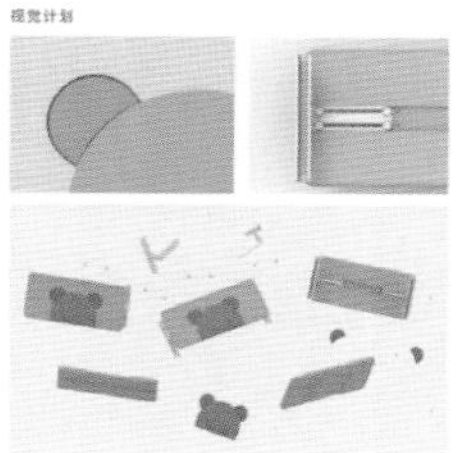

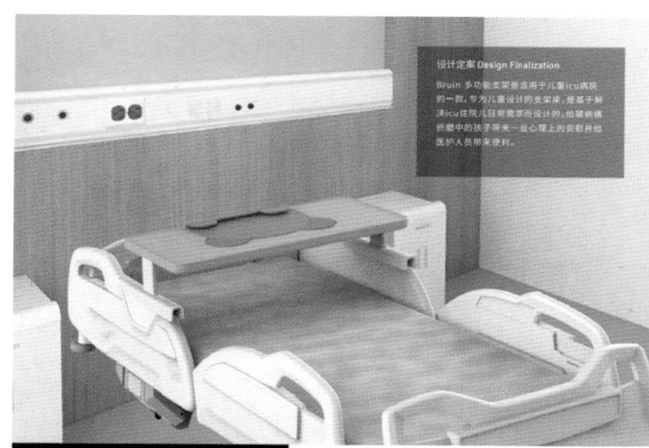

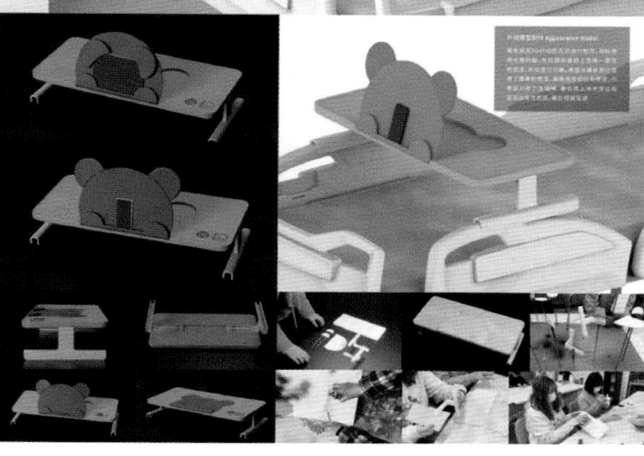

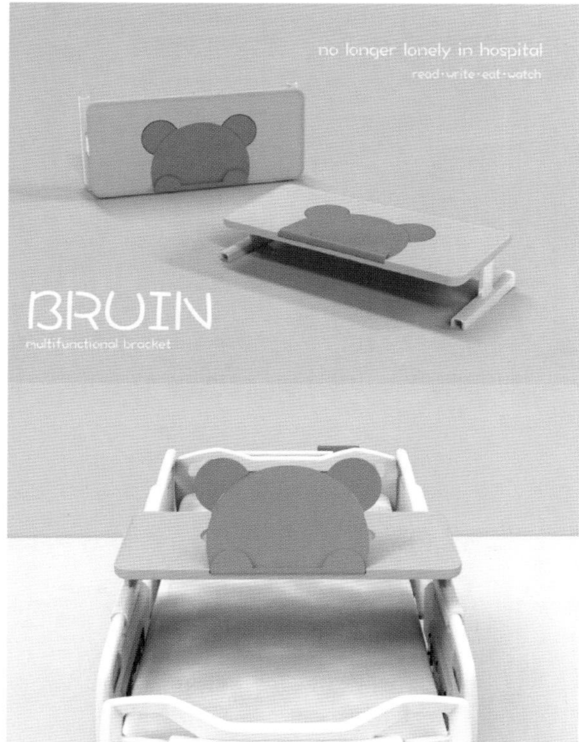

产品名称：BRUIN多功能支架

Product Name：BRUIN multifunctional bracket

设计师：倪佳妮 何嘉萍 林依裔

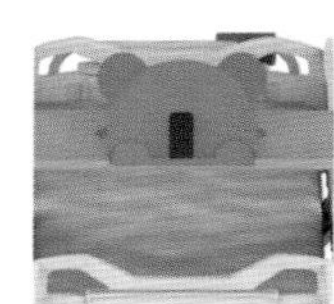

创新性(Innovation)：Bruin小熊中的耳朵采用磁吸的方式，以简单的结构解决了icu住院儿童使用的ipad或手机型号不一致的问题。

实用性(Utility)：Bruin小熊多功能支架可满足icu的住院儿童吃饭，写字，看剧等日常需求，同时还可以满足平躺着看ipad的需求。

美观性(Aesthetics)：我们采用棕色小熊这一温暖可爱的形象，给住院儿童的生活带来一抹明亮的色彩

环保性(Environment-friendliness)：产品本身使用无毒的塑料制成，对于环境没有任何的危害性

工艺性(Craft)：注塑成型

发现 Discover

目标与策略

我们根据儿童医院的需求，针对儿童医院icu病房中多功能桌板不够用的情况以及一些的儿童需要用到桌板吃饭写字以及用平板娱乐的需求，设计一款儿童使用的多功能支架。

基础研究

模拟笔记本电脑的旋转轴，可以使旋转角达到120度的翻折度数将桌脚与桌板分离，采用螺丝固定。再桌板底部安装一个滑道就可以根据病床宽度调整桌子。

市场调查

市面上大多数的桌板分为如下两大类，第一种是单纯只作为桌子实用，或者只做为支架使用，第二种是两者功能相结合但是支架的翻折度数不能满足医院需求

资料准备

儿童视力到8岁才能发育完全，对色彩的认知也是从简单的三原色开始，儿童偏向于喜欢高纯度和高明度的原色。儿童产品界面线条设计应避免繁杂的细节，边缘通常使用圆角处理，来使界面更加生动富有活力。

设计计划

1.确实儿童为使用对象，外观造型符合儿童喜好

2.使用场景为icu病房内

3 支架可翻转的度数须达到120度，使之平躺时也能使用

4.患儿的电子产品各不相同，支架要可以固定不同尺寸的ipad

5.旋转轴的阻尼要达到可以写字的程度

6.icu内的病床有多种类型，支架桌需能适应不同宽度的病床

产品定位与设计目标

产品定位：一款服务于icu病房，满足日常需求的多功能支架。

设计目标：可适应病床不同宽度，实现儿童躺着使用，使用途径包括吃饭写字看书娱乐。

用户：icu病房的患儿

BO' BO婴儿保温箱/BO' BO incubator

作者：沈洋 Shen Yang/宋雨格 Song Yuge/陆正洁 Lu Zhengjie

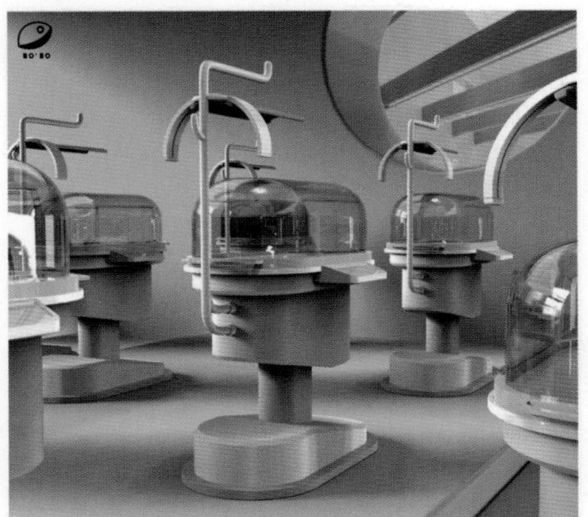

设计说明

目前婴儿保温箱的设计存在诸多问题，我们针对市场上现有保温箱的操作不方便、空间利用不合理这两个主要缺点进行改进，在改进这两个方面的基础上加入一些造型设计使保温箱的形态更有未来感，也在一定程度上启发了我们对未来医疗器械的想象。

Design Concept

The design of the incubator has many problems at present, we chose two major disadvantages of the existing incubators in the market that the operation is not convenient and the space is used unreasonable to improve. On the basis of these two aspects, we joined some modelling design to make a sense of the future, also to a certain extent, this project inspired our imagination of medical apparatus and instruments for the future.

前期调研

我们实地走访了复旦大学附属儿科医院并与医护人员进行交谈，在调研过程中我们发现婴儿保温箱操作不便利、储物空间不合理、占地面积较大等一系列问题，我们查找了市场上现有的大部分保温箱，它们的造型大多较为规则、笨重，移动也较为不便。

Investigation

We visited the Children's Hospital of Fudan University and talked with medical staffs. During the investigation, we found a series of problems, such as inconvenient operation of incubator, unreasonable storage space and large floor area. We found that most of the existing incubators in the market are bulky and inconveniently.We hope to change these problems and shortness.

灵感来源

我们所设定的造型主要受科幻片里的未来科技设备以及国外的一些医疗设备造型的影响，我们想将富有科技感的造型带入医疗设备，在提升造型优美感的同时完善保温箱的基本功能并解决一些痛点。

Inspiration

The shape we set is mainly affected by the future science and technology equipment in science fiction films and some foreign medical equipment modeling. We want to bring the shape of science and technology into the medical equipment, at the same time we can improve the basic function of the incubator and solve some pain points.

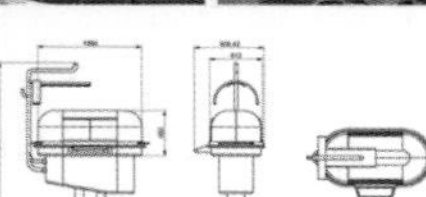

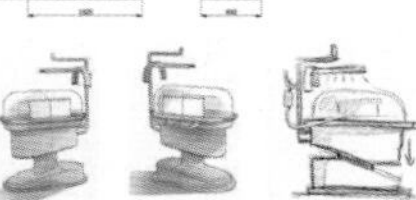

模型制作与细节

我们将保温箱的透明罩部分制作成双开门的方式，这在一定程度上缓解了护士操作空间不够的情况。我们删除了下半部分的无用的存储空间从而使造型更简洁，也在一定程度上节约了空间，我们还在输液杆上增加了可沿环形轨道滑动的照明灯从而节约了头顶上的空间。前端突出的部分为触屏操作板，两侧的把手方便护士转移保温箱。

Model making and details

We made the transparent cover part of the incubator into a double open door mode, which eased the lack of operating space for nurses. We deleted the useless storage space in the lower part of the incubator to make the modeling more concis. We also added lighting lamp which can slide along the circular track on the infusion pole. The front protruding part is the touch screen operation panel and the handles on both sides are convenient for nurses to transfer the incubator.

草图与三视图

保温箱的造型整体较为圆润，保温箱整体长1.32米，宽0.8米，高2.07米。

Sketch and three views

The overall shape of the incubator is more round. The overall length of the incubator is 1.32 meters, the width is 0.8 meters and the height is 2.07 meters.

颜色

我们选择了偏暖的植物绿色和偏冷的白色，绿色象征健康，白色象征纯洁。

Colours

We chose warm plants green and cold white, green symbolizes health and white symbolizes purity.

《产品设计项目制课程》课程作业
产品设计专业整合创新设计方向2018级
指导老师：张一

上海视觉艺术学院
Shanghai Institute of Visual Arts

布露儿童压缩式雾化器/Bule Atomizer

作者：林舟漪/Zhouyi Lin

设计说明

Bule Atomizer是一款医用儿童压缩式雾化器。该产品外形灵感来源于"鱼"，拆装简单，内部放有压缩机，使清理和更换更便捷。使用操作简单，当开启雾化器时，水汽从连接的面罩中喷出，犹如鱼吐出的气泡，用户将水汽吸入肺中，与吸着氧气徜徉在海洋中的画面产生共情，使用者在使用过程中会感到舒适轻松感，与该产品产生了互动，让身体与心理在这短暂过程中都得到治疗。

Design specification

Bule Atomizer is a medical children's compression Atomizer. The shape of the product is inspired by "fish". It is easy to disassemble and install, and there is a compressor inside, which makes cleaning and replacement more convenient. Use simple operation, when open the atomizer, spewing water vapor from the connection of the mask, like fish spit bubbles, users will be water vapor in the lungs, and sucking oxygen to roam in the ocean.

设计理念

大多数国家的哮喘发病率正在增加，特别是儿童人群。给用户设计一款专业的儿童哮喘雾化器治疗设备以缓解国内儿童哮喘雾化器不足的行业现状；将儿童哮喘雾化器设计更具情趣化，改善现有部分治疗设备对于儿童需求关注度不足的问题；由于现有治理设备缺乏监管数据，需要使可家用儿童治疗设备具备一定安全性，以防止意外发生。

Design Concept

Asthma rates are increasing in most countries, especially among children. To design a professional asthma atomizer treatment equipment for the user to alleviate the shortage of domestic children asthma atomizer industry; Design the atomizer for children with asthma to be more interesting and improve the problem of insufficient attention paid to children's needs by some existing treatment equipment.

实地考察/Field trips

产品定位/Product positioning

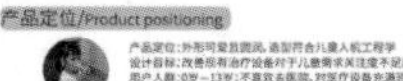

设计草图/Design sketch

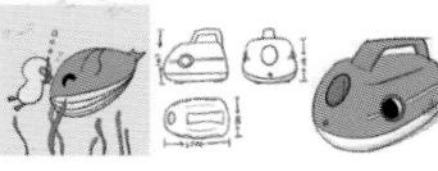

视觉计划/Visual program

模型制作/Model making

三视图/Three view drawing

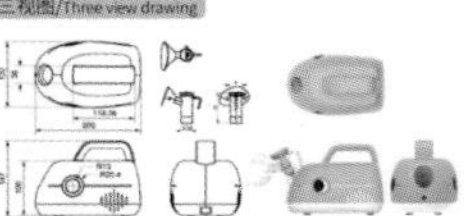

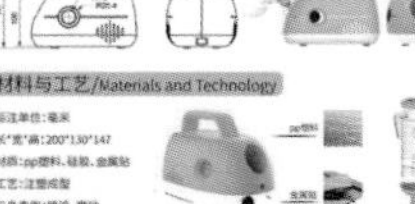

材料与工艺/Materials and Technology

标注单位：毫米
长*宽*高：200*130*147
工艺：注塑成型

产品使用图/Product usage diagram

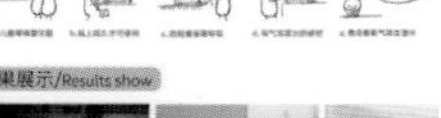

效果展示/Results show

《CAD/CAM三维软件 II》课程作业
产品设计专业整合创新设计方向2018级
指导老师：张一

3.7.7 建模案例（骑行发电单车）

此案例为 2021 年作者设计的麦当劳骑行发电单车，现已投放市场。本案例从之前定稿的数模中提取线条及部件，演示产品建模的思路与过程，与读者分享。数模的 CNC 手板制作参见本书 2.6 章节，三视图的绘制参见 2.7.2 章节，外观专利图的绘制参见 2.7.4 章节，成品展示参见 4.3 章节。

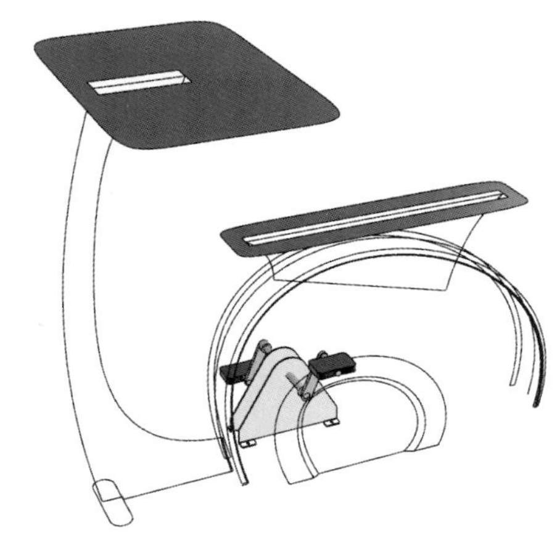

扫码观看视频

● 步骤 1：选择如图曲线，往两侧挤出实体到指定点。

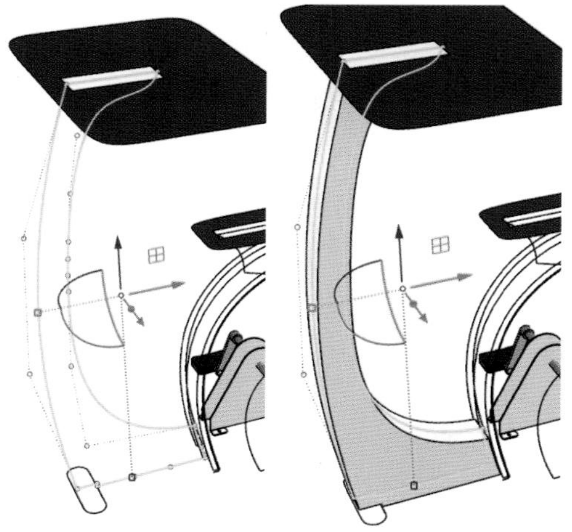

● 步骤 2：选择如图曲线，往上方挤出实体到指定点。

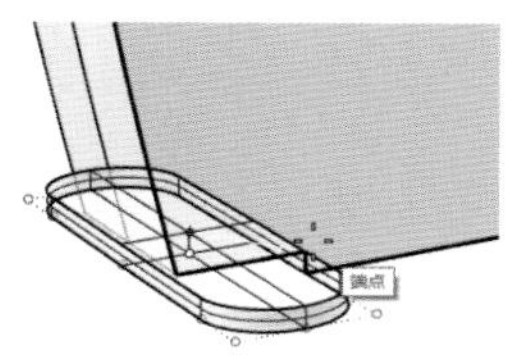

● 步骤 3：选择如图曲线，往两侧挤出曲面到指定点。

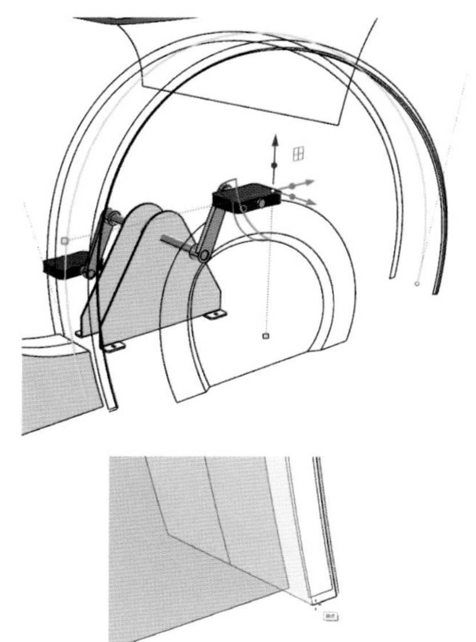

● 步骤 4：选择如图曲线，建立平面（曲面—平面曲线）。

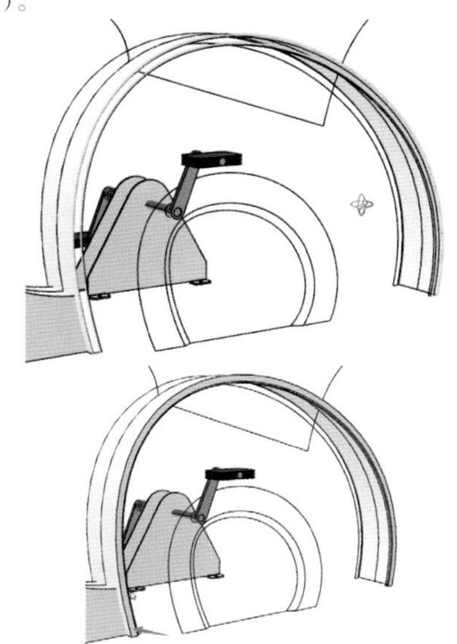

● 步骤 5：将步骤 4 创建的曲面在 Top 视图中沿着 X 轴镜像；组合如图中的 3 个面。

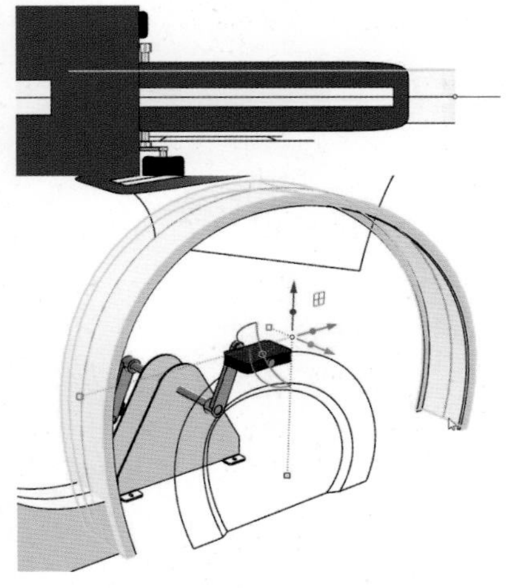

● 步骤 6：同样地，通过平面曲线建立以下两个面，通过放样建立中间的面，并将 3 个面组合起来。

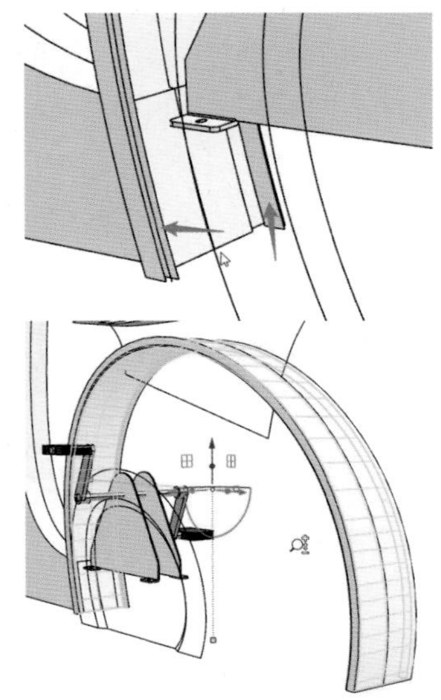

● 步骤 7：抽离步骤 1 创建实体的一个面（实体—抽离曲面，不复制），并删除掉。

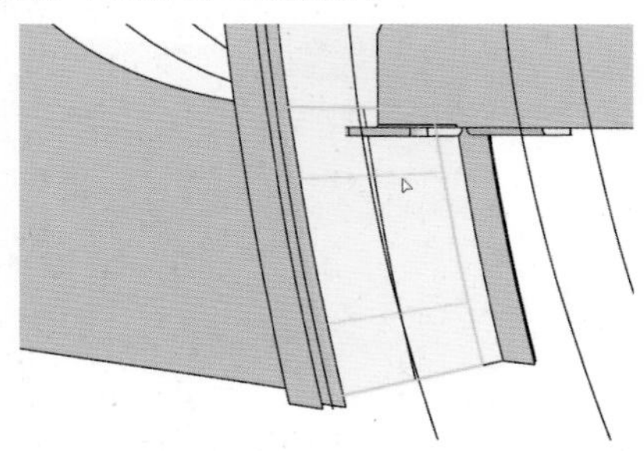

● 步骤 8：利用步骤 1 中建立的曲面，修剪掉步骤 5、步骤 6 中曲面的底部；组合步骤 1、步骤 6 中的曲面。

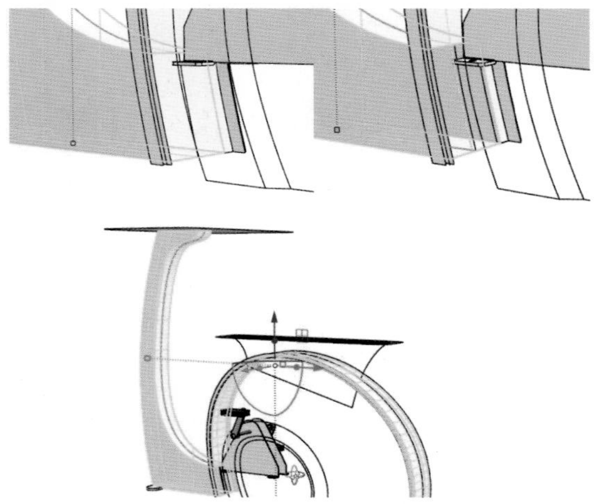

● 步骤 9：选择如图曲线，往两侧挤出实体到指定点，抽离该实体上下两个面，并删除掉。

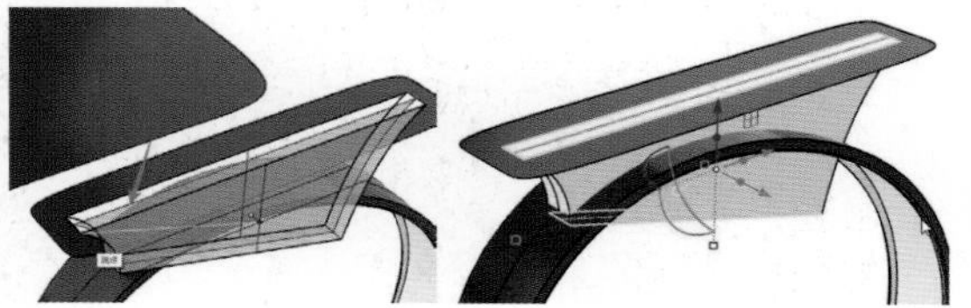

● 步骤 10：通过步骤 9 建立的曲面，修剪掉步骤 5、步骤 6 曲面的内部。

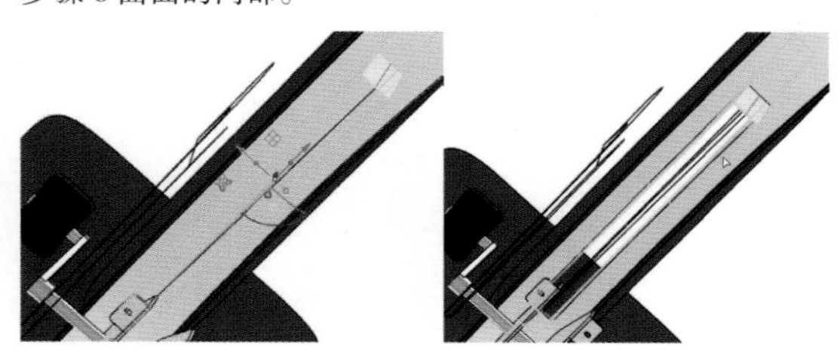

● 步骤 11：通过步骤 6 的曲面，修剪掉步骤 9 曲面的下部，并将两曲面组合。

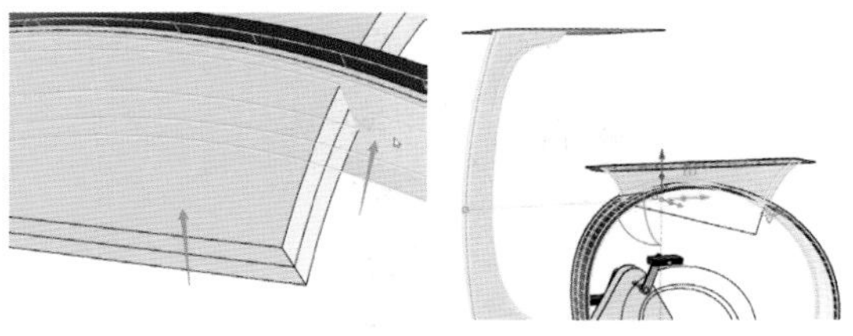

● 步骤 12：在透视图绘制如下 2 条曲线（开启“建模辅助”的“平面模式”）并将 2 条曲线分割为 6 部分（曲线—点物件—曲线分段—分段数目，“分割 = 是”）。

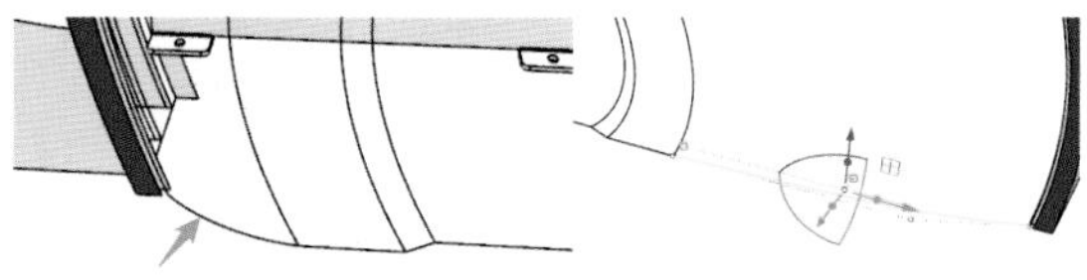

● 步骤 13：在透视图绘制如下 6 条曲线（曲线—圆弧—起点、终点、半径）；组合该 6 条曲线，以及前部的 6 条曲线。

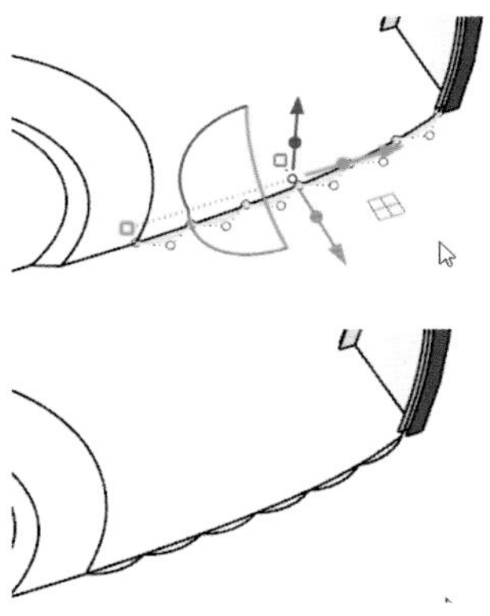

● 步骤 14：通过双轨扫掠，得到如下曲面。

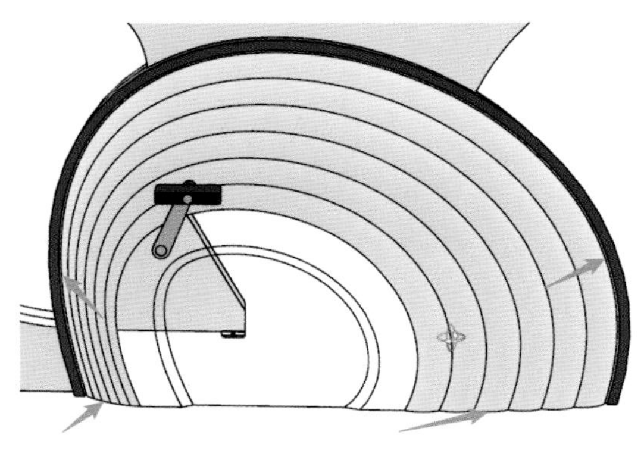

● 步骤 15：建立如下 2 个平面（曲面—平面曲线）和 1 个曲面（曲面—放样）。

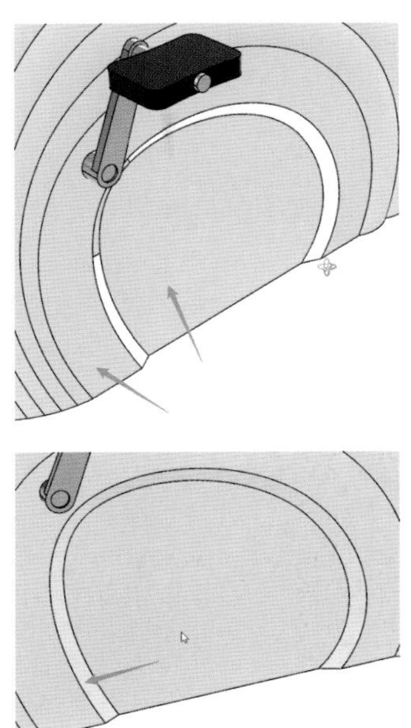

● 步骤 16：组合步骤 14、步骤 15 建立的曲面，并在 Top 视图中将其沿着 X 轴镜像。

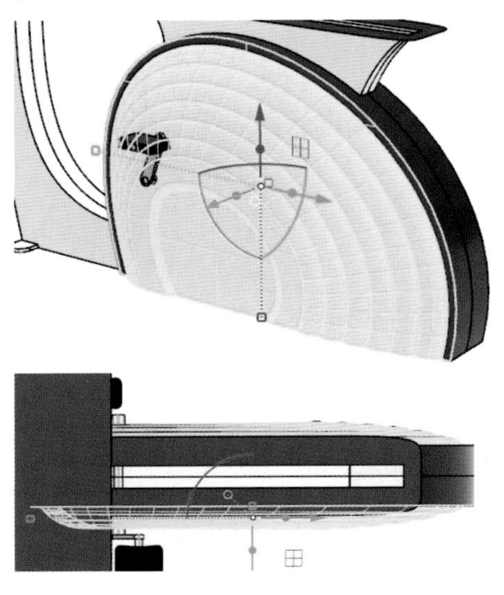

● 步骤 17：选择如图曲面，将其向上挤出 3mm 形成实体（实体—挤出曲面—直线）。

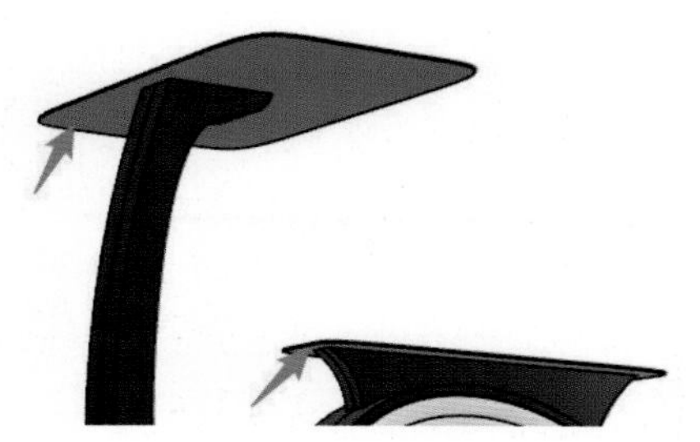

● 步骤 19：通过混接建立如下曲面（曲面—混接曲面）。

● 步骤 21：将如图曲线调整如下（编辑—调整端点转折）。

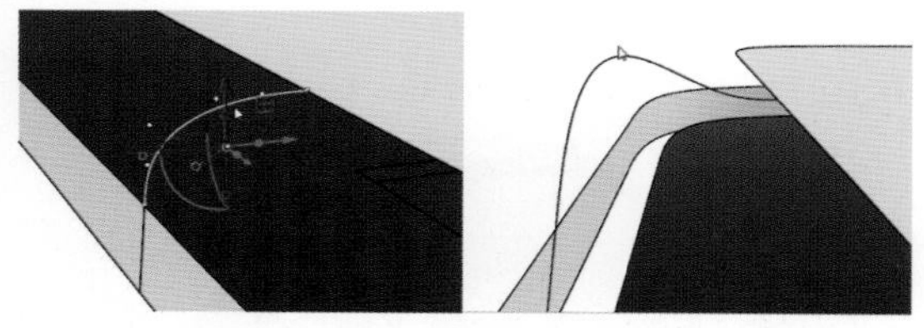

● 步骤 23：建立如图细分平面（细分物件—基础元素—平面，X 数量 =6，Y 数量 =4）。

● 步骤 18：通过“曲面—挤出曲线—直线”和“曲面—平面曲线”建立如下曲面。

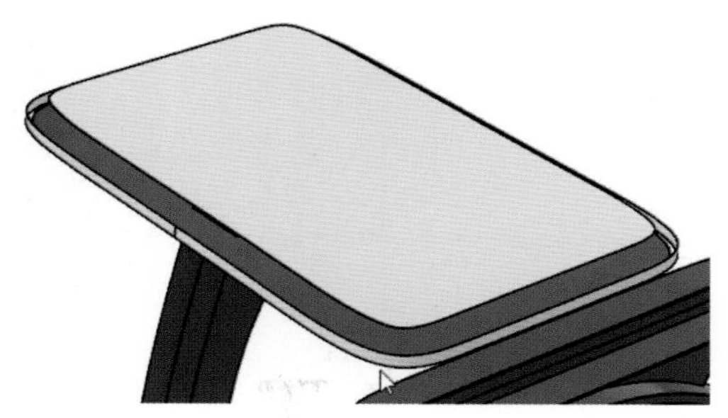

● 步骤 20：从曲面当中提取如图中的 4 条结构线（曲线—从物件建立曲线—抽离结构线）。

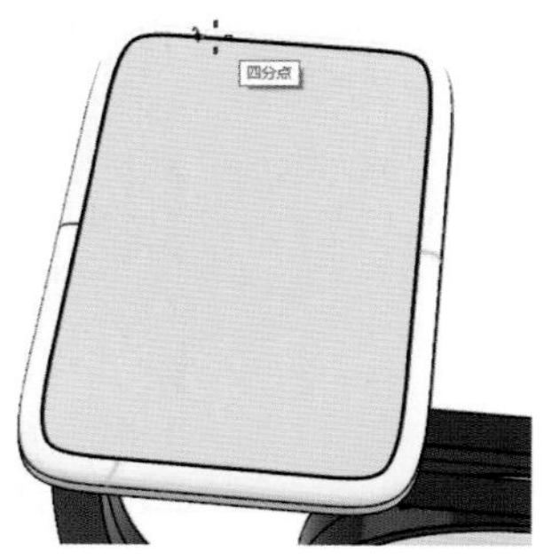

● 步骤 22：通过双规扫掠建立如下曲面（注意与曲面边缘曲率连续）。

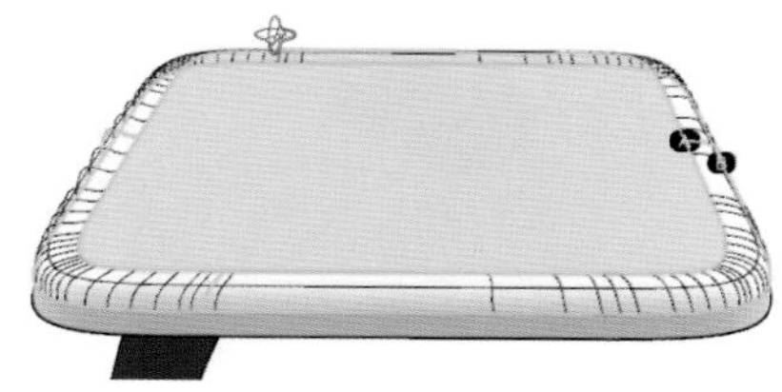

● 步骤 24：通过缩放、移动，调整边缘线的方式，将细分平面调整如下。

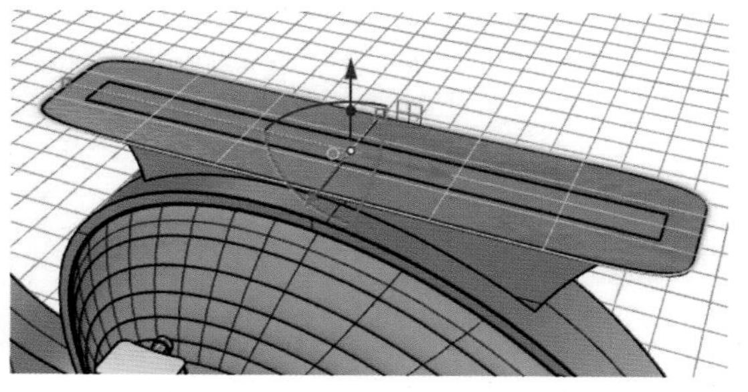

● 步骤 25：选择细分平面，拖动操作轴上的圆点，使其形成“厚度”。

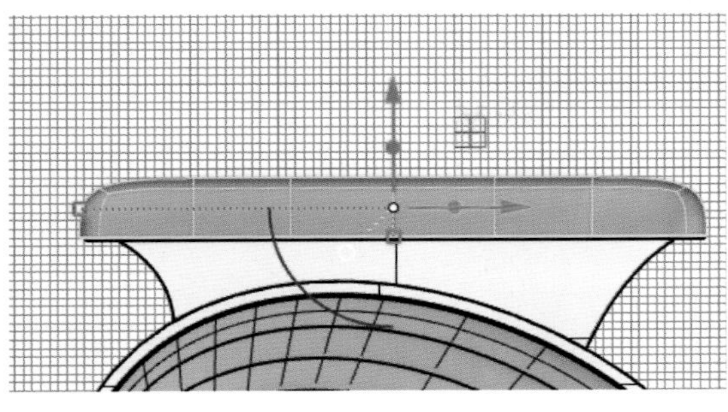

● 步骤 27：至此，产品方案已做完。接下来，需要配合生产，导出相关格式。选择“钣金”的面（平面或者单曲面），将其展开（曲面—展开曲面—展平可展开曲面）。

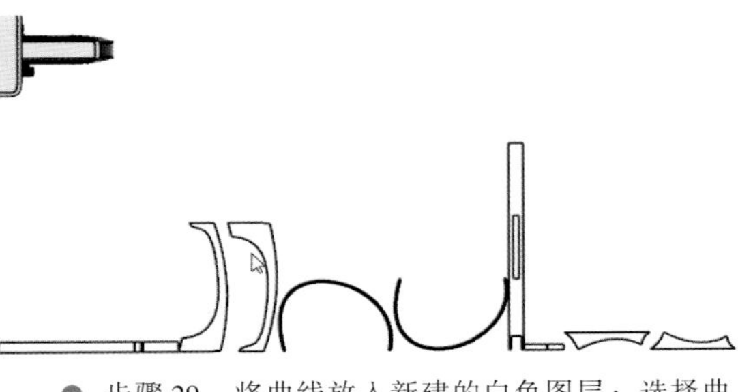

● 步骤 29：将曲线放入新建的白色图层；选择曲线——文件——导出选取的物件，将其存为 dwg 格式。

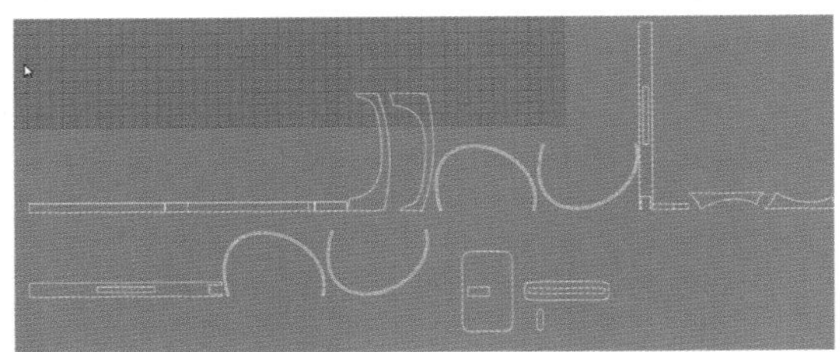

● 步骤 30：对于需要厚板吸塑的曲面，我们将其曲面边缘进行扩展，以便吸塑成型后进行切削处理。可以存为 igs、xt、stp、sat 等格式给工厂。

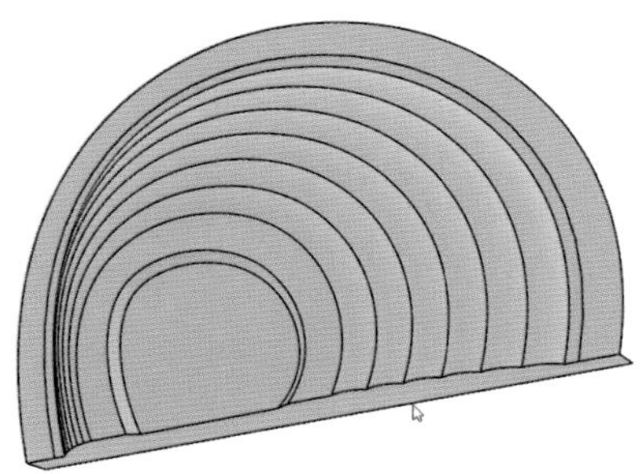

● 步骤 26：通过选择过滤器，选择顶点、边缘使细分曲面造型发生改变。

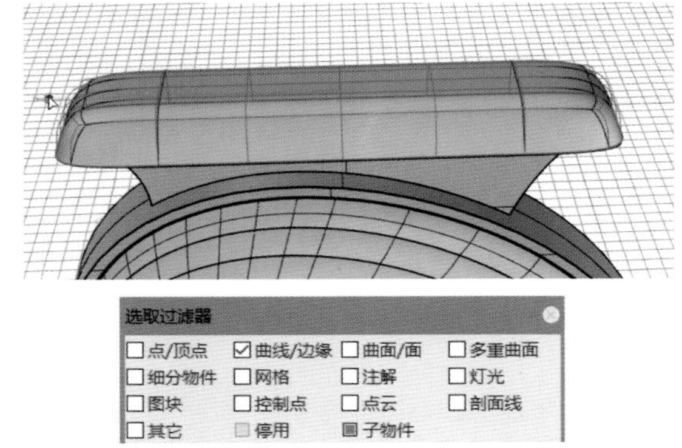

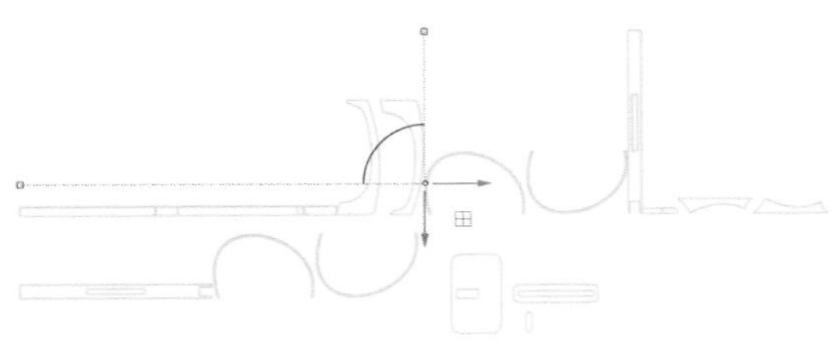

● 步骤 28：选择展开后的曲面，提取其边缘（曲线—从物件建立曲线—轮廓线）。

案例小结

1. 在实际的设计案例中，建模倒也不一定多难，重要的是创意和落地性，并且知晓利益相关方的诉求。

2. 建模需与生产工艺结合，比如案例中的钣金工艺，要求平面或者单曲面；厚板吸塑决定了产品的精细度不会特别高，需要考虑到脱模的问题，另外建模时有些圆角不用做，在生产的时候可以产生工艺圆角。所以说，建模需要合乎目的性。

3. 产品对于尺寸要求比较严格，需要 1 : 1 建立数模，既要能装下零部件，又要符合人的尺度。

课后思考题

1. 根据课题及课程进度安排，制定简要的可实施设计流程。建模如何参与到设计流程中，并满足设计输出的目的性。

2. 如何建立满足 3D 打印需求的数模，使用光敏树脂打印后并制作高保真外观手板？

3. 如何设计带有功能的产品，建立其数模，光敏树脂打印后并制作高保真功能手板，实现产品的功能（比如声音、灯光、屏幕、按钮、蓝牙等）？

4. 如何建立满足 CNC 加工需求的数模，并制作高保真外观手板和功能手板？

5. 面向制造及装配设计时，如何使数模满足生产的需求，输出各种格式与后续流程衔接？

4

鉴赏篇

PRODUCT 3D MODELING & DESIGN APPLICATIONS

精细手板制作（3D打印）

精细手板制作（CNC加工）

建模在企业设计项目中的应用案例

优秀学生作品

4.1 精细手板制作（3D打印）

作品名：WAVE 科研用水下推进器 WAVE Underwater propeller

设计：朱可为

扫码观看视频

这是一款概念产品，为科研人员进行水下研究提供动力和其他作业帮助。

该手板采用了光敏树脂 3D 打印，曲面丰富、细节多、材质多。喷漆有多种颜色：黄色、灰色、黑色、红色、金属色，可以将这些不同颜色的部分做成单独的零件喷漆（组装较为麻烦），也可以使用遮蔽胶带在单一零件上喷多种颜色（不同颜色的相交边缘不易做得美观），喷漆有哑光的、有高亮的。手板上的图案和文字采用了水贴和不干胶、碳纤维区域采用了贴纸。另外手板为空心，降低了成本。

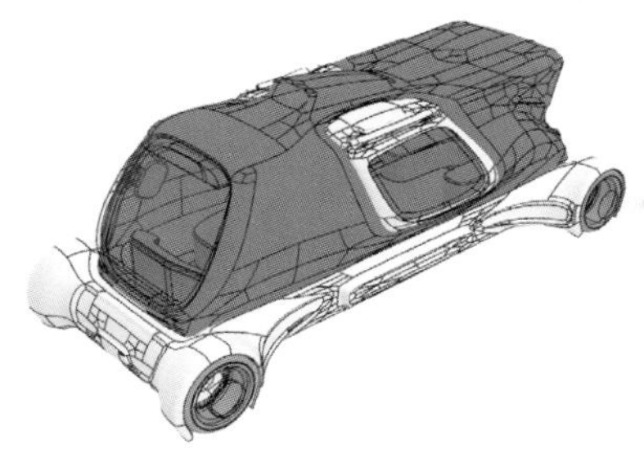

作品名：模块化校车 Modular school bus

设计：戴智俊

这是一款作为儿童上学交通工具的概念汽车方案设计。

该手板采用光敏树脂 3D 打印，数模采用了 Rhino 细分建模的方式，自由形较多。手板零件、材质较多，且存在活动件（车门），装配关系较为复杂，需要将各个部件拆件并满足组装要求。喷漆使用了橙色、黑色及银色。

4.2 精细手板制作（CNC加工）

作品名："轻厨"料理机设计 Design of "light kitchen" cooking machine

设计：郭佳逸

面向现代都市上班族所设计的"轻厨"料理机，通过与现有的品牌公司、进口商超合作推出专属半成品食材，利用互联网技术，移动终端选择专有产品下单，云购买配送等一系列环节，当用户需要烹饪时可以直接通过专有产品上面的二维码进行扫描，将半成品食材放进料理机，然后料理机进行独立工作。这样的方式会大大缩短用户的烹饪时间，并且可以通过食谱的设定让用户充分了解自己饮食均衡等问题。

手板尺寸：420（L）×300（W）×432（H）mm

手板材质：ABS、亚克力

表面处理：喷漆、丝网印刷

扫码观看视频

作品名：Dreampool 智能助眠灯 Intelligent sleep aid light

设计：叶怡宣

这是一个针对有睡眠问题的人群设计的睡眠伴侣产品，在现有助眠产品的基础上，将听觉、视觉、嗅觉以及 APP 的交互功能结合，用更加自然的呈现方式引导用户入睡，帮助用户改善睡眠质量并提升用户整体的生活品质，缓解压力，给用户带来更好的睡眠体验。

手板尺寸：190（L）×190（W）×140（H）mm

手板材质：ABS、亚克力、聚氨酯泡沫

表面处理：喷漆、丝网印刷、喷砂

扫码观看视频

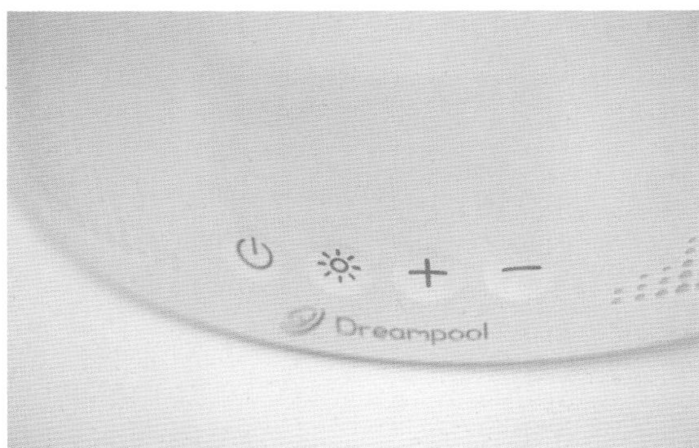

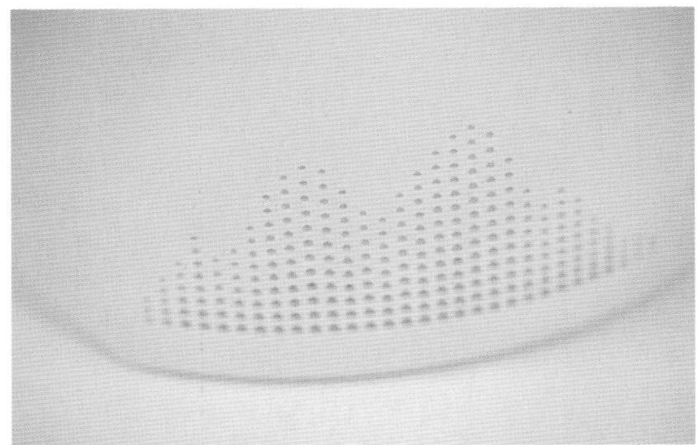

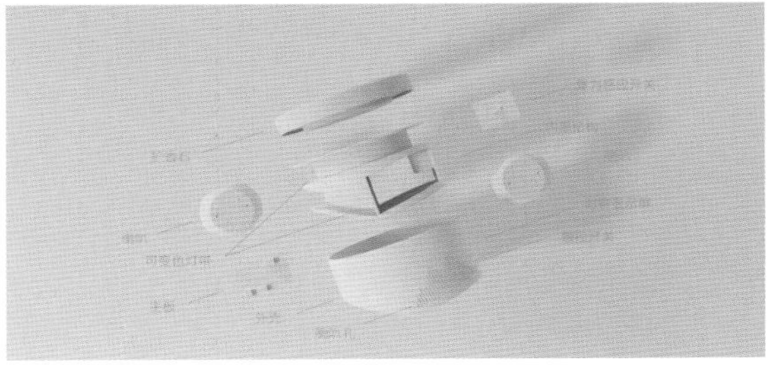

4.3 建模在企业设计项目中的应用案例

项目名：环保充电单车餐桌　设计：张一

环保充电单车餐桌

Rechargeable Bicycle Dining Table

麦当劳倡导“低碳环保生活”理念，环保充电单车是麦当劳响应低碳环保的一项举措。麦当劳全国首发的环保充电单车，由塑料回收制作而成，顾客可通过骑行将动能转化为电能，为手机无线充电，既环保又便利，感受低碳生活的乐趣与意义，也可以降低摄入卡路里时的负罪感。这些健身单车全部由回收塑料制作，也是麦当劳在全国范围内升级回收计划的一部分。

McDonald's advocates the concept of "low-carbon and environment-friendly life". Environmentally friendly rechargeable bicycle is a measure of McDonald's response to low-carbon and environmental protection. McDonald's national first environmental protection charging bicycle is made of recycled plastic. Customers can convert kinetic energy into electric energy through cycling and charge their mobile phones wirelessly. It is not only environmentally friendly and convenient, but also feel the fun and significance of low-carbon life, but also reduce the sense of guilt when consuming calories. These exercise bikes are all made of recycled plastic and are part of McDonald's nationwide recycling plan.

环保充电单车餐桌

Rechargeable Bicycle Dining Table

环保充电单车造型上采用了仿生设计，类似蜗牛的造型独具特色，桌面的高度、骑行坐垫的高度以及脚踏的位置经过多次人机验证，可在大快朵颐用餐的同时进行适量运动。在桌面上设有温馨提示，对顾客安全正确使用单车有很好的提醒作用。

结合麦当劳APP，可计算食物摄入的卡路里以及骑行消耗的卡路里。

The bionic design is adopted in the shape of the environmental protection charging bicycle, which is unique in the shape similar to the snail. The height of the desktop, the height of the riding cushion and the position of the pedal have been verified by man-machine for many times, and can exercise properly while eating. There are warm tips on the desktop, which can remind customers of the safe and correct use of bicycles.

Combined with McDonald's app, you can calculate the calories consumed by food and riding.

为手机无线充电 Wireless charging for mobile phone

回收材料机身 Recycled material body

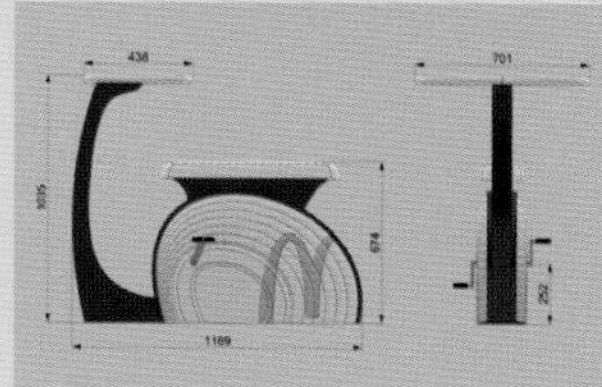

良好的人机尺寸 Good man-machine size

项目名：自助点餐机　设计：张一

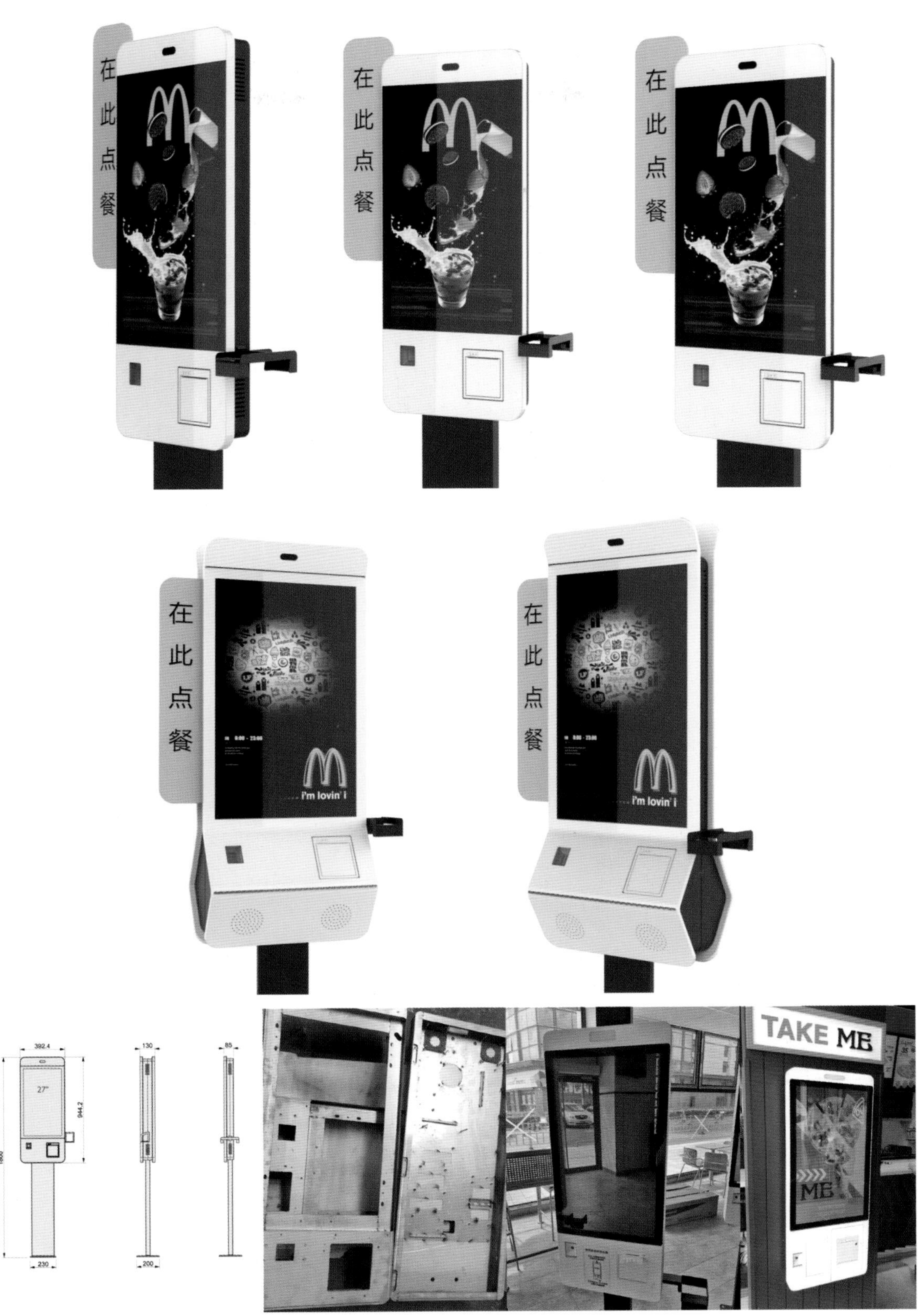

项目名：高空作业平台控制器

设计：张一

一款自主开发、功能齐全、端口数量丰富的高性能控制器，是高空作业平台的大脑。其采用通用中央控制单元设计，针对移动车辆、工程机械等复杂控制及恶劣环境而设计，满足了在特殊使用条件下对温度、防水、防尘、冲击、振动以及电磁兼容性(EMC)的要求。

A self-developed high-performance controller with complete functions and a large number of ports, which is the brain of the aerial work platform. It is designed with a general central control unit for the complex control and harsh environment of mobile vehicles and construction machinery. It meets the requirements of temperature, water-proof, dust-proof, impact, vibration and electromagnetic compatibility (EMC) under special conditions of use.

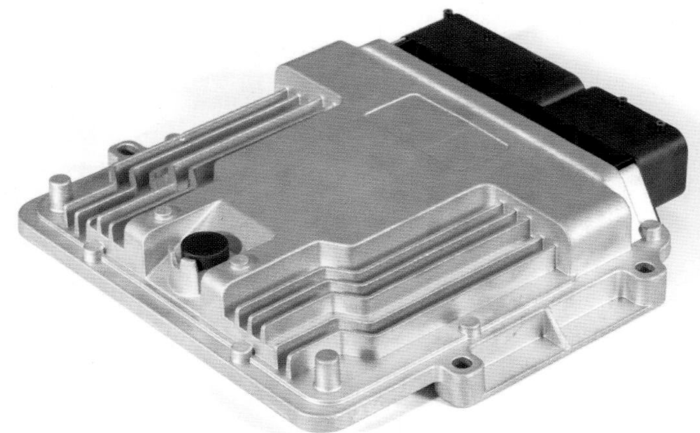

高空作业平台控制器
Aerial Work Platform Controller

编程基于Simulink模型自动生成C代码，并在Code warrior环境中集成编译。可提供客户专用Labview参数调节及状态监测软件，基于汽车CCP协议，通过CAN总线对被控对象进行调试及监测。配置2路独立CAN总线接口，支持11位及29位数据格式，使其与其他总线装置或系统进行数据交换。

C code is generated automatically based on Simulink model, and integrated in code warrior environment. It can provide customer specific LabVIEW parameter adjustment and status monitoring software. Based on the automobile CCP protocol, the controlled object can be debugged and monitored through CAN bus. Two independent can bus interfaces are configured to support 11 bit and 29 bit data formats for data exchange with other bus devices or systems.

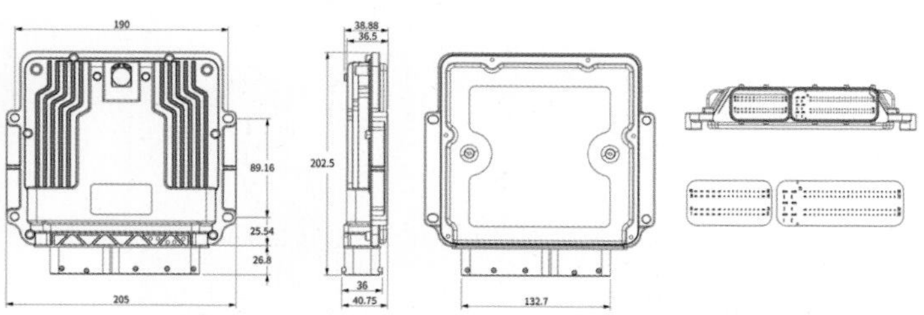

高空作业平台控制器
Aerial Work Platform Controller

项目名：陶瓷花器和烛台

设计：张一

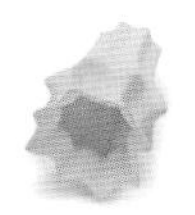
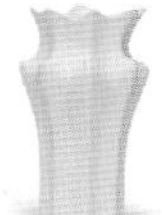
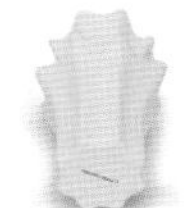

4.4 优秀学生作品

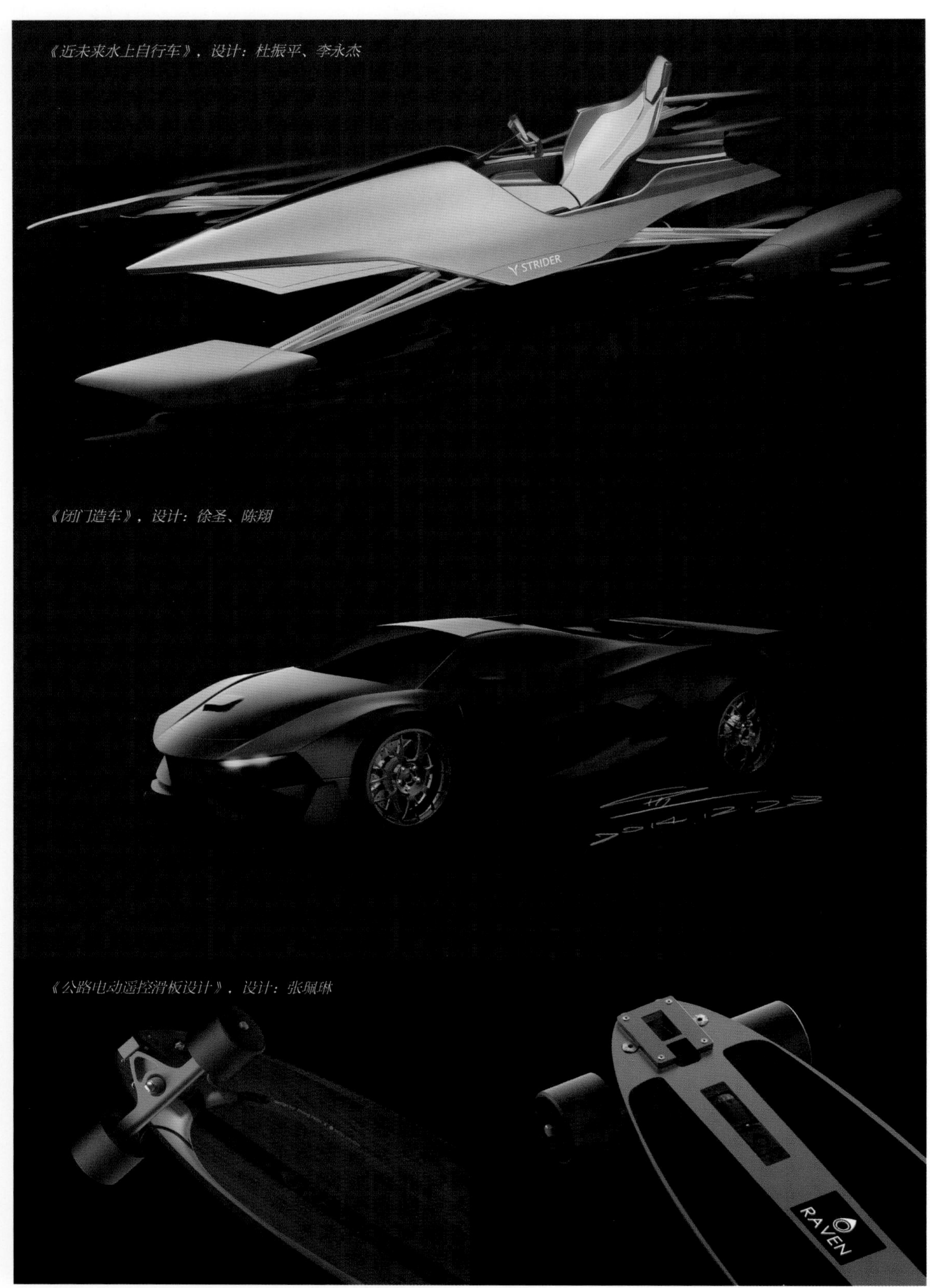

《近未来水上自行车》，设计：杜振平、李永杰

《闭门造车》，设计：徐圣、陈翔

《公路电动遥控滑板设计》，设计：张珮琳

《膝关节助行助力辅助工具设计》，设计：李明远

《老年人代步车设计》，设计：巢旸

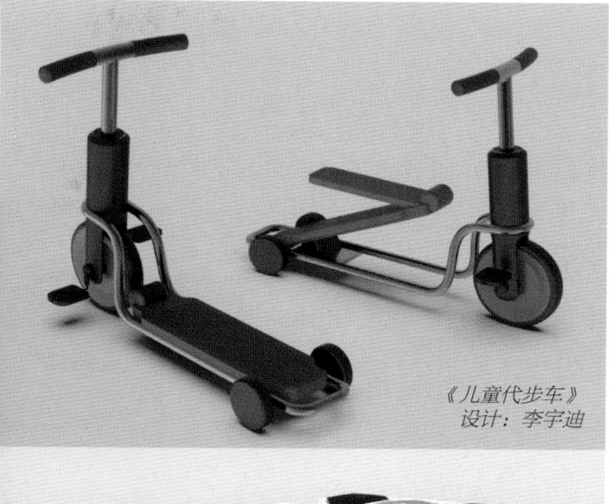

《儿童代步车》
设计：李宇迪

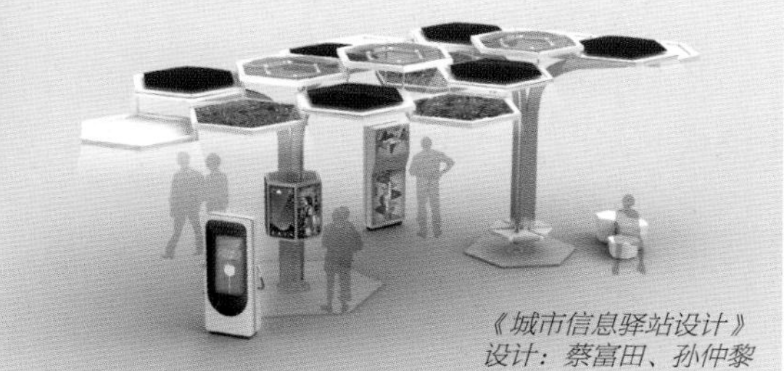

《城市信息驿站设计》
设计：蔡富田、孙仲黎

《公交巴士站台》，设计：戴智俊、郑思敏

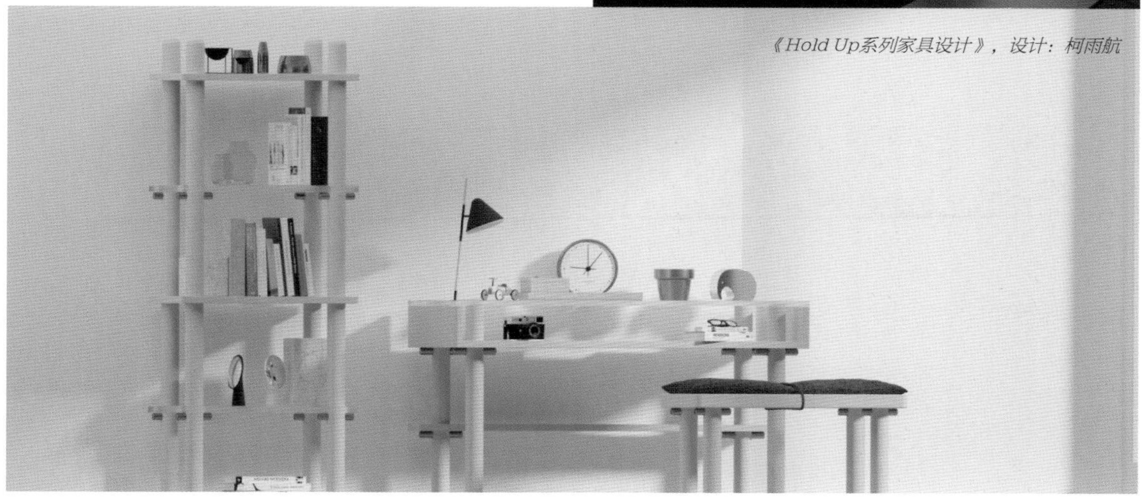

《Hold Up系列家具设计》，设计：柯雨航

后 记

在工业设计、产品设计专业中，手绘、计算机软件、模型制作是三大必备技能。其中计算机软件主要指三维建模软件，软件的学习在于“即学即用、立竿见影”，能够将所学软件技能与产品设计相结合，而不是软件非常精通之后才能做设计，在软件学习的任何阶段都能进行相应的设计。软件不是设计的必要条件，而是充分条件，应该借助软件辅助设计、辅助表达。本书在软件学习的初级阶段，就设置了相关课题，通过课题的开展，使得学生三维建模技能得以提升，同时也了解三维建模如何应用到设计中。课题的开展兼顾了较全面的设计流程，学生得到了系统的训练，其设计方案各环节也较为全面：包括数模、效果图、尺寸图、实物模型、版面设计，有些甚至还有汇报文件、三维动画。通过数轮课题的开展，学生在技能层面、认知层面及应用层面都得到了提升。

在本书编写的过程中，得到了上海视觉艺术学院吴翔教授、王红江教授、范希嘉教授、朱曦副教授、薛刚副教授的大力支持与帮助，上海人民美术出版社潘毅先生、德稻教育陈寿年先生也给予了鼓励和帮助。在此表示衷心感谢！书中涉及的企业设计课题来自上海大生牌业制造有限公司、汉博来自控科技（上海）有限公司 、艺如切线（上海）技术有限公司，相关的管理人员与技术人员为课题的开展给予了大力支持。上海视觉艺术学院产品设计专业（整合创新设计方向）的同学为本书提供了大量的课程作业和毕业设计作品，在此一并感谢！

由于作者的水平和能力有限，教材中纰漏难免，敬请广大读者及同行们提出宝贵意见。

张一
于上海视觉艺术学院
2022 年 7 月 1 日